교과서 분수의 나눗셈

1 분자끼리 나누어떨어지는 분모가 같은 

수) (1)

공부한 날 월 일 걸린 시간 분

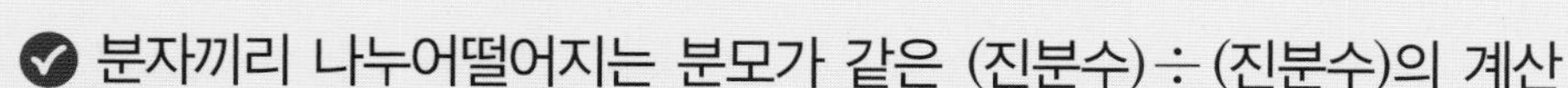
분자끼리 나누어떨어지는 분모가 같은 (진분수)÷(진분수)의 계산

예 $\frac{8}{9} \div \frac{2}{9}$의 계산

방법 1 분자끼리 나눗셈을 합니다.

$\frac{8}{9} \div \frac{2}{9} = 8 \div 2 = 4$

방법 2 나누는 진분수의 분모와 분자를 바꾸어 분수의 곱셈으로 계산합니다.

$\frac{8}{9} \div \frac{2}{9} = \frac{\overset{4}{\cancel{8}}}{\underset{1}{\cancel{9}}} \times \frac{\overset{1}{\cancel{9}}}{\underset{1}{\cancel{2}}} = 4$

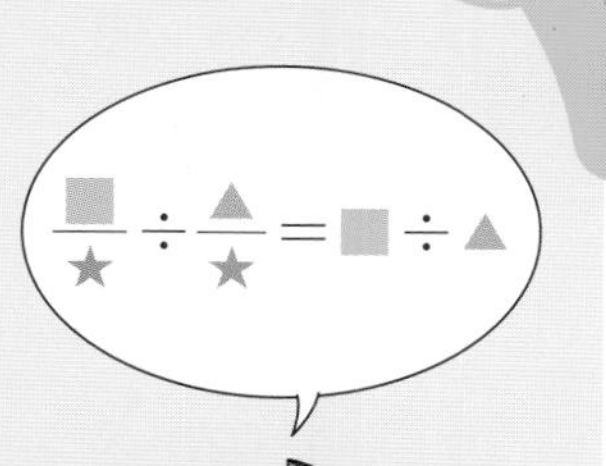

1~12 계산을 하시오.

1 $\frac{3}{5} \div \frac{1}{5}$

2 $\frac{8}{13} \div \frac{2}{13}$

3 $\frac{6}{7} \div \frac{1}{7}$

4 $\frac{9}{16} \div \frac{3}{16}$

5 $\frac{10}{21} \div \frac{2}{21}$

6 $\frac{7}{8} \div \frac{1}{8}$

7 $\frac{18}{19} \div \frac{6}{19}$

8 $\frac{8}{11} \div \frac{4}{11}$

9 $\frac{4}{9} \div \frac{2}{9}$

10 $\frac{12}{17} \div \frac{3}{17}$

11 $\frac{5}{6} \div \frac{1}{6}$

12 $\frac{35}{37} \div \frac{5}{37}$

절취선 대로 자르세요.

13~33 계산을 하시오.

13 $\frac{11}{12} \div \frac{1}{12}$

14 $\frac{24}{25} \div \frac{3}{25}$

15 $\frac{16}{43} \div \frac{1}{43}$

16 $\frac{1}{5} \div \frac{1}{5}$

17 $\frac{15}{29} \div \frac{3}{29}$

18 $\frac{6}{7} \div \frac{3}{7}$

19 $\frac{32}{33} \div \frac{8}{33}$

20 $\frac{18}{37} \div \frac{6}{37}$

21 $\frac{7}{15} \div \frac{1}{15}$

22 $\frac{6}{7} \div \frac{2}{7}$

23 $\frac{48}{55} \div \frac{12}{55}$

24 $\frac{23}{26} \div \frac{1}{26}$

25 $\frac{39}{40} \div \frac{13}{40}$

26 $\frac{12}{13} \div \frac{2}{13}$

27 $\frac{15}{28} \div \frac{5}{28}$

28 $\frac{30}{31} \div \frac{3}{31}$

29 $\frac{14}{19} \div \frac{7}{19}$

30 $\frac{13}{14} \div \frac{1}{14}$

31 $\frac{6}{17} \div \frac{1}{17}$

32 $\frac{27}{52} \div \frac{9}{52}$

33 $\frac{35}{41} \div \frac{5}{41}$

34~43 빈 곳에 알맞은 수를 써넣으시오.

34

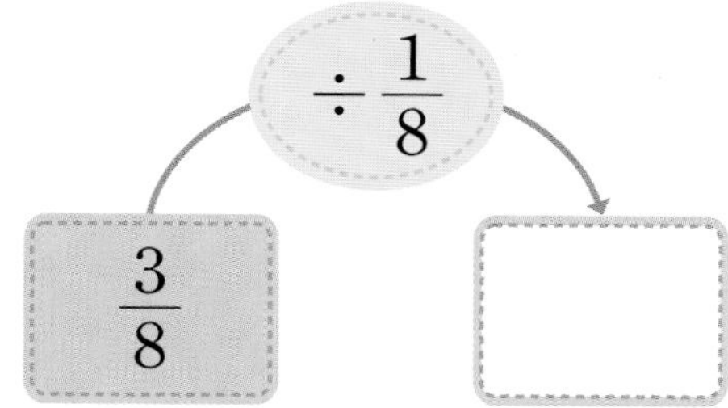

35

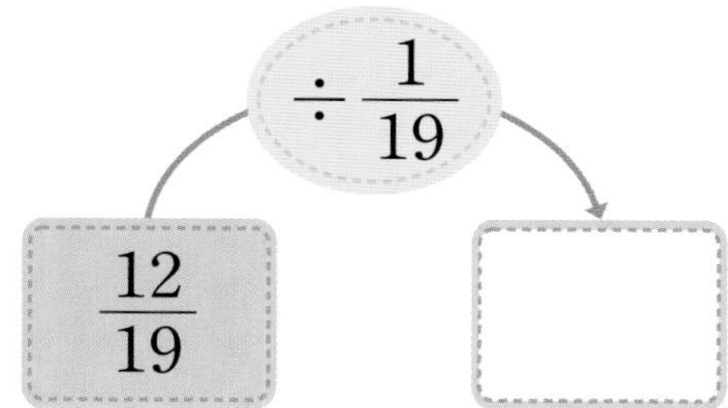

36

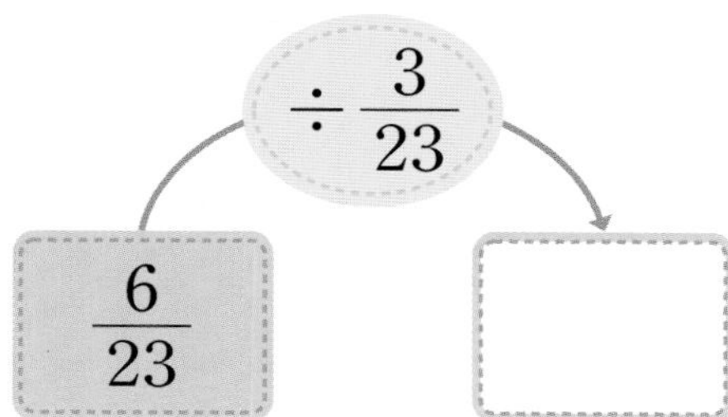

37

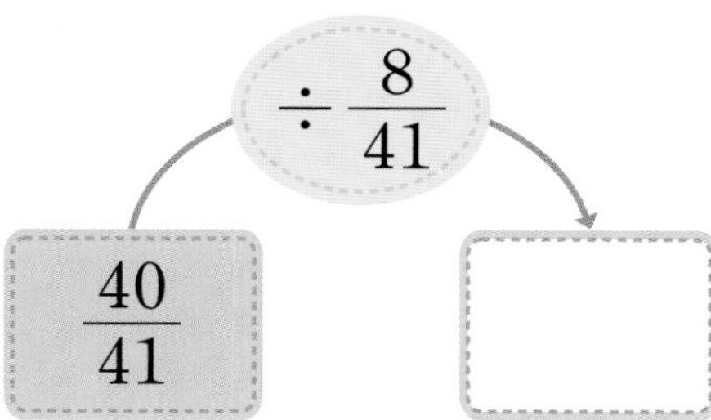

38

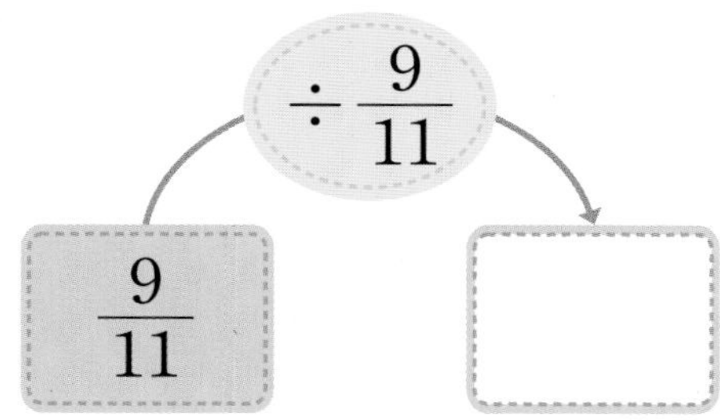

39

$\frac{10}{21}$ | $\div \frac{5}{21}$ | ☐

40

$\frac{27}{28}$ | $\div \frac{9}{28}$ | ☐

41

42

$\frac{56}{59}$ | $\div \frac{14}{59}$ | ☐

43

$\frac{46}{47}$ | $\div \frac{23}{47}$ | ☐

실력 Check! 채점하여 자신의 실력을 확인해 보세요!

맞힌 개수	41개 이상	연산왕! 참 잘했어요!
	30~40개	틀린 문제를 점검해요!
개/43개	29개 이하	차근차근 다시 풀어요!

엄마의 확인 Note 칭찬할 점과 주의할 점을 써주세요!

정답 확인

칭찬	
주의	

길 찾기

태훈이는 친구들과 함께 식물원에 가려고 합니다. 바르게 계산한 곳을 따라가면 식물원에 도착할 수 있습니다. 길을 찾아 선으로 이어 보시오.

출발	$\frac{4}{5} \div \frac{2}{5} = 2$	$\frac{11}{19} \div \frac{11}{19} = 1$	$\frac{28}{31} \div \frac{2}{31} = 14$
$\frac{21}{25} \div \frac{3}{25} = 6$	$\frac{2}{13} \div \frac{2}{13} = 2$	$\frac{15}{23} \div \frac{3}{23} = 4$	$\frac{6}{11} \div \frac{3}{11} = 2$
$\frac{5}{17} \div \frac{5}{17} = 2$	$\frac{42}{47} \div \frac{7}{47} = 6$	$\frac{3}{14} \div \frac{3}{14} = 1$	$\frac{32}{37} \div \frac{8}{37} = 4$
$\frac{18}{29} \div \frac{9}{29} = 1$	$\frac{4}{5} \div \frac{4}{5} = 1$	$\frac{9}{10} \div \frac{9}{10} = 3$	$\frac{17}{44} \div \frac{17}{44} = 17$
$\frac{16}{25} \div \frac{16}{25} = 2$	$\frac{27}{50} \div \frac{3}{50} = 9$	$\frac{40}{41} \div \frac{20}{41} = 2$	식물원

교과서 분수의 나눗셈

분자끼리 나누어떨어지는 분모가 같은 (진분수)÷(진분수) (2)

공부한 날 월 일

걸린 시간 분

예 $\frac{14}{15} \div \frac{7}{15}$의 계산

방법 1 $\frac{14}{15} \div \frac{7}{15} = 14 \div 7 = 2$

방법 2 $\frac{14}{15} \div \frac{7}{15} = \frac{\cancel{14}^{2}}{\cancel{15}_{1}} \times \frac{\cancel{15}^{1}}{\cancel{7}_{1}} = 2$

1~15 계산을 하시오.

1 $\frac{12}{19} \div \frac{2}{19}$

2 $\frac{30}{31} \div \frac{6}{31}$

3 $\frac{14}{15} \div \frac{2}{15}$

4 $\frac{4}{5} \div \frac{2}{5}$

5 $\frac{10}{13} \div \frac{5}{13}$

6 $\frac{6}{7} \div \frac{6}{7}$

7 $\frac{15}{16} \div \frac{5}{16}$

8 $\frac{5}{9} \div \frac{1}{9}$

9 $\frac{12}{17} \div \frac{4}{17}$

10 $\frac{20}{21} \div \frac{5}{21}$

11 $\frac{21}{38} \div \frac{7}{38}$

12 $\frac{9}{10} \div \frac{1}{10}$

13 $\frac{37}{41} \div \frac{37}{41}$

14 $\frac{9}{26} \div \frac{3}{26}$

15 $\frac{40}{53} \div \frac{5}{53}$

절취선 대로 자르세요.

16~36 계산을 하시오.

16 $\frac{48}{49} \div \frac{1}{49}$

17 $\frac{3}{4} \div \frac{1}{4}$

18 $\frac{15}{17} \div \frac{3}{17}$

19 $\frac{22}{25} \div \frac{2}{25}$

20 $\frac{18}{19} \div \frac{2}{19}$

21 $\frac{2}{3} \div \frac{1}{3}$

22 $\frac{39}{40} \div \frac{3}{40}$

23 $\frac{14}{31} \div \frac{7}{31}$

24 $\frac{28}{53} \div \frac{14}{53}$

25 $\frac{11}{13} \div \frac{1}{13}$

26 $\frac{19}{28} \div \frac{1}{28}$

27 $\frac{14}{15} \div \frac{14}{15}$

28 $\frac{17}{20} \div \frac{17}{20}$

29 $\frac{44}{45} \div \frac{11}{45}$

30 $\frac{9}{10} \div \frac{3}{10}$

31 $\frac{34}{35} \div \frac{2}{35}$

32 $\frac{21}{23} \div \frac{3}{23}$

33 $\frac{10}{11} \div \frac{2}{11}$

34 $\frac{20}{27} \div \frac{10}{27}$

35 $\frac{8}{9} \div \frac{4}{9}$

36 $\frac{48}{55} \div \frac{3}{55}$

37~41 빈 곳에 알맞은 수를 써넣으시오.

37

$\frac{29}{32} \div \frac{1}{32}$ = □

38

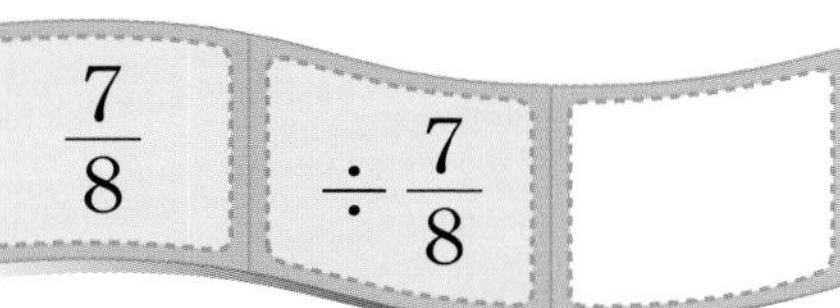

$\frac{7}{8} \div \frac{7}{8}$ = □

39

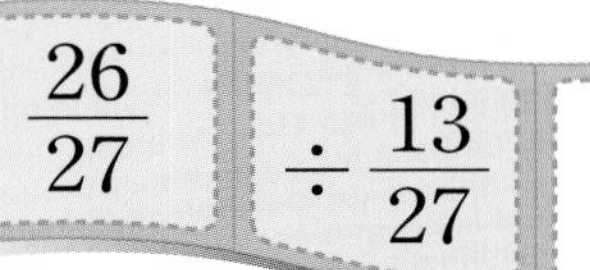

$\frac{26}{27} \div \frac{13}{27}$ = □

40

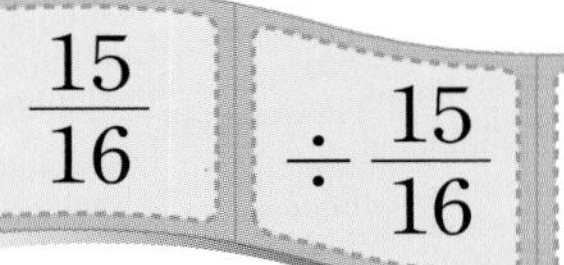

$\frac{15}{16} \div \frac{15}{16}$ = □

41

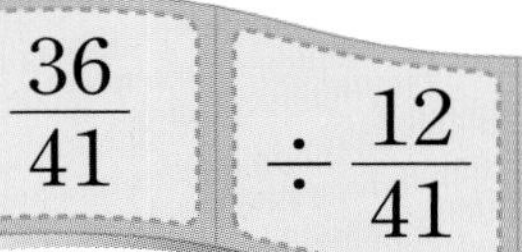

$\frac{36}{41} \div \frac{12}{41}$ = □

42~46 빈 곳에 왼쪽 분수를 오른쪽 분수로 나눈 몫을 써넣으시오.

42

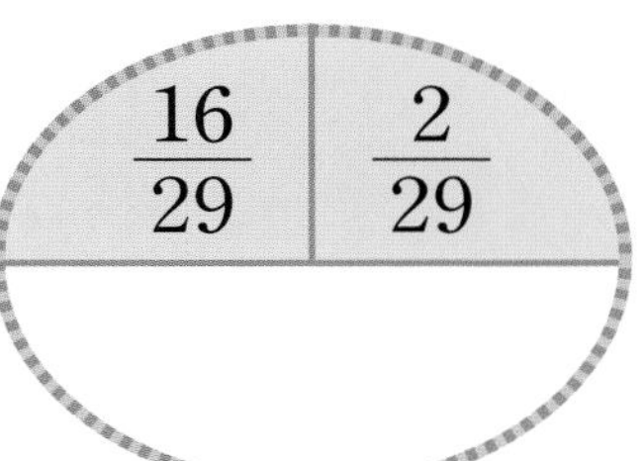

$\frac{16}{29}$ | $\frac{2}{29}$

43

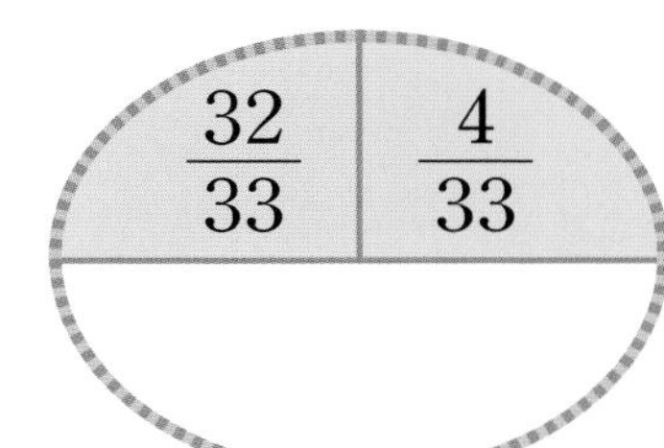

$\frac{32}{33}$ | $\frac{4}{33}$

44

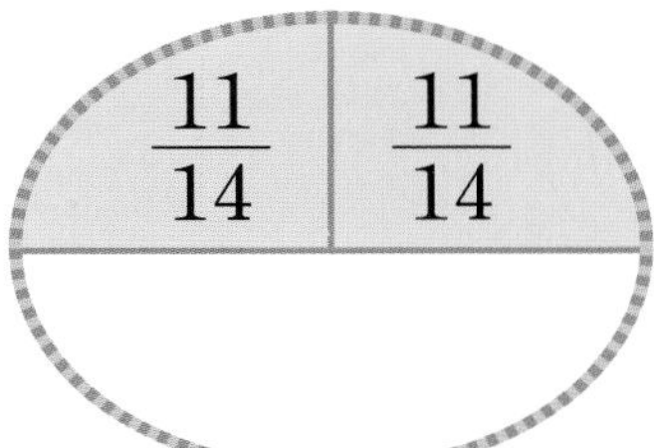

$\frac{11}{14}$ | $\frac{11}{14}$

45

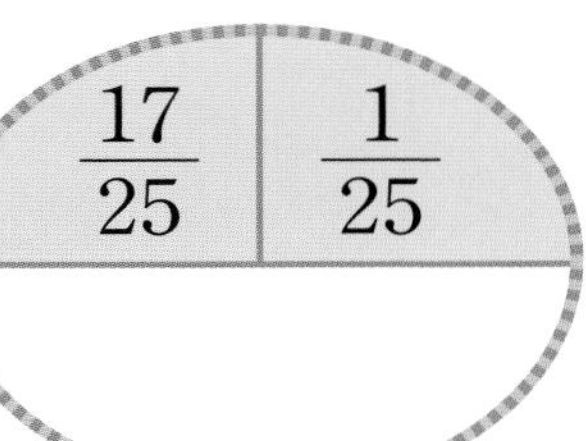

$\frac{17}{25}$ | $\frac{1}{25}$

46

$\frac{46}{59}$ | $\frac{23}{59}$

실력 Check! 채점하여 자신의 실력을 확인해 보세요!

맞힌 개수	44개 이상	연산왕! 참 잘했어요!
	32~43개	틀린 문제를 점검해요!
개/46개	31개 이하	차근차근 다시 풀어요!

엄마의 확인 Note 칭찬할 점과 주의할 점을 써주세요!

정답확인

칭찬	
주의	

도착하는 장소 찾기

계산 결과가 맞으면 ⟶ 화살표를, 틀리면 ⟶ 화살표를 따라갑니다. 출발 지점에서 출발하여 마지막에 도착하는 장소의 이름을 쓰시오.

출발

$\frac{6}{7} \div \frac{2}{7} = 3$	$\frac{9}{17} \div \frac{3}{17} = 2$	$\frac{14}{15} \div \frac{7}{15} = 2$
$\frac{18}{19} \div \frac{6}{19} = 3$	$\frac{24}{29} \div \frac{4}{29} = 7$	$\frac{30}{31} \div \frac{10}{31} = 3$
$\frac{27}{35} \div \frac{3}{35} = 9$	$\frac{39}{41} \div \frac{13}{41} = 3$	$\frac{42}{53} \div \frac{7}{53} = 5$
도서관	공원	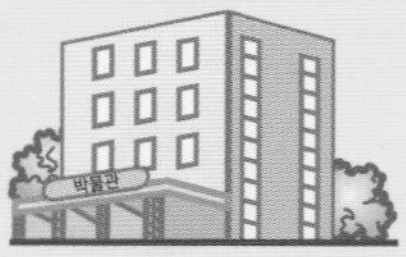 박물관

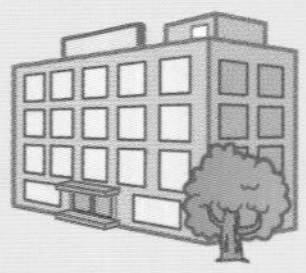

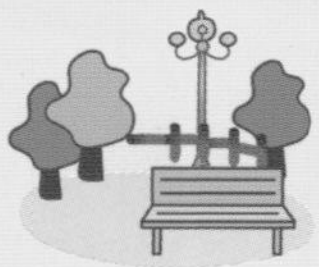

풀이

답 ____________

교과서 분수의 나눗셈

분자끼리 나누어떨어지지 않는 분모가 같은 (진분수)÷(진분수)

공부한 날 월 일 걸린 시간 분

✔ 분자끼리 나누어떨어지지 않는 분모가 같은 (진분수)÷(진분수)의 계산

예 $\frac{5}{7} \div \frac{2}{7}$의 계산

방법 1 분자끼리 계산합니다.

$$\frac{5}{7} \div \frac{2}{7} = 5 \div 2 = \frac{5}{2} = 2\frac{1}{2}$$

방법 2 나누는 진분수의 분모와 분자를 바꾸어 분수의 곱셈으로 계산합니다.

$$\frac{5}{7} \div \frac{2}{7} = \frac{5}{\cancel{7}_1} \times \frac{\cancel{7}^1}{2} = \frac{5}{2} = 2\frac{1}{2}$$

1~12 계산을 하여 기약분수로 나타내시오.

1 $\frac{4}{5} \div \frac{3}{5}$

2 $\frac{1}{4} \div \frac{3}{4}$

3 $\frac{7}{8} \div \frac{5}{8}$

4 $\frac{4}{9} \div \frac{7}{9}$

5 $\frac{3}{10} \div \frac{7}{10}$

6 $\frac{6}{7} \div \frac{5}{7}$

7 $\frac{5}{11} \div \frac{6}{11}$

8 $\frac{4}{13} \div \frac{9}{13}$

9 $\frac{3}{8} \div \frac{5}{8}$

10 $\frac{8}{9} \div \frac{5}{9}$

11 $\frac{9}{10} \div \frac{7}{10}$

12 $\frac{4}{15} \div \frac{11}{15}$

절취선대로 자르세요.

13~33 계산을 하여 기약분수로 나타내시오.

13 $\frac{1}{6} \div \frac{5}{6}$

14 $\frac{2}{5} \div \frac{3}{5}$

15 $\frac{5}{7} \div \frac{6}{7}$

16 $\frac{9}{11} \div \frac{5}{11}$

17 $\frac{5}{9} \div \frac{7}{9}$

18 $\frac{4}{17} \div \frac{3}{17}$

19 $\frac{11}{13} \div \frac{12}{13}$

20 $\frac{7}{8} \div \frac{3}{8}$

21 $\frac{9}{14} \div \frac{13}{14}$

22 $\frac{2}{9} \div \frac{5}{9}$

23 $\frac{17}{20} \div \frac{3}{20}$

24 $\frac{5}{7} \div \frac{3}{7}$

25 $\frac{5}{12} \div \frac{11}{12}$

26 $\frac{5}{16} \div \frac{9}{16}$

27 $\frac{10}{11} \div \frac{3}{11}$

28 $\frac{5}{8} \div \frac{7}{8}$

29 $\frac{13}{15} \div \frac{7}{15}$

30 $\frac{17}{18} \div \frac{7}{18}$

31 $\frac{7}{10} \div \frac{9}{10}$

32 $\frac{8}{21} \div \frac{19}{21}$

33 $\frac{24}{25} \div \frac{7}{25}$

 빈 곳에 알맞은 기약분수를 써넣으시오.

34

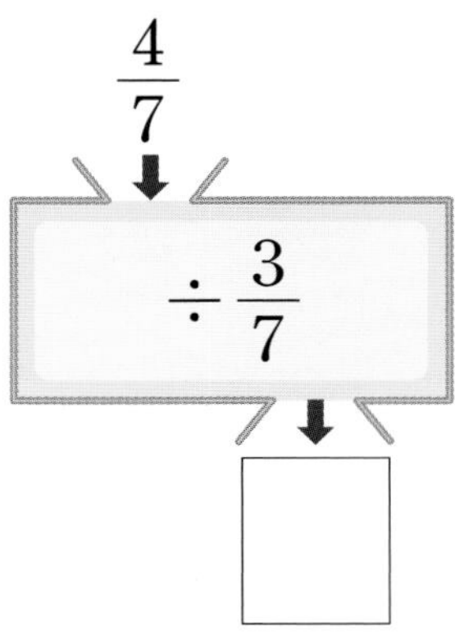

35

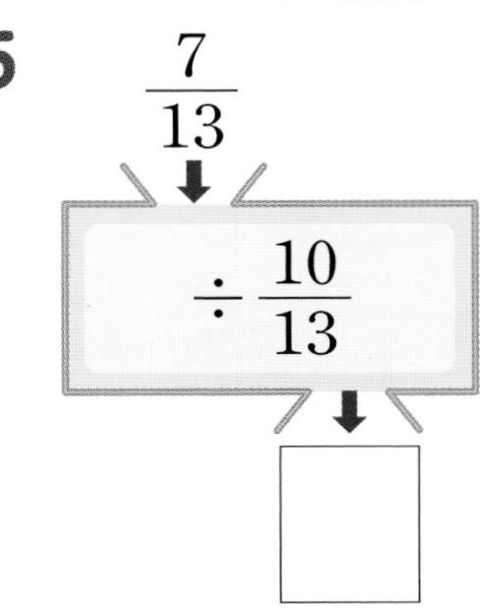

36

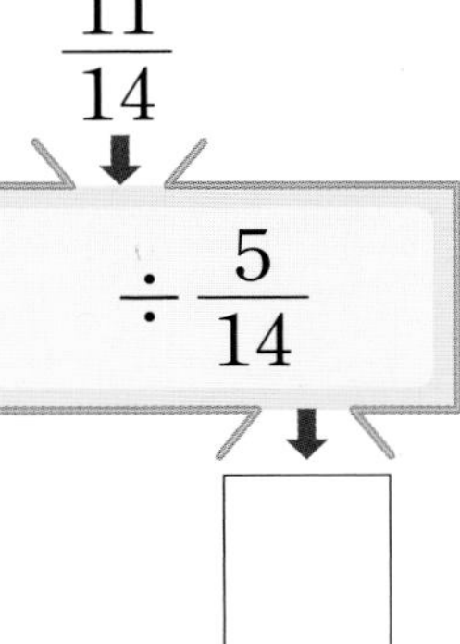

37

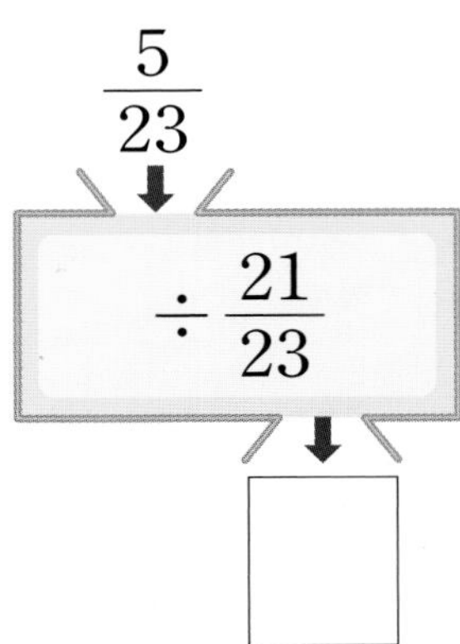

38

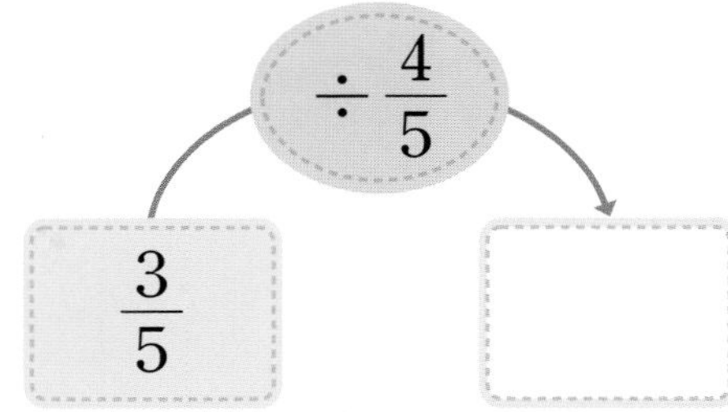

39

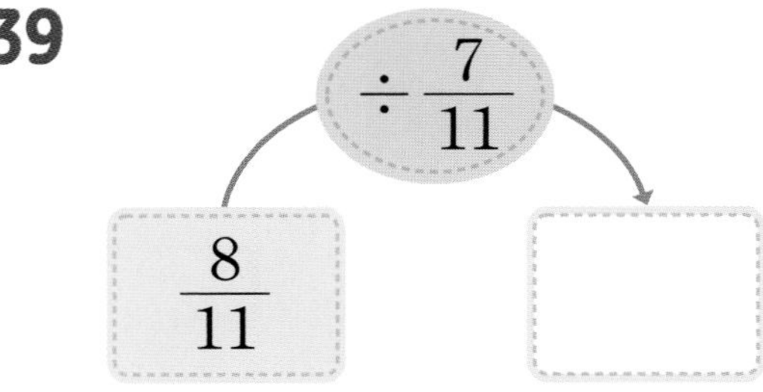

40

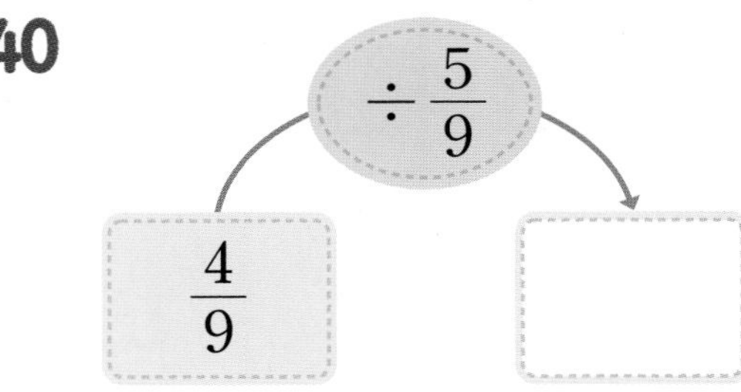

41

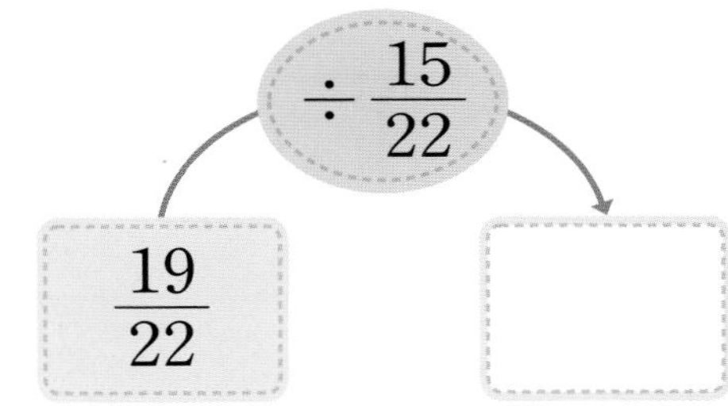

42

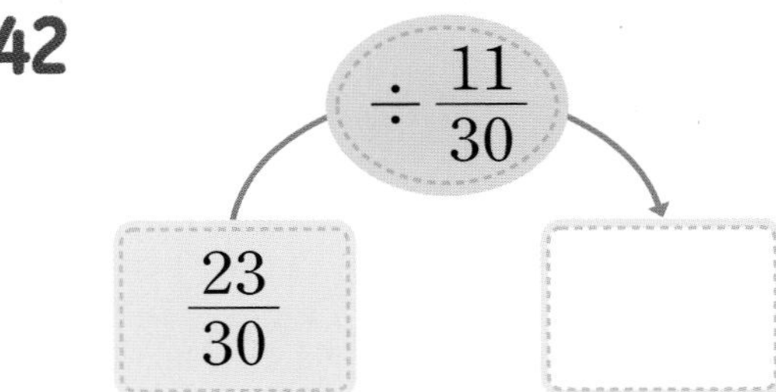

실력 Check! 채점하여 자신의 실력을 확인해 보세요!

맞힌 개수	40개 이상	연산왕! 참 잘했어요!
	29~39개	틀린 문제를 점검해요!
개/42개	28개 이하	차근차근 다시 풀어요!

엄마의 확인 Note 칭찬할 점과 주의할 점을 써주세요!

정답확인

칭찬	
주의	

미로 찾기

아기 북극곰이 엄마 북극곰에게 가려고 합니다. 길을 찾아 선으로 이어 보시오.

정답

교과서 분수의 나눗셈

4 분모가 다른 (진분수)÷(진분수) (1)

분모가 다른 (진분수)÷(진분수)의 계산

예 $\frac{5}{6} \div \frac{3}{4}$의 계산

방법 1 분모를 같게 통분하여 분자끼리 나누어 구합니다.

$$\frac{5}{6} \div \frac{3}{4} = \frac{10}{12} \div \frac{9}{12} = 10 \div 9 = \frac{10}{9} = 1\frac{1}{9}$$

방법 2 나누는 진분수의 분모와 분자를 바꾸어 분수의 곱셈으로 계산합니다.

$$\frac{5}{6} \div \frac{3}{4} = \frac{5}{\cancel{6}_3} \times \frac{\cancel{4}^2}{3} = \frac{10}{9} = 1\frac{1}{9}$$

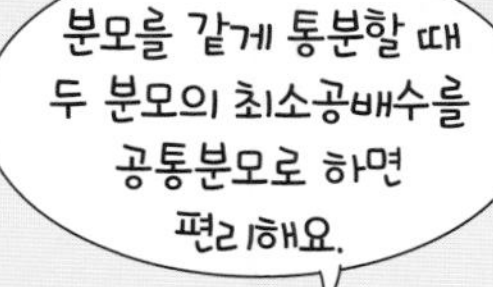

1~12 계산을 하여 기약분수로 나타내시오.

1 $\frac{3}{5} \div \frac{3}{10}$

5 $\frac{4}{5} \div \frac{8}{9}$

9 $\frac{4}{7} \div \frac{6}{11}$

2 $\frac{1}{4} \div \frac{2}{5}$

6 $\frac{11}{12} \div \frac{5}{9}$

10 $\frac{17}{20} \div \frac{4}{5}$

3 $\frac{3}{7} \div \frac{5}{14}$

7 $\frac{7}{9} \div \frac{2}{3}$

11 $\frac{3}{8} \div \frac{5}{12}$

4 $\frac{5}{22} \div \frac{3}{11}$

8 $\frac{3}{26} \div \frac{2}{13}$

12 $\frac{4}{9} \div \frac{1}{6}$

점선을 따라 자르세요.

13~33 계산을 하여 기약분수로 나타내시오.

13 $\frac{4}{5} \div \frac{4}{9}$

14 $\frac{2}{3} \div \frac{1}{4}$

15 $\frac{9}{10} \div \frac{3}{4}$

16 $\frac{5}{14} \div \frac{2}{15}$

17 $\frac{3}{34} \div \frac{7}{68}$

18 $\frac{7}{8} \div \frac{4}{5}$

19 $\frac{8}{15} \div \frac{6}{11}$

20 $\frac{21}{46} \div \frac{21}{23}$

21 $\frac{7}{9} \div \frac{3}{5}$

22 $\frac{9}{16} \div \frac{1}{8}$

23 $\frac{5}{7} \div \frac{3}{4}$

24 $\frac{7}{10} \div \frac{5}{9}$

25 $\frac{12}{13} \div \frac{6}{11}$

26 $\frac{8}{15} \div \frac{4}{7}$

27 $\frac{5}{8} \div \frac{10}{11}$

28 $\frac{3}{4} \div \frac{2}{5}$

29 $\frac{9}{10} \div \frac{3}{7}$

30 $\frac{9}{28} \div \frac{3}{56}$

31 $\frac{2}{5} \div \frac{1}{4}$

32 $\frac{8}{21} \div \frac{4}{9}$

33 $\frac{5}{6} \div \frac{7}{12}$

34~38 빈 곳에 알맞은 기약분수를 써넣으시오.

34

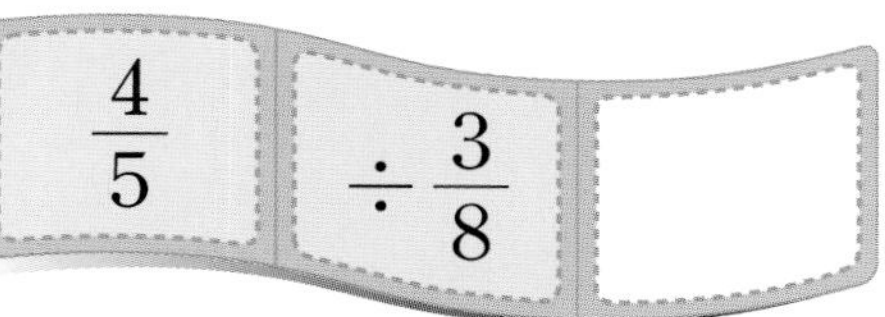

$\frac{4}{5}$ $\div \frac{3}{8}$ □

35

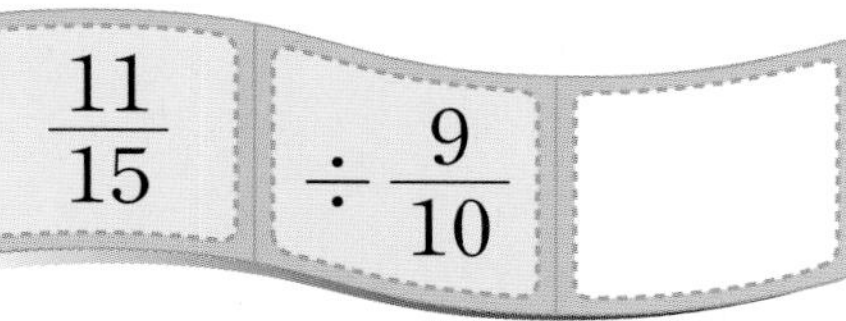

$\frac{11}{15}$ $\div \frac{9}{10}$ □

36

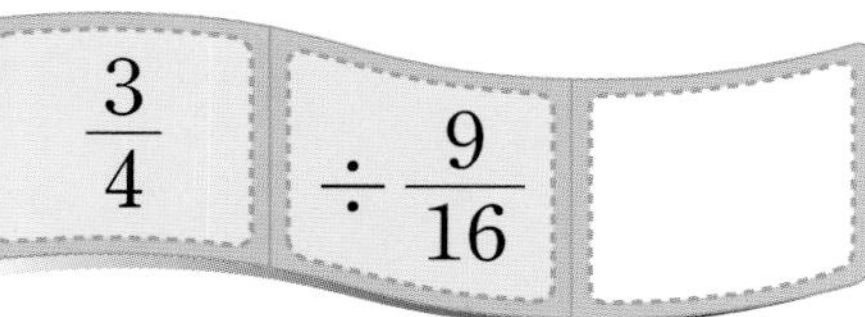

$\frac{3}{4}$ $\div \frac{9}{16}$ □

37

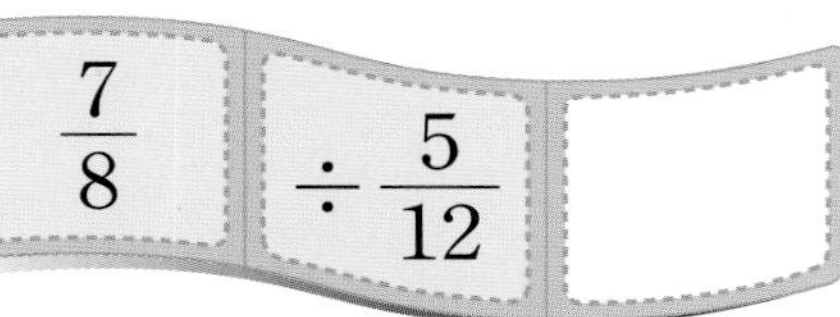

$\frac{7}{8}$ $\div \frac{5}{12}$ □

38

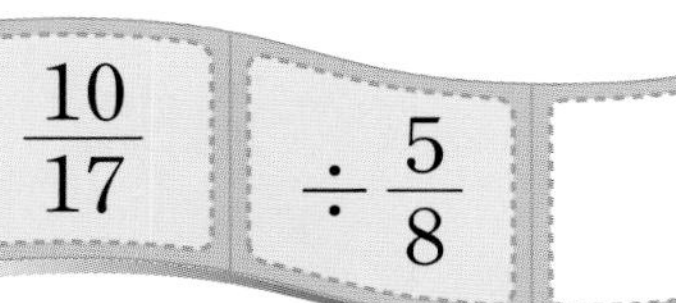

$\frac{10}{17}$ $\div \frac{5}{8}$ □

39~43 위쪽의 분수를 아래쪽의 분수로 나눈 몫을 기약분수로 나타내어 빈 곳에 써넣으시오.

39

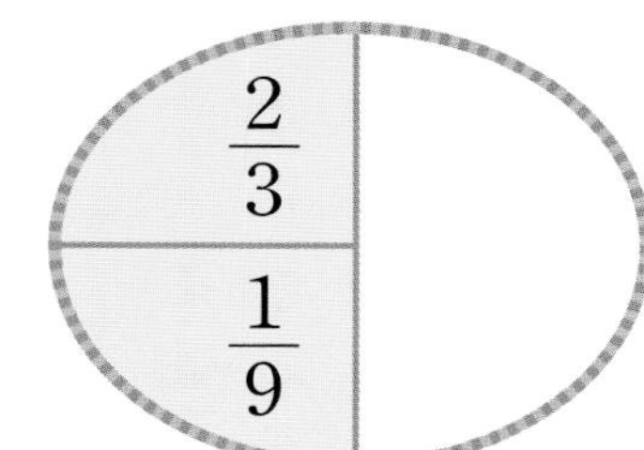

$\frac{2}{3}$, $\frac{1}{9}$ □

40

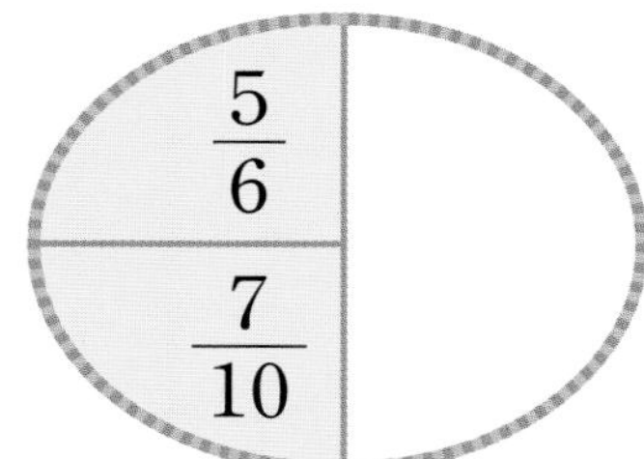

$\frac{5}{6}$, $\frac{7}{10}$ □

41

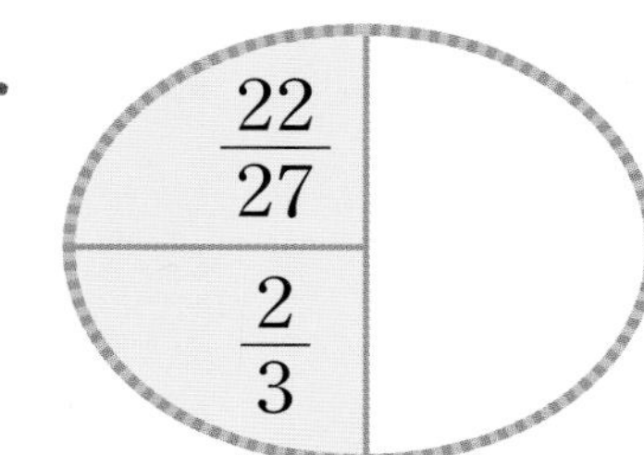

$\frac{22}{27}$, $\frac{2}{3}$ □

42

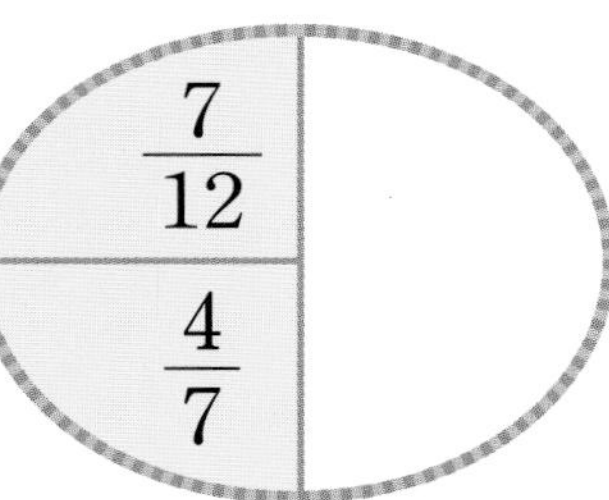

$\frac{7}{12}$, $\frac{4}{7}$ □

43

$\frac{7}{40}$, $\frac{14}{15}$ □

채점하여 자신의 실력을 확인해 보세요!

맞힌 개수	41개 이상	연산왕! 참 잘했어요!
	30~40개	틀린 문제를 점검해요!
개/43개	29개 이하	차근차근 다시 풀어요!

엄마의 확인 Note 칭찬할 점과 주의할 점을 써주세요!

정답확인

칭찬	
주의	

마무리 연산 퍼즐

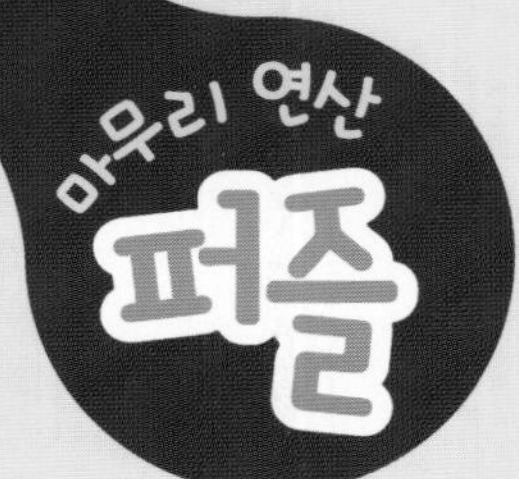

길 찾기

재호가 할아버지 댁에 가려고 합니다. 갈림길에서 ☐ 안에 쓰인 나눗셈의 몫이 적힌 길을 따라가면 할아버지 댁에 도착할 수 있습니다. 재호네 할아버지 댁을 찾아 번호를 쓰시오.

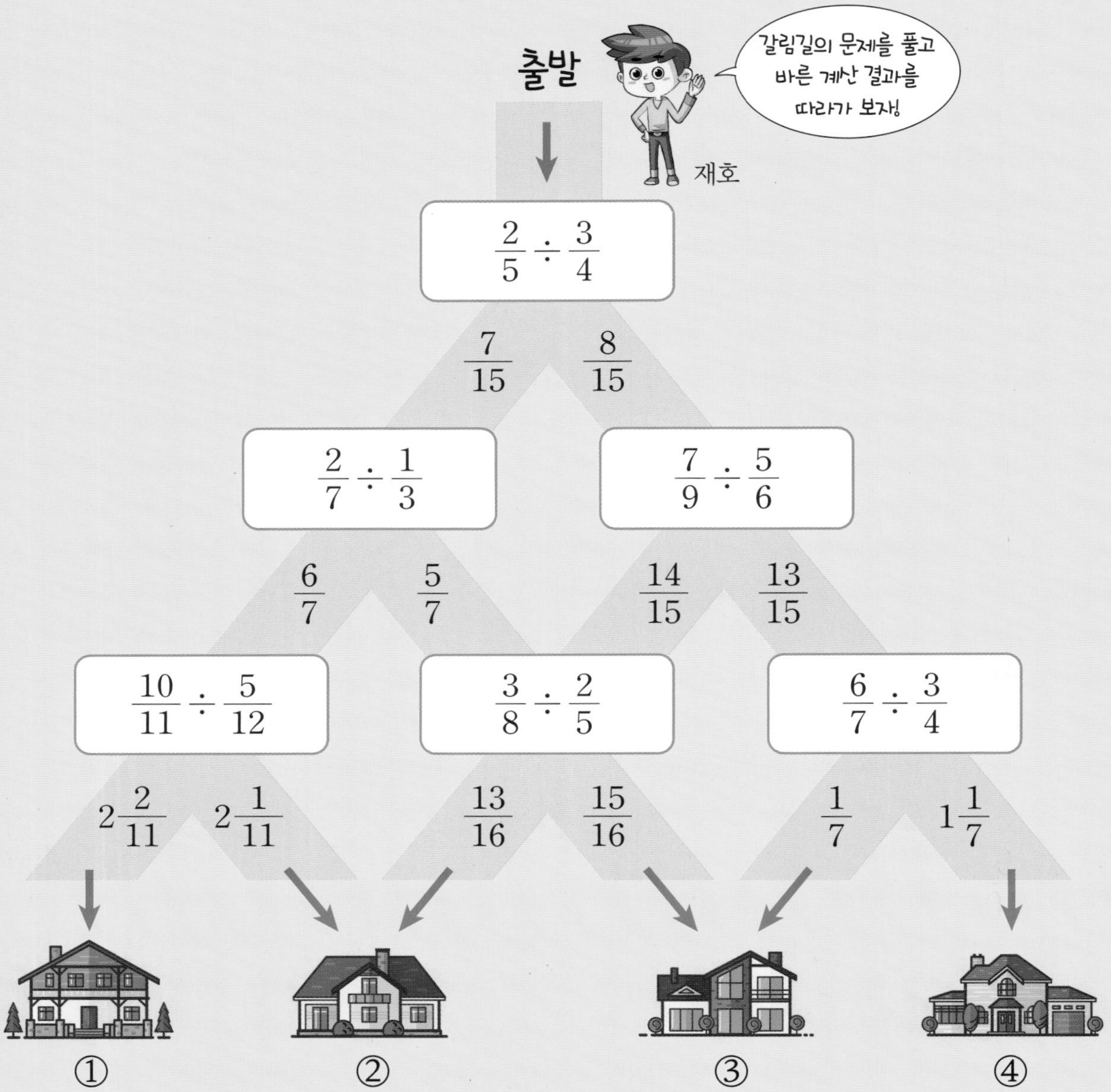

출발
갈림길의 문제를 풀고 바른 계산 결과를 따라가 보자!
재호
$\frac{2}{5} \div \frac{3}{4}$
$\frac{7}{15}$
$\frac{8}{15}$
$\frac{2}{7} \div \frac{1}{3}$
$\frac{7}{9} \div \frac{5}{6}$
$\frac{6}{7}$
$\frac{5}{7}$
$\frac{14}{15}$
$\frac{13}{15}$
$\frac{10}{11} \div \frac{5}{12}$
$\frac{3}{8} \div \frac{2}{5}$
$\frac{6}{7} \div \frac{3}{4}$
$2\frac{2}{11}$
$2\frac{1}{11}$
$\frac{13}{16}$
$\frac{15}{16}$
$\frac{1}{7}$
$1\frac{1}{7}$
①
②
③
④

풀이

답 ____________

교과서 분수의 나눗셈

분모가 다른 (진분수)÷(진분수) (2)

예 $\frac{13}{20} \div \frac{4}{5}$의 계산

방법 1 $\frac{13}{20} \div \frac{4}{5} = \frac{13}{20} \div \frac{16}{20} = 13 \div 16 = \frac{13}{16}$

방법 2 $\frac{13}{20} \div \frac{4}{5} = \frac{\overset{}{13}}{\underset{4}{\cancel{20}}} \times \frac{\overset{1}{\cancel{5}}}{4} = \frac{13}{16}$

1~15 계산을 하여 기약분수로 나타내시오.

1 $\frac{4}{7} \div \frac{8}{15}$

2 $\frac{8}{9} \div \frac{4}{27}$

3 $\frac{2}{5} \div \frac{9}{10}$

4 $\frac{4}{7} \div \frac{4}{35}$

5 $\frac{9}{32} \div \frac{27}{40}$

6 $\frac{5}{27} \div \frac{2}{9}$

7 $\frac{2}{3} \div \frac{1}{4}$

8 $\frac{11}{24} \div \frac{5}{12}$

9 $\frac{5}{18} \div \frac{5}{14}$

10 $\frac{14}{15} \div \frac{7}{30}$

11 $\frac{3}{4} \div \frac{9}{40}$

12 $\frac{4}{5} \div \frac{2}{3}$

13 $\frac{7}{30} \div \frac{1}{18}$

14 $\frac{7}{16} \div \frac{5}{24}$

15 $\frac{16}{21} \div \frac{8}{9}$

절취선 대로 자르세요.

16~36 계산을 하여 기약분수로 나타내시오.

16 $\frac{23}{24} \div \frac{23}{48}$

17 $\frac{1}{3} \div \frac{5}{8}$

18 $\frac{7}{16} \div \frac{5}{12}$

19 $\frac{5}{9} \div \frac{10}{13}$

20 $\frac{5}{6} \div \frac{3}{5}$

21 $\frac{25}{48} \div \frac{7}{12}$

22 $\frac{18}{55} \div \frac{9}{20}$

23 $\frac{3}{7} \div \frac{16}{35}$

24 $\frac{5}{6} \div \frac{3}{4}$

25 $\frac{18}{49} \div \frac{6}{35}$

26 $\frac{2}{17} \div \frac{5}{8}$

27 $\frac{2}{3} \div \frac{4}{11}$

28 $\frac{64}{81} \div \frac{16}{45}$

29 $\frac{31}{33} \div \frac{31}{99}$

30 $\frac{12}{25} \div \frac{8}{35}$

31 $\frac{4}{7} \div \frac{2}{3}$

32 $\frac{8}{9} \div \frac{5}{12}$

33 $\frac{9}{20} \div \frac{5}{12}$

34 $\frac{4}{5} \div \frac{7}{10}$

35 $\frac{29}{32} \div \frac{29}{56}$

36 $\frac{16}{45} \div \frac{4}{15}$

37~46 빈 곳에 알맞은 기약분수를 써넣으시오.

37 $\frac{17}{27}$ → $\div \frac{17}{18}$ → □

38 $\frac{9}{10}$ → $\div \frac{3}{8}$ → □

39 $\frac{3}{4}$ → $\div \frac{5}{12}$ → □

40 $\frac{6}{7}$ → $\div \frac{3}{16}$ → □

41 $\frac{5}{18}$ → $\div \frac{5}{6}$ → □

42 $\frac{11}{12}$ → $\div \frac{3}{20}$ → □

43 $\frac{3}{8}$ → $\div \frac{3}{22}$ → □

44 $\frac{8}{15}$ → $\div \frac{16}{27}$ → □

45 $\frac{9}{34}$ → $\div \frac{3}{16}$ → □

46 $\frac{15}{26}$ → $\div \frac{8}{13}$ → □

실력 Check! 채점하여 자신의 실력을 확인해 보세요!

맞힌 개수	44개 이상	연산왕! 참 잘했어요!
	32~43개	틀린 문제를 점검해요!
개/46개	31개 이하	차근차근 다시 풀어요!

엄마의 확인 Note 칭찬할 점과 주의할 점을 써주세요!

정답 확인

칭찬	
주의	

맛있는 요리법

혜주는 햄 · 야채 삼각 주먹밥을 만들려고 합니다. 다음 요리법을 보고 순서에 따라 요리해 보세요.

햄 · 야채 삼각 주먹밥 만들기

<재료(2인분)>

따뜻한 밥 $\frac{2}{5}$ kg, 통조림 햄 $\frac{1}{10}$ kg, 양파 $\frac{1}{20}$ kg, 당근 $\frac{1}{20}$ kg, 풋고추 1개, 김 여러 장, 식용유 $\frac{1}{2}$ 큰술, 참기름 $\frac{1}{2}$ 작은술, 검은깨 1 작은술, 간장 $1\frac{1}{2}$ 큰술, 맛술 1 큰술, 물 1 큰술

<만드는 법>

① 통조림 햄과 야채를 먹기 좋은 크기로 잘게 다집니다.

② 프라이팬에 식용유를 두르고 햄과 야채를 30초간 볶습니다.

③ 볶은 햄과 야채에 간장, 맛술, 물을 넣고 1분간 조린 후 불을 끕니다.

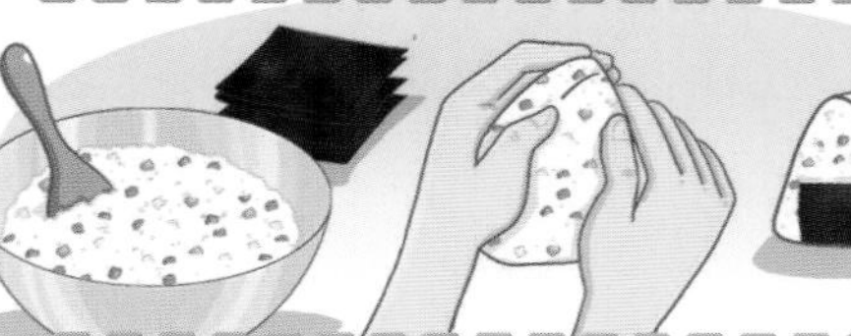

④ 큰 그릇에 밥, 볶은 햄과 야채를 넣고 섞은 후 삼각형 모양으로 만들고 김으로 싸 주면 완성됩니다.

위의 햄 · 야채 삼각 주먹밥에 들어가는 밥의 양은 당근의 양의 몇 배입니까?

풀이

답

교과서 분수의 나눗셈

(자연수)÷(분수) (1)

공부한 날 월 일

걸린 시간 분

✔ (자연수)÷(분수)의 계산

예 $4\div\frac{2}{5}$의 계산

방법 1 ■÷$\frac{▲}{●}$=(■÷▲)×●를 이용하여 계산합니다.

$4\div\frac{2}{5}=(4\div2)\times5=10$

방법 2 나누는 분수의 분모와 분자를 바꾸어 분수의 곱셈으로 계산합니다.

$4\div\frac{2}{5}=\overset{2}{\cancel{4}}\times\frac{5}{\underset{1}{\cancel{2}}}=10$

1~12 계산을 하시오.

1 $6\div\frac{3}{8}$

2 $10\div\frac{5}{9}$

3 $9\div\frac{9}{10}$

4 $2\div\frac{2}{5}$

5 $14\div\frac{2}{7}$

6 $7\div\frac{7}{9}$

7 $8\div\frac{2}{7}$

8 $11\div\frac{11}{20}$

9 $12\div\frac{3}{4}$

10 $21\div\frac{7}{10}$

11 $20\div\frac{5}{8}$

12 $24\div\frac{4}{5}$

절취선 대로 자르세요.

13~33 계산을 하시오.

13 $12 \div \frac{6}{7}$

14 $9 \div \frac{3}{11}$

15 $30 \div \frac{15}{17}$

16 $4 \div \frac{2}{7}$

17 $21 \div \frac{7}{8}$

18 $12 \div \frac{2}{11}$

19 $25 \div \frac{5}{6}$

20 $10 \div \frac{5}{41}$

21 $8 \div \frac{2}{3}$

22 $15 \div \frac{3}{8}$

23 $4 \div \frac{1}{8}$

24 $42 \div \frac{14}{19}$

25 $8 \div \frac{2}{5}$

26 $12 \div \frac{4}{9}$

27 $18 \div \frac{3}{5}$

28 $6 \div \frac{2}{3}$

29 $10 \div \frac{5}{47}$

30 $9 \div \frac{3}{32}$

31 $20 \div \frac{10}{13}$

32 $20 \div \frac{2}{3}$

33 $16 \div \frac{4}{25}$

34~43 빈 곳에 알맞은 수를 써넣으시오.

34

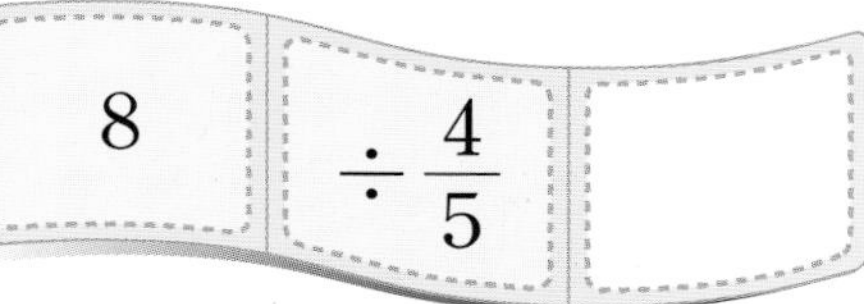

35

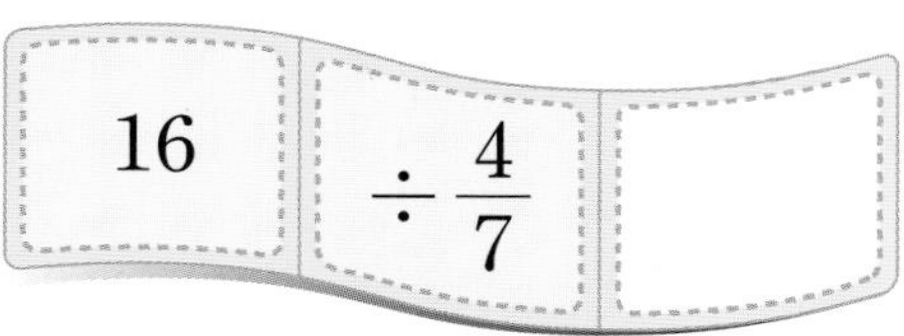

36

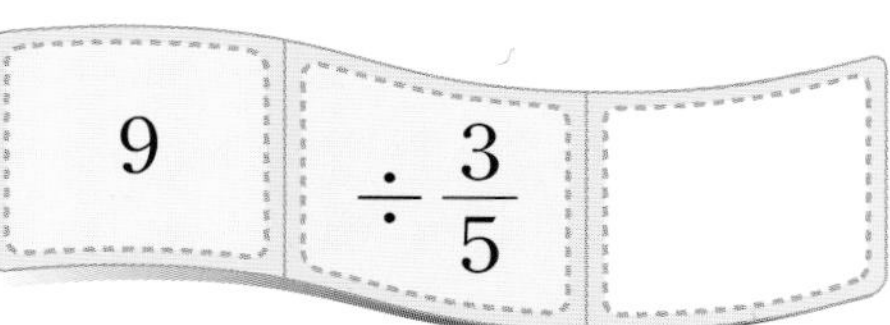

37

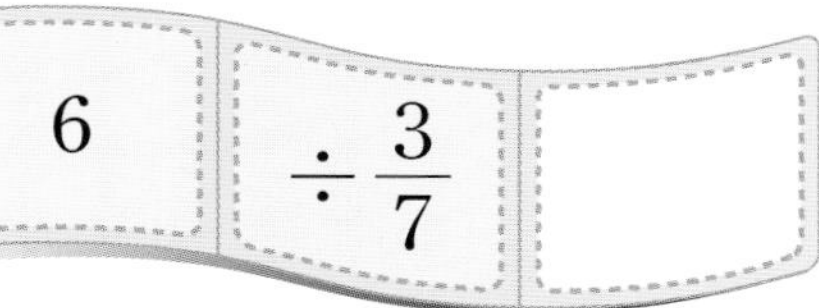

38

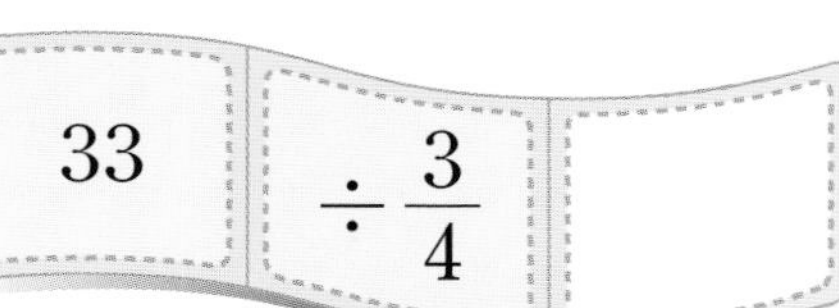

39

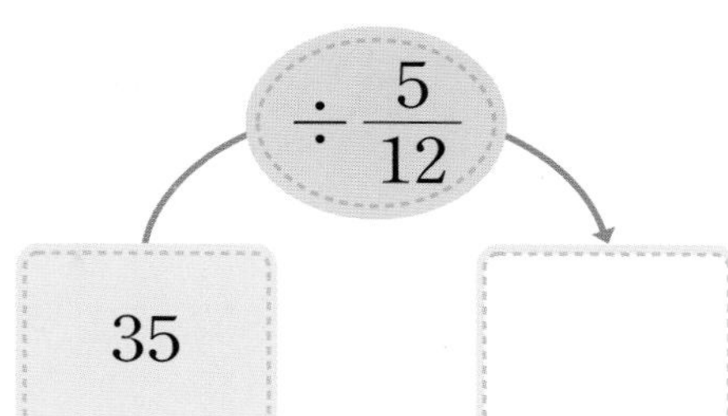

40

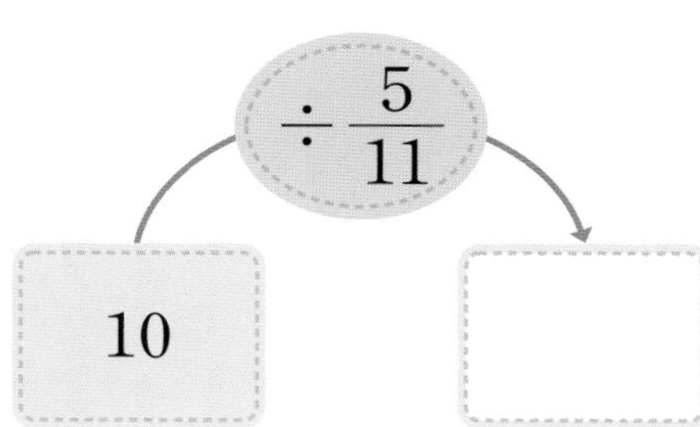

41

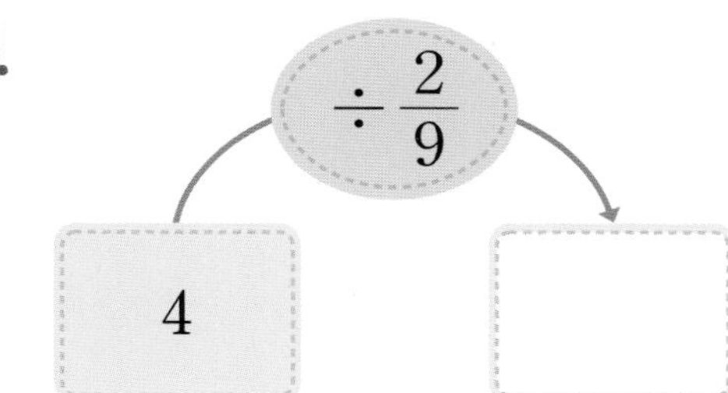

42

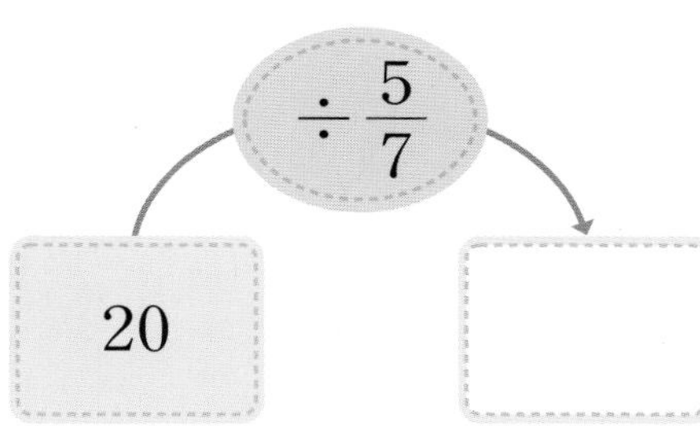

43

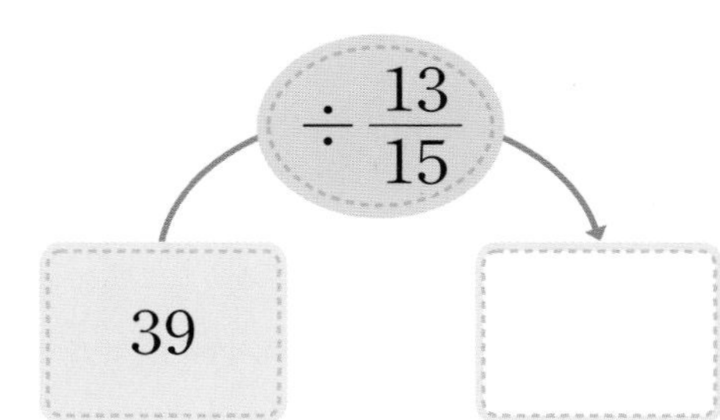

실력 Check! 채점하여 자신의 실력을 확인해 보세요!

맞힌 개수	41개 이상	연산왕! 참 잘했어요!
	30~40개	틀린 문제를 점검해요!
개/43개	29개 이하	차근차근 다시 풀어요!

엄마의 확인 Note 칭찬할 점과 주의할 점을 써주세요!

정답확인

칭찬	
주의	

득점왕은 누구일까요?

이번 달 진숙이네 학교 농구 선수들이 득점한 점수를 알아보려고 합니다. 선수들이 말하는 나눗셈의 몫이 이번 달 득점한 점수일 때 득점왕의 이름을 알아보시오.

교과서 분수의 나눗셈

(자연수)÷(분수) (2)

공부한 날 월 일 걸린 시간 분

예 $4 \div \frac{6}{7} = \overset{2}{\cancel{4}} \times \frac{7}{\underset{3}{\cancel{6}}} = \frac{14}{3} = 4\frac{2}{3}$

1~15 계산을 하여 기약분수로 나타내시오.

1 $2 \div \frac{5}{7}$

2 $8 \div \frac{4}{31}$

3 $24 \div \frac{3}{5}$

4 $2 \div \frac{11}{16}$

5 $12 \div \frac{8}{9}$

6 $14 \div \frac{7}{8}$

7 $7 \div \frac{7}{13}$

8 $10 \div \frac{5}{16}$

9 $8 \div \frac{6}{11}$

10 $30 \div \frac{6}{17}$

11 $4 \div \frac{2}{3}$

12 $6 \div \frac{4}{5}$

13 $15 \div \frac{15}{28}$

14 $18 \div \frac{9}{10}$

15 $8 \div \frac{14}{15}$

절취선 대로 자르세요.

16~36 계산을 하여 기약분수로 나타내시오.

16 $18 \div \frac{6}{7}$

17 $2 \div \frac{5}{6}$

18 $45 \div \frac{3}{7}$

19 $12 \div \frac{24}{35}$

20 $2 \div \frac{3}{4}$

21 $3 \div \frac{9}{11}$

22 $10 \div \frac{5}{7}$

23 $10 \div \frac{4}{7}$

24 $6 \div \frac{2}{23}$

25 $7 \div \frac{5}{8}$

26 $8 \div \frac{4}{7}$

27 $21 \div \frac{12}{13}$

28 $4 \div \frac{5}{6}$

29 $10 \div \frac{2}{11}$

30 $5 \div \frac{3}{4}$

31 $22 \div \frac{11}{13}$

32 $3 \div \frac{4}{5}$

33 $10 \div \frac{8}{9}$

34 $15 \div \frac{10}{21}$

35 $24 \div \frac{8}{9}$

36 $14 \div \frac{8}{15}$

37~46 빈 곳에 알맞은 기약분수를 써넣으시오.

37

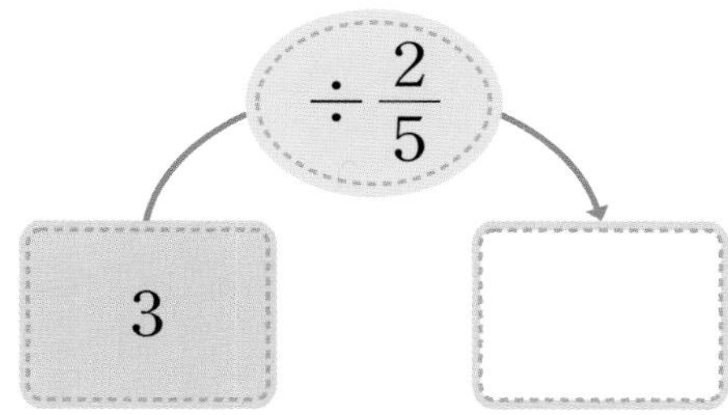

38

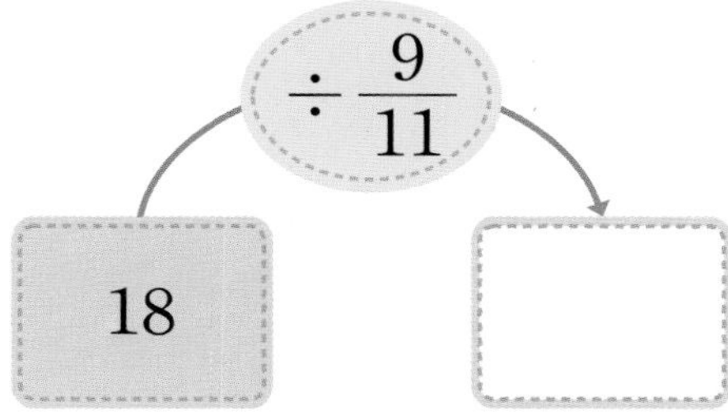

39

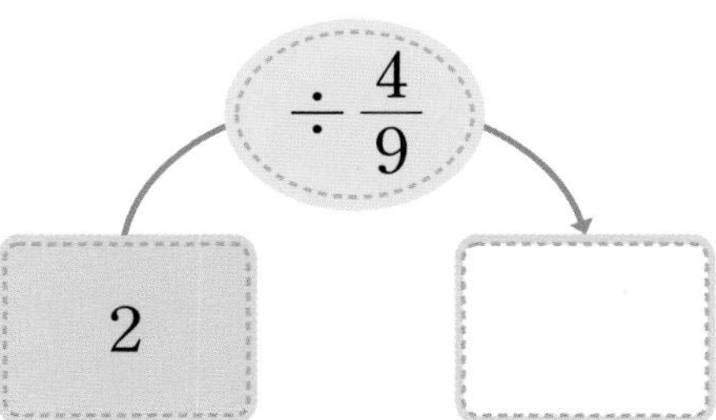

40

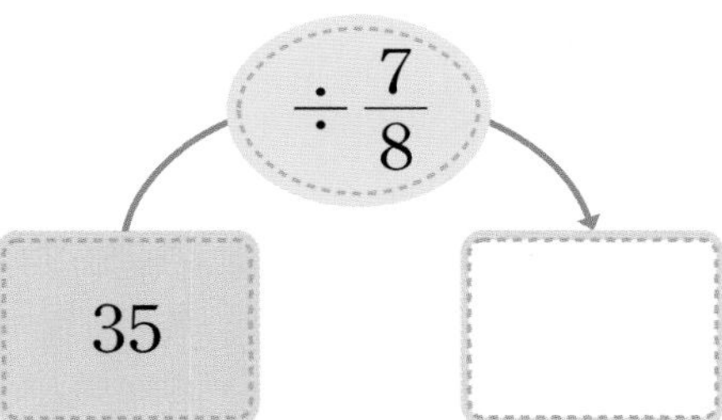

41

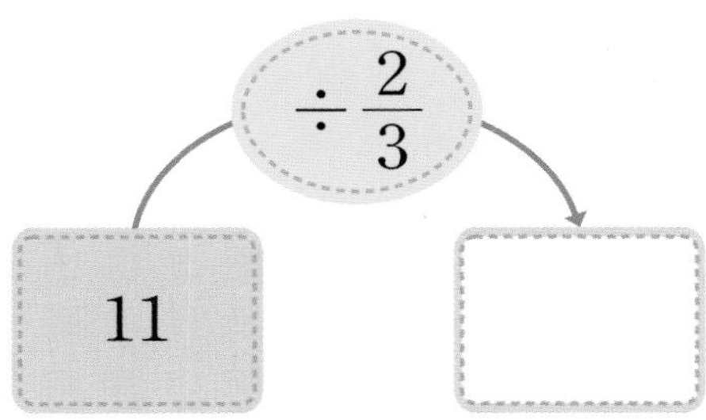

42

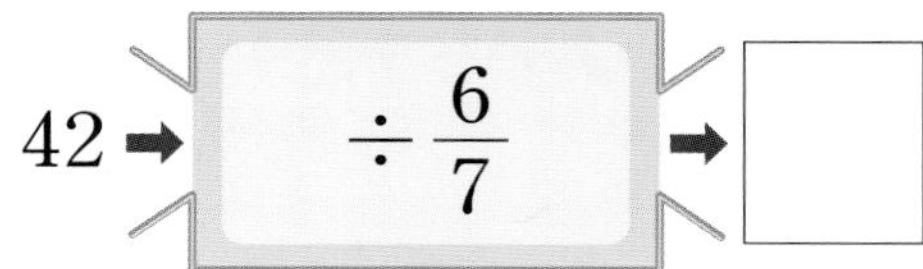

43

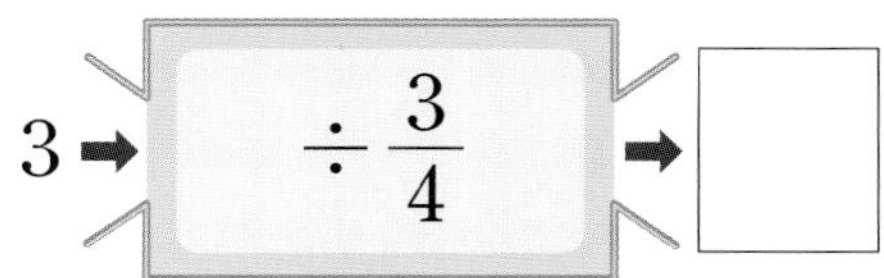

44

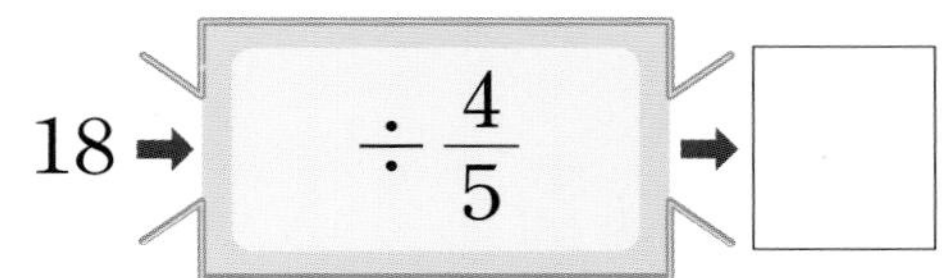

45

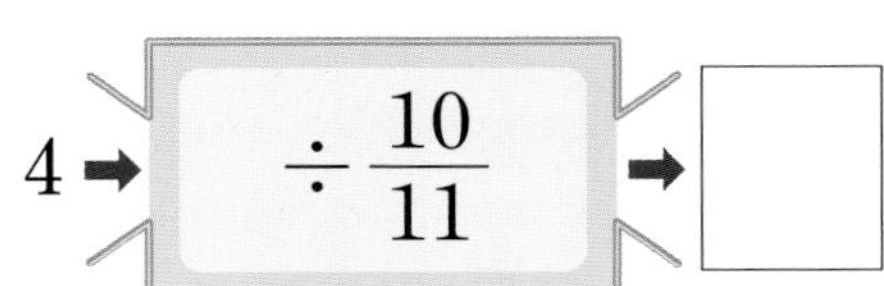

46

4 ➡ $\div \frac{10}{11}$ ➡ □

실력 Check! 채점하여 자신의 실력을 확인해 보세요!

맞힌 개수	44개 이상	연산왕! 참 잘했어요!
	32~43개	틀린 문제를 점검해요!
개/46개	31개 이하	차근차근 다시 풀어요!

엄마의 확인 Note 칭찬할 점과 주의할 점을 써주세요!

정답확인

칭찬	
주의	

마무리 연산 퍼즐

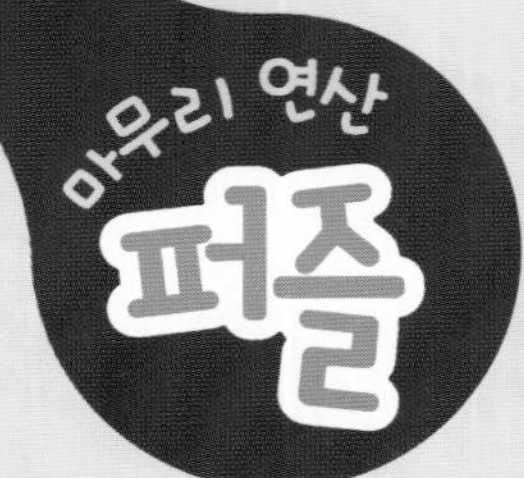

사다리 타기

사다리 타기는 줄을 타고 내려가다가 가로로 놓인 선을 만나면 가로 선을 따라 맨 아래까지 내려가는 놀이입니다. 주어진 나눗셈을 계산하여 몫을 사다리를 타고 내려가서 도착한 곳에 기약분수로 써넣으시오.

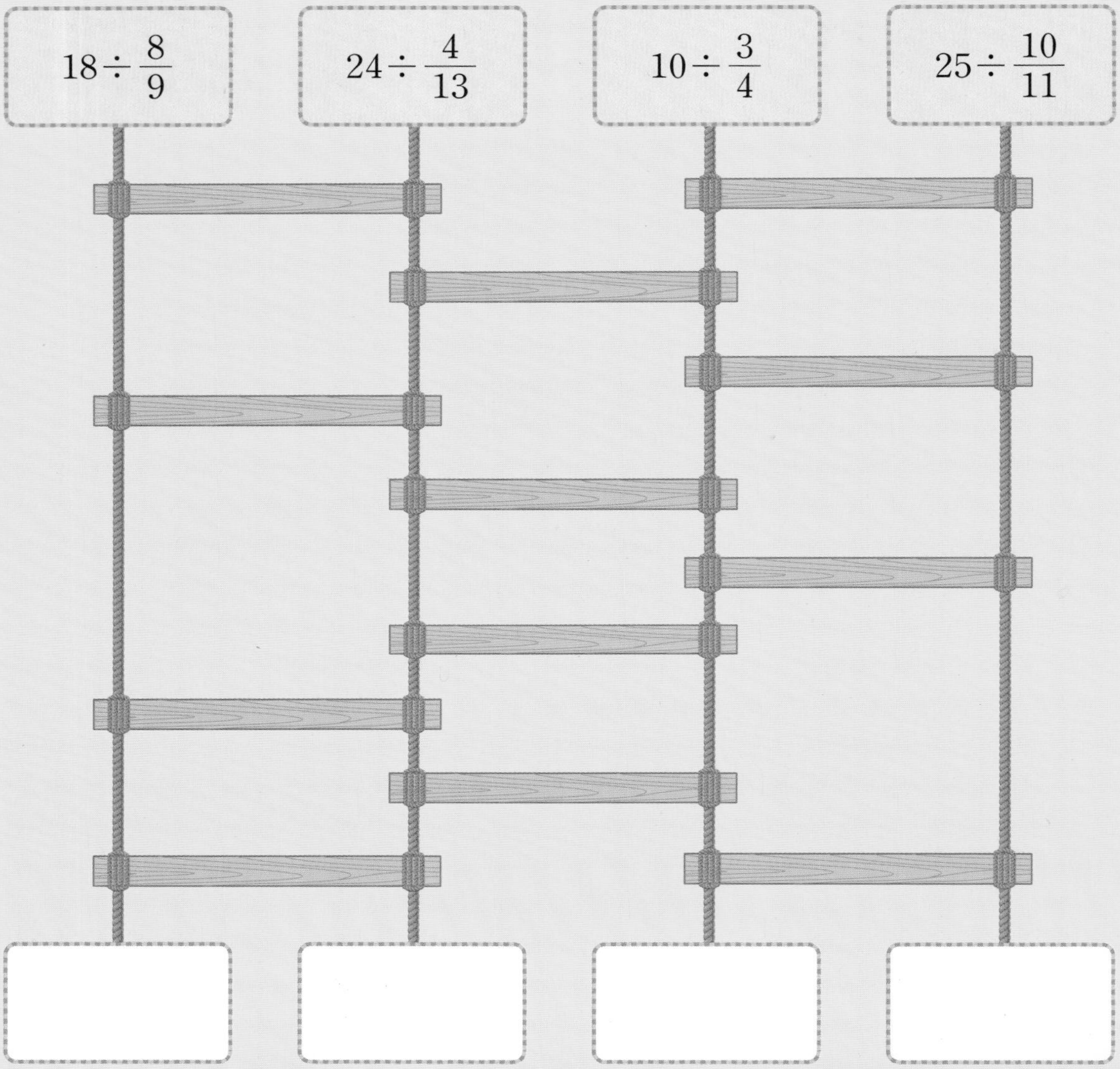

$18 \div \frac{8}{9}$
$24 \div \frac{4}{13}$
$10 \div \frac{3}{4}$
$25 \div \frac{10}{11}$

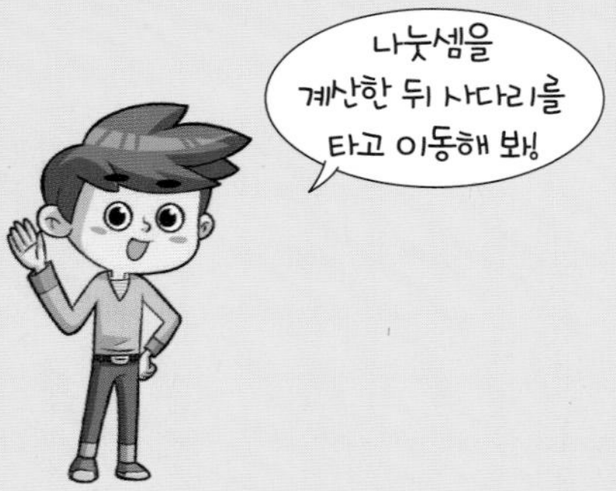

나눗셈을 계산한 뒤 사다리를 타고 이동해 봐!

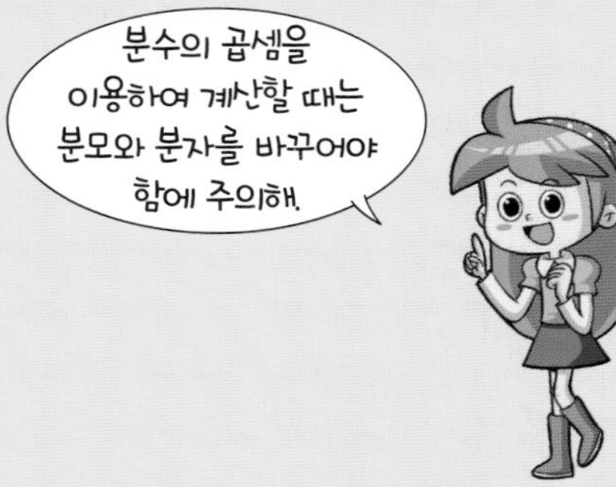

분수의 곱셈을 이용하여 계산할 때는 분모와 분자를 바꾸어야 함에 주의해.

교과서 분수의 나눗셈

8 (가분수)÷(진분수), (진분수)÷(가분수) (1)

공부한 날 월 일

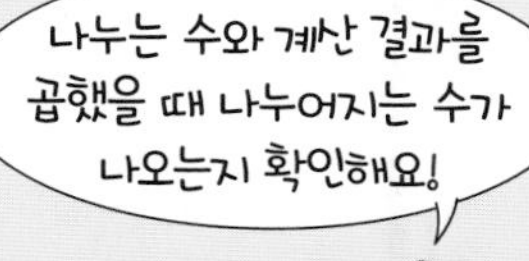

걸린 시간 분

✔ (가분수)÷(진분수), (진분수)÷(가분수)의 계산

예 $\frac{5}{4} \div \frac{3}{7}$의 계산

〈방법 1〉 분모를 같게 통분하여 분자끼리 나누어 구합니다.

$$\frac{5}{4} \div \frac{3}{7} = \frac{35}{28} \div \frac{12}{28} = 35 \div 12 = \frac{35}{12} = 2\frac{11}{12}$$

〈방법 2〉 나누는 분수의 분모와 분자를 바꾸어 분수의 곱셈으로 계산합니다.

$$\frac{5}{4} \div \frac{3}{7} = \frac{5}{4} \times \frac{7}{3} = \frac{35}{12} = 2\frac{11}{12}$$

1~12 계산을 하여 기약분수로 나타내시오.

1 $\frac{8}{3} \div \frac{3}{4}$

2 $\frac{3}{5} \div \frac{4}{3}$

3 $\frac{10}{7} \div \frac{1}{2}$

4 $\frac{3}{4} \div \frac{11}{3}$

5 $\frac{6}{5} \div \frac{5}{11}$

6 $\frac{9}{7} \div \frac{2}{3}$

7 $\frac{3}{4} \div \frac{11}{5}$

8 $\frac{16}{5} \div \frac{8}{25}$

9 $\frac{5}{4} \div \frac{5}{6}$

10 $\frac{6}{7} \div \frac{10}{3}$

11 $\frac{9}{8} \div \frac{5}{9}$

12 $\frac{13}{10} \div \frac{2}{5}$

절취선 따라 자르세요.

13~33 계산을 하여 기약분수로 나타내시오.

13 $\frac{8}{7} \div \frac{1}{4}$

14 $\frac{7}{10} \div \frac{4}{3}$

15 $\frac{4}{3} \div \frac{8}{15}$

16 $\frac{3}{4} \div \frac{6}{5}$

17 $\frac{10}{7} \div \frac{4}{5}$

18 $\frac{9}{4} \div \frac{5}{8}$

19 $\frac{8}{5} \div \frac{6}{7}$

20 $\frac{6}{5} \div \frac{14}{15}$

21 $\frac{16}{9} \div \frac{2}{3}$

22 $\frac{5}{8} \div \frac{10}{3}$

23 $\frac{4}{3} \div \frac{7}{15}$

24 $\frac{13}{6} \div \frac{7}{12}$

25 $\frac{11}{10} \div \frac{11}{18}$

26 $\frac{7}{9} \div \frac{8}{3}$

27 $\frac{5}{6} \div \frac{20}{9}$

28 $\frac{11}{5} \div \frac{3}{8}$

29 $\frac{18}{5} \div \frac{6}{7}$

30 $\frac{7}{8} \div \frac{15}{4}$

31 $\frac{9}{10} \div \frac{12}{5}$

32 $\frac{35}{4} \div \frac{7}{8}$

33 $\frac{16}{15} \div \frac{4}{5}$

34~42 빈 곳에 알맞은 기약분수를 써넣으시오.

34

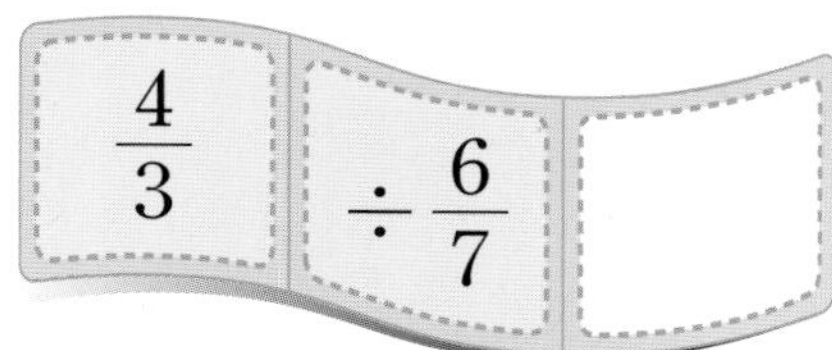

35

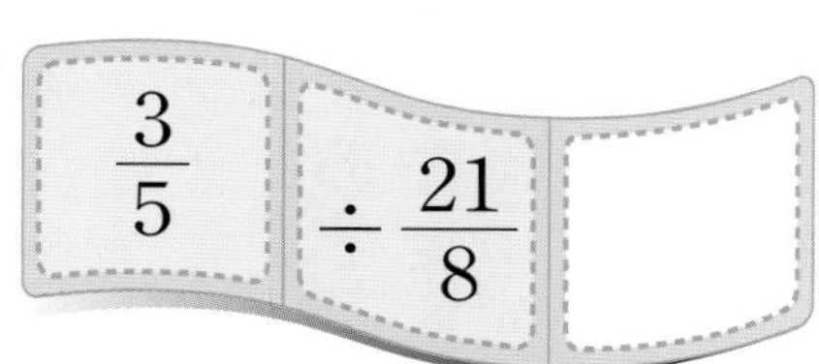

36

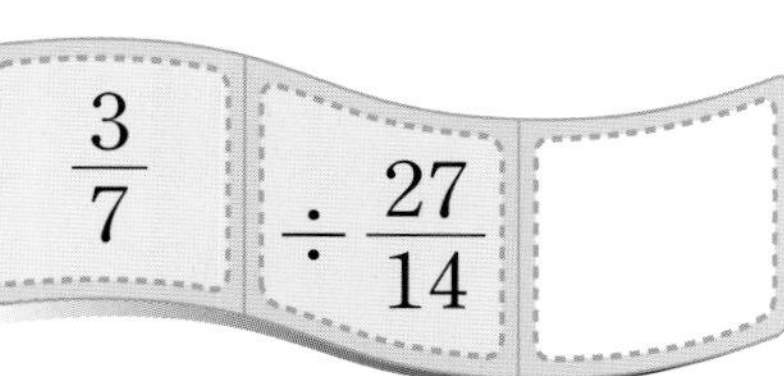

37

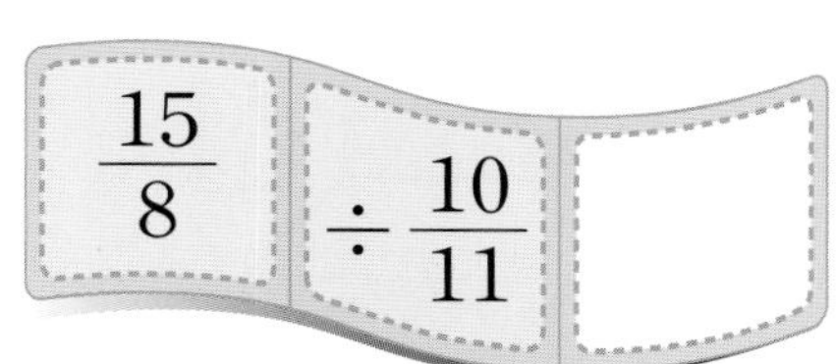

38

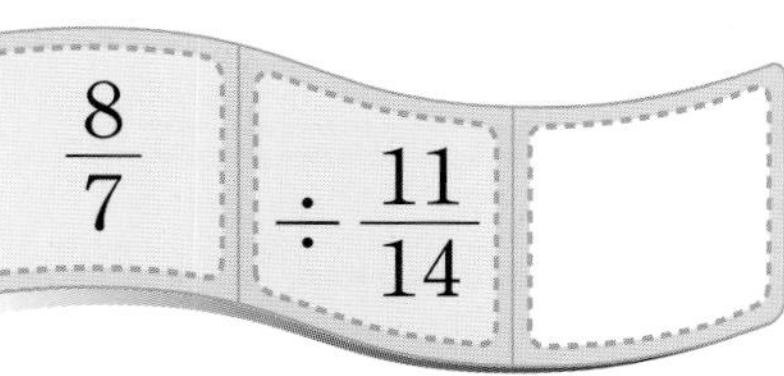

39

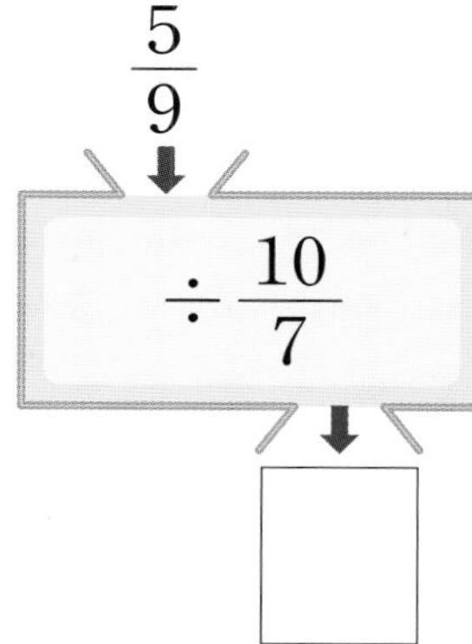

40

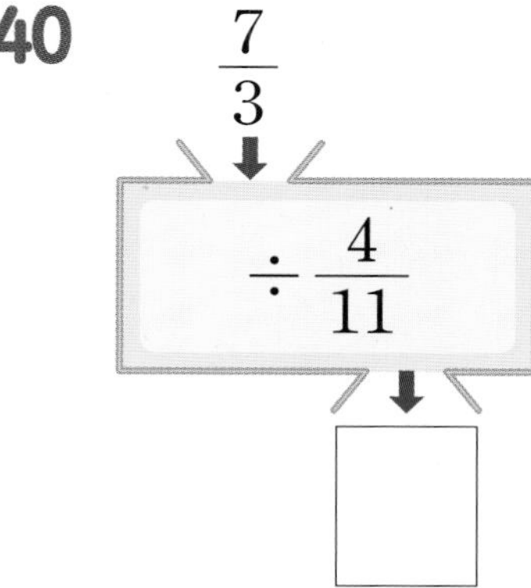

41

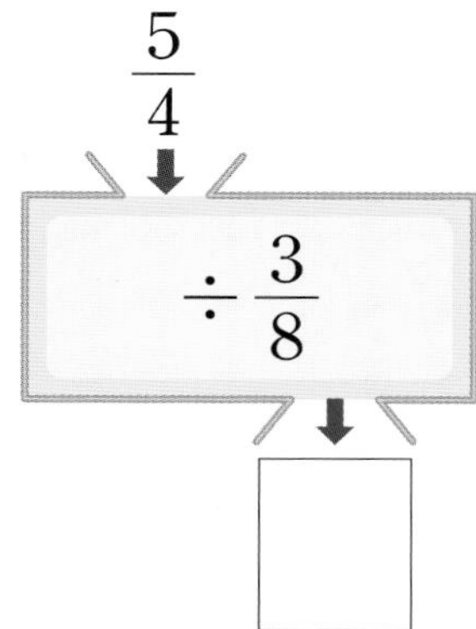

42

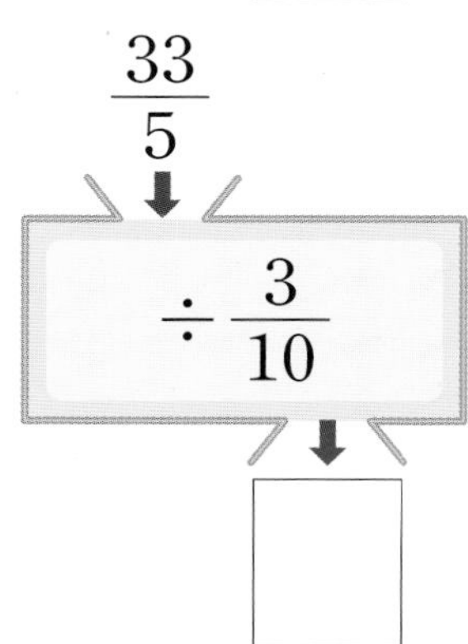

실력 Check! 채점하여 자신의 실력을 확인해 보세요!

맞힌 개수	40개 이상	연산왕! 참 잘했어요!
	29~39개	틀린 문제를 점검해요!
개/42개	28개 이하	차근차근 다시 풀어요!

엄마의 확인 Note 칭찬할 점과 주의할 점을 써주세요!

정답확인

칭찬	
주의	

숨은 그림 찾기

다음 그림에서 숨은 그림 5개를 모두 찾아 ○표 하시오.

클로버, 종이배, 신발, 연필, 나뭇잎

정답

교과서 분수의 나눗셈

9 (가분수)÷(진분수), (진분수)÷(가분수) (2)

공부한 날 월 일 걸린 시간 분

예 $\frac{3}{5} \div \frac{9}{4}$의 계산

〈방법 1〉 $\frac{3}{5} \div \frac{9}{4} = \frac{12}{20} \div \frac{45}{20} = 12 \div 45 = \frac{\cancelto{4}{12}}{\cancelto{15}{45}} = \frac{4}{15}$

〈방법 2〉 $\frac{3}{5} \div \frac{9}{4} = \frac{\cancelto{1}{3}}{5} \times \frac{4}{\cancelto{3}{9}} = \frac{4}{15}$

1~15 계산을 하여 기약분수로 나타내시오.

1 $\frac{1}{5} \div \frac{10}{7}$

2 $\frac{7}{6} \div \frac{2}{7}$

3 $\frac{11}{2} \div \frac{2}{3}$

4 $\frac{4}{9} \div \frac{9}{5}$

5 $\frac{10}{7} \div \frac{2}{5}$

6 $\frac{4}{3} \div \frac{2}{5}$

7 $\frac{2}{7} \div \frac{5}{3}$

8 $\frac{15}{2} \div \frac{7}{8}$

9 $\frac{13}{10} \div \frac{1}{5}$

10 $\frac{2}{3} \div \frac{30}{7}$

11 $\frac{6}{5} \div \frac{1}{8}$

12 $\frac{11}{4} \div \frac{11}{16}$

13 $\frac{7}{18} \div \frac{4}{3}$

14 $\frac{9}{7} \div \frac{3}{5}$

15 $\frac{8}{3} \div \frac{4}{9}$

절취선 대로 자르세요.

16~36 계산을 하여 기약분수로 나타내시오.

16 $\frac{8}{7} \div \frac{3}{5}$

17 $\frac{1}{5} \div \frac{13}{10}$

18 $\frac{9}{4} \div \frac{5}{6}$

19 $\frac{15}{2} \div \frac{3}{8}$

20 $\frac{16}{3} \div \frac{7}{9}$

21 $\frac{5}{4} \div \frac{1}{5}$

22 $\frac{21}{8} \div \frac{3}{4}$

23 $\frac{2}{5} \div \frac{6}{5}$

24 $\frac{9}{10} \div \frac{7}{3}$

25 $\frac{7}{6} \div \frac{1}{2}$

26 $\frac{3}{2} \div \frac{6}{11}$

27 $\frac{3}{7} \div \frac{15}{14}$

28 $\frac{10}{7} \div \frac{3}{4}$

29 $\frac{5}{14} \div \frac{12}{7}$

30 $\frac{5}{4} \div \frac{1}{6}$

31 $\frac{4}{3} \div \frac{2}{7}$

32 $\frac{16}{21} \div \frac{8}{3}$

33 $\frac{15}{8} \div \frac{5}{7}$

34 $\frac{8}{7} \div \frac{9}{14}$

35 $\frac{7}{5} \div \frac{3}{20}$

36 $\frac{27}{14} \div \frac{3}{4}$

37~46 빈 곳에 알맞은 기약분수를 써넣으시오.

37

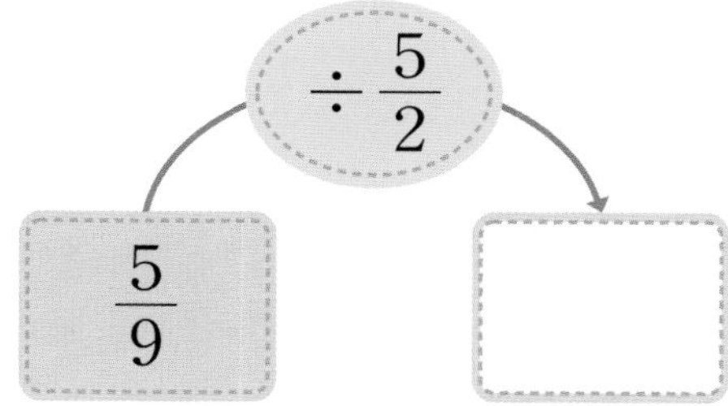

38

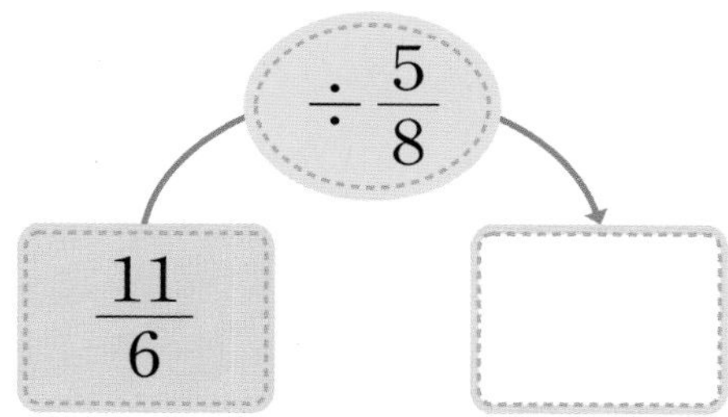

39

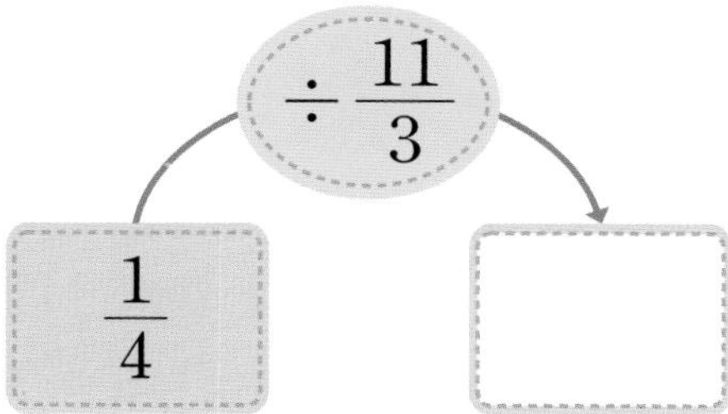

40

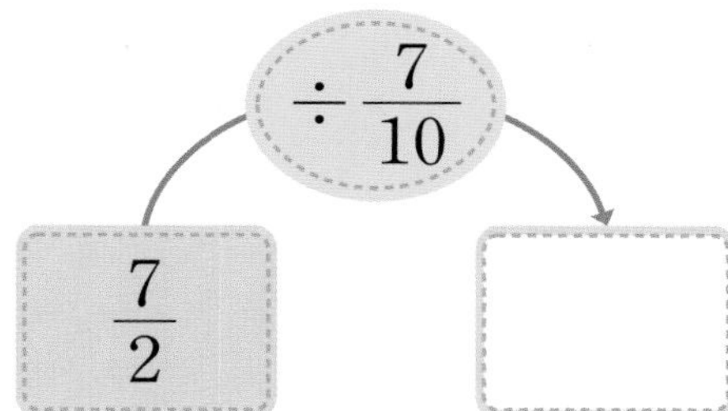

41

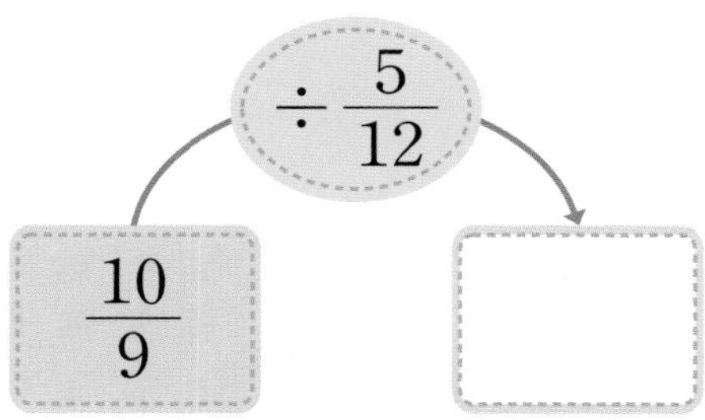

42

$\frac{12}{11}$ | $\div \frac{5}{6}$ | □

43

44

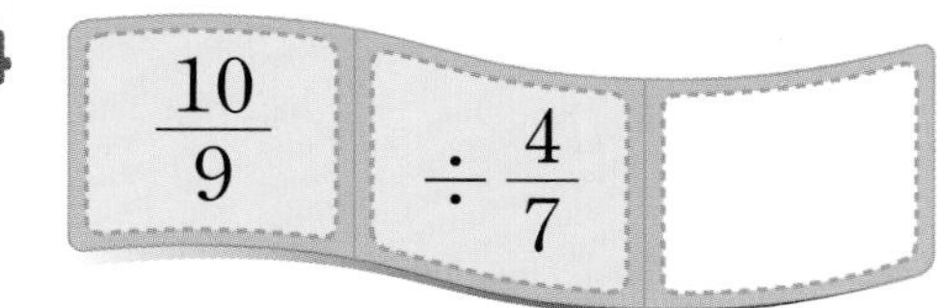

45

$\frac{8}{3}$ | $\div \frac{11}{12}$ | □

46

$\frac{36}{5}$ | $\div \frac{3}{10}$ | □

실력 Check! 채점하여 자신의 실력을 확인해 보세요!

맞힌 개수	44개 이상	연산왕! 참 잘했어요!
	32~43개	틀린 문제를 점검해요!
개/46개	31개 이하	차근차근 다시 풀어요!

엄마의 확인 Note 칭찬할 점과 주의할 점을 써주세요!

정답 확인

칭찬	
주의	

다른 그림 찾기

아래 사진에서 위 사진과 다른 부분 5군데를 모두 찾아 ○표 하시오.

정답

교과서 분수의 나눗셈

10 (대분수)÷(진분수), (진분수)÷(대분수) (1)

공부한 날 월 일 걸린 시간 분

(대분수)÷(진분수), (진분수)÷(대분수)의 계산은 대분수를 가분수로 바꾼 후 계산합니다.

예 $1\frac{1}{2} \div \frac{2}{3}$의 계산

방법 1 $1\frac{1}{2} \div \frac{2}{3} = \frac{3}{2} \div \frac{2}{3} = \frac{9}{6} \div \frac{4}{6} = 9 \div 4 = \frac{9}{4} = 2\frac{1}{4}$

방법 2 $1\frac{1}{2} \div \frac{2}{3} = \frac{3}{2} \div \frac{2}{3} = \frac{3}{2} \times \frac{3}{2} = \frac{9}{4} = 2\frac{1}{4}$

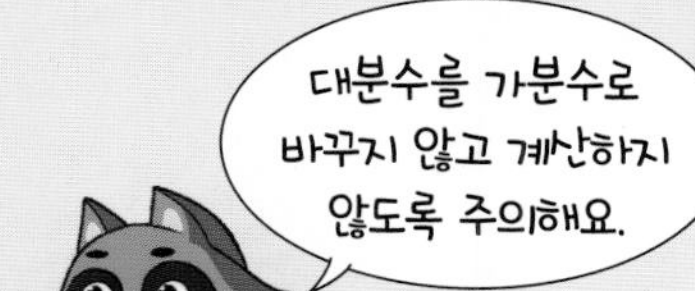

1~12 계산을 하여 기약분수로 나타내시오.

1 $1\frac{1}{4} \div \frac{2}{5}$

2 $\frac{4}{5} \div 1\frac{2}{7}$

3 $1\frac{5}{6} \div \frac{5}{12}$

4 $\frac{3}{7} \div 2\frac{1}{4}$

5 $6\frac{1}{4} \div \frac{5}{9}$

6 $\frac{1}{2} \div 1\frac{5}{8}$

7 $1\frac{1}{5} \div \frac{3}{5}$

8 $4\frac{4}{5} \div \frac{2}{5}$

9 $2\frac{1}{7} \div \frac{5}{14}$

10 $\frac{7}{8} \div 1\frac{1}{2}$

11 $2\frac{3}{4} \div \frac{5}{6}$

12 $4\frac{2}{3} \div \frac{7}{12}$

점선을 따라 자르세요.

13~33 계산을 하여 기약분수로 나타내시오.

13 $1\frac{3}{5}\div\frac{2}{9}$

14 $\frac{4}{9}\div2\frac{1}{3}$

15 $2\frac{1}{4}\div\frac{3}{5}$

16 $8\frac{4}{5}\div\frac{8}{9}$

17 $\frac{7}{10}\div4\frac{1}{2}$

18 $3\frac{3}{4}\div\frac{3}{4}$

19 $\frac{11}{12}\div3\frac{3}{4}$

20 $2\frac{1}{4}\div\frac{5}{8}$

21 $\frac{9}{16}\div2\frac{3}{4}$

22 $2\frac{2}{5}\div\frac{4}{15}$

23 $1\frac{7}{9}\div\frac{4}{7}$

24 $\frac{4}{15}\div2\frac{2}{9}$

25 $3\frac{1}{5}\div\frac{8}{9}$

26 $\frac{3}{4}\div1\frac{3}{5}$

27 $1\frac{1}{2}\div\frac{7}{12}$

28 $2\frac{3}{5}\div\frac{4}{5}$

29 $4\frac{1}{6}\div\frac{5}{9}$

30 $\frac{2}{9}\div2\frac{2}{3}$

31 $4\frac{1}{2}\div\frac{5}{6}$

32 $5\frac{1}{3}\div\frac{8}{9}$

33 $\frac{5}{12}\div1\frac{1}{8}$

34~38 빈 곳에 알맞은 기약분수를 써넣으시오.

34 $1\frac{3}{4}$ ➡ $\div\frac{5}{7}$ ➡ □

35 $1\frac{2}{7}$ ➡ $\div\frac{20}{21}$ ➡ □

36 $\frac{8}{15}$ ➡ $\div 6\frac{2}{5}$ ➡ □

37 $1\frac{2}{7}$ ➡ $\div\frac{3}{8}$ ➡ □

38 $\frac{12}{13}$ ➡ $\div 1\frac{5}{7}$ ➡ □

39~43 위쪽 분수를 아래쪽 분수로 나눈 몫을 기약분수로 나타내어 빈 곳에 써넣으시오.

39 $2\frac{2}{5}$ / $\frac{3}{4}$ | □

40 $\frac{4}{5}$ / $1\frac{1}{3}$ | □

41 $2\frac{2}{11}$ / $\frac{12}{13}$ | □

42 $\frac{15}{16}$ / $6\frac{1}{4}$ | □

43 $4\frac{2}{3}$ / $\frac{7}{8}$ | □

실력 Check! 채점하여 자신의 실력을 확인해 보세요!

맞힌 개수 개/43개	41개 이상	연산왕! 참 잘했어요!
	30~40개	틀린 문제를 점검해요!
	29개 이하	차근차근 다시 풀어요!

엄마의 확인 Note 칭찬할 점과 주의할 점을 써주세요!

정답확인

칭찬	
주의	

마무리 연산 퍼즐

비밀번호는 무엇일까요?

재호와 민아가 카페에 갔습니다. 카페의 와이파이 비밀번호는 보기 에 있는 나눗셈의 몫을 빈 곳에 차례로 이어 붙여 쓴 것입니다. 비밀번호를 구하시오.

보기

① $3\frac{2}{3} \div \frac{11}{12}$　② $1\frac{1}{4} \div \frac{5}{8}$

③ $1\frac{1}{2} \div \frac{1}{6}$　④ $4\frac{2}{3} \div \frac{7}{9}$

비밀번호

① ② ③ ④

풀이

답

교과서 분수의 나눗셈

(대분수)÷(진분수), (진분수)÷(대분수) (2)

공부한 날 월 일

걸린 시간 분

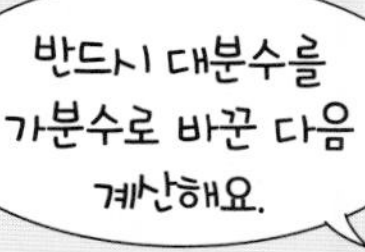

예 $\frac{5}{6} \div 2\frac{1}{7}$의 계산

방법 1 $\frac{5}{6} \div 2\frac{1}{7} = \frac{5}{6} \div \frac{15}{7} = \frac{35}{42} \div \frac{90}{42} = 35 \div 90 = \frac{\overset{7}{\cancel{35}}}{\underset{18}{\cancel{90}}} = \frac{7}{18}$

방법 2 $\frac{5}{6} \div 2\frac{1}{7} = \frac{5}{6} \div \frac{15}{7} = \frac{\overset{1}{\cancel{5}}}{6} \times \frac{7}{\underset{3}{\cancel{15}}} = \frac{7}{18}$

반드시 대분수를 가분수로 바꾼 다음 계산해요.

1~15 계산을 하여 기약분수로 나타내시오.

1 $1\frac{1}{2} \div \frac{3}{4}$

2 $\frac{7}{16} \div 2\frac{1}{3}$

3 $1\frac{2}{5} \div \frac{5}{8}$

4 $\frac{9}{10} \div 2\frac{1}{4}$

5 $1\frac{1}{8} \div \frac{7}{16}$

6 $2\frac{1}{4} \div \frac{3}{8}$

7 $\frac{5}{16} \div 4\frac{3}{8}$

8 $\frac{4}{5} \div 3\frac{1}{5}$

9 $1\frac{5}{9} \div \frac{6}{7}$

10 $\frac{3}{4} \div 1\frac{7}{8}$

11 $1\frac{5}{7} \div \frac{4}{5}$

12 $1\frac{2}{9} \div \frac{5}{6}$

13 $3\frac{1}{2} \div \frac{7}{9}$

14 $\frac{3}{5} \div 2\frac{3}{10}$

15 $1\frac{2}{3} \div \frac{7}{9}$

절취선 대로 자르세요.

16~36 계산을 하여 기약분수로 나타내시오.

16 $\frac{4}{5}\div6\frac{2}{3}$

17 $\frac{5}{9}\div3\frac{3}{4}$

18 $1\frac{1}{2}\div\frac{4}{7}$

19 $3\frac{3}{16}\div\frac{3}{8}$

20 $6\frac{1}{4}\div\frac{5}{8}$

21 $\frac{12}{13}\div2\frac{2}{9}$

22 $1\frac{3}{7}\div\frac{3}{7}$

23 $1\frac{7}{9}\div\frac{1}{2}$

24 $2\frac{2}{3}\div\frac{2}{5}$

25 $1\frac{3}{16}\div\frac{5}{8}$

26 $\frac{9}{14}\div2\frac{1}{4}$

27 $1\frac{3}{5}\div\frac{6}{7}$

28 $\frac{1}{2}\div1\frac{2}{5}$

29 $5\frac{2}{5}\div\frac{9}{10}$

30 $\frac{5}{9}\div2\frac{2}{3}$

31 $\frac{4}{7}\div3\frac{1}{5}$

32 $3\frac{3}{5}\div\frac{3}{4}$

33 $\frac{7}{8}\div2\frac{4}{5}$

34 $2\frac{1}{3}\div\frac{8}{9}$

35 $3\frac{3}{4}\div\frac{5}{9}$

36 $\frac{7}{15}\div2\frac{1}{5}$

37~46 빈 곳에 알맞은 기약분수를 써넣으시오.

37 $3\frac{1}{3}$ ➡ $\div \frac{5}{6}$ ➡ ☐

38 $\frac{5}{9}$ ➡ $\div 5\frac{1}{2}$ ➡ ☐

39 $4\frac{2}{3}$ ➡ $\div \frac{7}{8}$ ➡ ☐

40 $\frac{5}{6}$ ➡ $\div 3\frac{3}{4}$ ➡ ☐

41 $1\frac{2}{5}$ ➡ $\div \frac{9}{10}$ ➡ ☐

42 $1\frac{3}{8}$ | $\div \frac{11}{12}$ | ☐

43 $\frac{15}{16}$ | $\div 2\frac{2}{5}$ | ☐

44 $3\frac{1}{8}$ | $\div \frac{15}{16}$ | ☐

45 $\frac{14}{15}$ | $\div 4\frac{1}{5}$ | ☐

46 $5\frac{1}{11}$ | $\div \frac{8}{9}$ | ☐

실력 Check! 채점하여 자신의 실력을 확인해 보세요!

맞힌 개수	44개 이상	연산왕! 참 잘했어요!
	32~43개	틀린 문제를 점검해요!
개/46개	31개 이하	차근차근 다시 풀어요!

엄마의 확인 Note 칭찬할 점과 주의할 점을 써주세요!

정답확인

칭찬	
주의	

고사성어

다음 식의 계산 결과에 해당하는 글자를 보기에서 찾아 아래 표의 빈칸에 차례로 써넣으면 고사성어가 완성됩니다. 완성된 고사성어를 쓰시오.

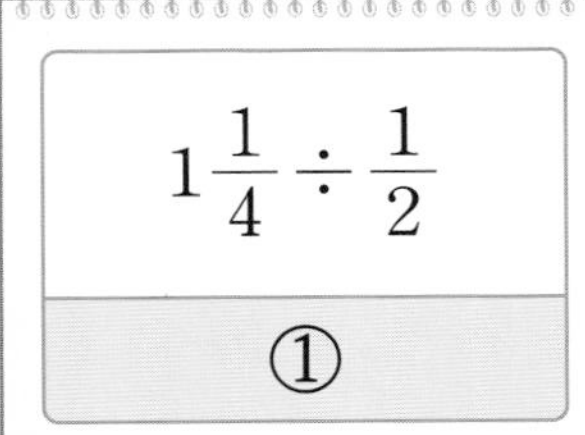

① $1\frac{1}{4} \div \frac{1}{2}$

② $3\frac{2}{5} \div \frac{17}{20}$

③ $\frac{8}{9} \div 5\frac{1}{3}$

④ $\frac{9}{14} \div 2\frac{4}{7}$

보기

$3\frac{2}{3}$	$\frac{1}{4}$	2	$2\frac{1}{2}$	$\frac{5}{6}$	4	$2\frac{4}{5}$	$\frac{1}{6}$
몽	답	춘	동	일	문	장	서

대분수를 가분수로 바꾸어 계산하는 것을 잊지 않도록 주의해.

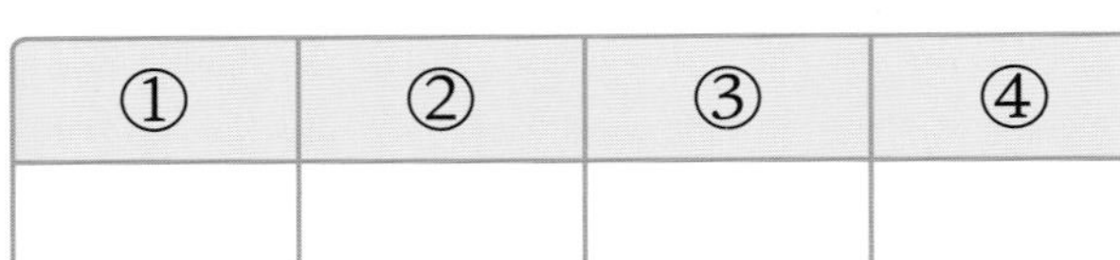

①	②	③	④

완성된 고사성어는 물음과는 전혀 상관없는 엉뚱한 대답이라는 뜻이야.

풀이

답

교과서 분수의 나눗셈

12 (대분수)÷(대분수) (1)

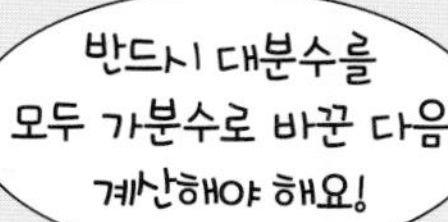

(대분수)÷(대분수)의 계산은 대분수를 가분수로 바꾼 후 계산합니다.

예 $3\frac{1}{5}\div1\frac{1}{15}$의 계산

방법 1 $3\frac{1}{5}\div1\frac{1}{15}=\frac{16}{5}\div\frac{16}{15}=\frac{48}{15}\div\frac{16}{15}=48\div16=3$

방법 2 $3\frac{1}{5}\div1\frac{1}{15}=\frac{16}{5}\div\frac{16}{15}=\frac{\overset{1}{\cancel{16}}}{\underset{1}{\cancel{5}}}\times\frac{\overset{3}{\cancel{15}}}{\underset{1}{\cancel{16}}}=3$

반드시 대분수를 모두 가분수로 바꾼 다음 계산해야 해요!

1~12 계산을 하여 기약분수로 나타내시오.

1 $1\frac{3}{7}\div1\frac{1}{2}$

5 $1\frac{1}{2}\div1\frac{1}{4}$

9 $1\frac{1}{7}\div2\frac{2}{3}$

2 $1\frac{5}{9}\div1\frac{4}{5}$

6 $2\frac{1}{8}\div1\frac{8}{9}$

10 $1\frac{5}{9}\div2\frac{5}{8}$

3 $2\frac{3}{8}\div3\frac{1}{4}$

7 $3\frac{1}{3}\div1\frac{5}{6}$

11 $5\frac{3}{5}\div3\frac{1}{2}$

4 $2\frac{2}{5}\div2\frac{2}{3}$

8 $1\frac{1}{10}\div2\frac{2}{5}$

12 $6\frac{2}{5}\div1\frac{1}{15}$

13~33 계산을 하여 기약분수로 나타내시오.

13 $1\frac{5}{9} \div 1\frac{2}{3}$

14 $2\frac{4}{5} \div 1\frac{5}{9}$

15 $3\frac{3}{7} \div 1\frac{5}{7}$

16 $4\frac{2}{3} \div 3\frac{1}{9}$

17 $3\frac{1}{2} \div 1\frac{1}{4}$

18 $4\frac{1}{5} \div 2\frac{1}{3}$

19 $3\frac{1}{3} \div 2\frac{1}{7}$

20 $5\frac{5}{12} \div 2\frac{1}{6}$

21 $3\frac{3}{4} \div 1\frac{2}{3}$

22 $1\frac{1}{9} \div 1\frac{1}{3}$

23 $1\frac{1}{5} \div 1\frac{4}{7}$

24 $4\frac{2}{3} \div 1\frac{1}{5}$

25 $5\frac{5}{6} \div 1\frac{1}{4}$

26 $1\frac{3}{8} \div 1\frac{4}{7}$

27 $3\frac{1}{9} \div 2\frac{1}{3}$

28 $1\frac{2}{13} \div 1\frac{1}{9}$

29 $2\frac{6}{11} \div 3\frac{1}{5}$

30 $8\frac{3}{4} \div 3\frac{1}{2}$

31 $3\frac{3}{8} \div 2\frac{1}{4}$

32 $2\frac{2}{5} \div 2\frac{1}{10}$

33 $3\frac{7}{15} \div 1\frac{5}{8}$

34~43 빈 곳에 알맞은 기약분수를 써넣으시오.

34 $2\frac{1}{4}$ ➡ $\div 2\frac{3}{4}$ ➡ □

35 $2\frac{2}{3}$ ➡ $\div 2\frac{2}{5}$ ➡ □

36 $5\frac{5}{8}$ ➡ $\div 1\frac{1}{4}$ ➡ □

37 $7\frac{7}{9}$ ➡ $\div 3\frac{1}{3}$ ➡ □

38 $2\frac{2}{5}$ ➡ $\div 3\frac{3}{8}$ ➡ □

39 $5\frac{1}{3}$ | $\div 1\frac{3}{5}$ | □

40 $8\frac{1}{4}$ | $\div 1\frac{3}{8}$ | □

41 $4\frac{5}{6}$ | $\div 2\frac{11}{12}$ | □

42 $6\frac{1}{14}$ | $\div 5\frac{5}{6}$ | □

43 $8\frac{5}{16}$ | $\div 2\frac{3}{8}$ | □

실력 Check! 채점하여 자신의 실력을 확인해 보세요!

맞힌 개수	41개 이상	연산왕! 참 잘했어요!
	30~40개	틀린 문제를 점검해요!
개/43개	29개 이하	차근차근 다시 풀어요!

엄마의 확인 Note 칭찬할 점과 주의할 점을 써주세요!

정답확인

칭찬	
주의	

도둑은 누구일까요?

어느 날 한 저택에 도둑이 들어 가장 비싼 도자기를 훔쳐 갔습니다. 사건 단서 ①, ②, ③의 계산 결과에 해당하는 글자를 사건 단서 해독표에서 찾아 차례로 쓰면 도둑의 이름을 알 수 있습니다. 주어진 단서를 가지고 도둑의 이름을 알아보시오.

<사건 단서 해독표>

김	1	장	9	주	5	지	8
정	6	민	12	이	7	석	14
환	25	박	2	유	10	호	13
최	11	경	15	전	4	진	3

① ② ③
도둑의 이름은 ☐☐☐입니다.

풀이

답 ____________________

교과서 분수의 나눗셈

13 (대분수)÷(대분수) (2)

공부한 날 월 일

걸린 시간 분

예 $3\frac{2}{7} \div 1\frac{9}{14}$의 계산

방법 1 $3\frac{2}{7} \div 1\frac{9}{14} = \frac{23}{7} \div \frac{23}{14} = \frac{46}{14} \div \frac{23}{14} = 46 \div 23 = 2$

방법 2 $3\frac{2}{7} \div 1\frac{9}{14} = \frac{23}{7} \div \frac{23}{14} = \frac{\overset{1}{\cancel{23}}}{\underset{1}{\cancel{7}}} \times \frac{\overset{2}{\cancel{14}}}{\underset{1}{\cancel{23}}} = 2$

1~15 계산을 하여 기약분수로 나타내시오.

1 $3\frac{1}{4} \div 1\frac{1}{8}$

2 $1\frac{1}{2} \div 1\frac{1}{5}$

3 $1\frac{3}{8} \div 1\frac{3}{4}$

4 $4\frac{1}{6} \div 2\frac{2}{9}$

5 $2\frac{5}{8} \div 4\frac{1}{5}$

6 $2\frac{4}{5} \div 1\frac{3}{10}$

7 $2\frac{3}{4} \div 1\frac{1}{2}$

8 $1\frac{5}{9} \div 1\frac{1}{6}$

9 $2\frac{5}{6} \div 3\frac{2}{3}$

10 $3\frac{9}{10} \div 5\frac{2}{5}$

11 $1\frac{1}{4} \div 2\frac{1}{7}$

12 $1\frac{3}{5} \div 1\frac{2}{15}$

13 $4\frac{6}{7} \div 2\frac{5}{6}$

14 $2\frac{2}{3} \div 3\frac{1}{5}$

15 $4\frac{1}{5} \div 2\frac{1}{3}$

절취선 대로 자르세요.

16~36 계산을 하여 기약분수로 나타내시오.

16 $2\frac{1}{4} \div 1\frac{1}{2}$

17 $2\frac{2}{5} \div 2\frac{1}{2}$

18 $6\frac{3}{4} \div 1\frac{1}{8}$

19 $1\frac{4}{9} \div 1\frac{5}{6}$

20 $1\frac{1}{5} \div 3\frac{1}{3}$

21 $3\frac{3}{10} \div 6\frac{3}{5}$

22 $1\frac{1}{8} \div 1\frac{4}{5}$

23 $3\frac{4}{7} \div 1\frac{7}{8}$

24 $2\frac{3}{4} \div 1\frac{1}{6}$

25 $1\frac{5}{8} \div 2\frac{1}{4}$

26 $4\frac{2}{5} \div 1\frac{1}{3}$

27 $1\frac{5}{7} \div 1\frac{1}{5}$

28 $3\frac{1}{6} \div 1\frac{3}{4}$

29 $8\frac{2}{5} \div 10\frac{1}{2}$

30 $2\frac{1}{4} \div 2\frac{1}{2}$

31 $1\frac{13}{16} \div 3\frac{5}{8}$

32 $3\frac{1}{6} \div 1\frac{1}{18}$

33 $1\frac{1}{14} \div 2\frac{1}{7}$

34 $3\frac{1}{3} \div 1\frac{5}{9}$

35 $7\frac{4}{5} \div 1\frac{6}{7}$

36 $1\frac{5}{9} \div 5\frac{3}{5}$

37~41 빈 곳에 알맞은 기약분수를 써넣으시오.

37

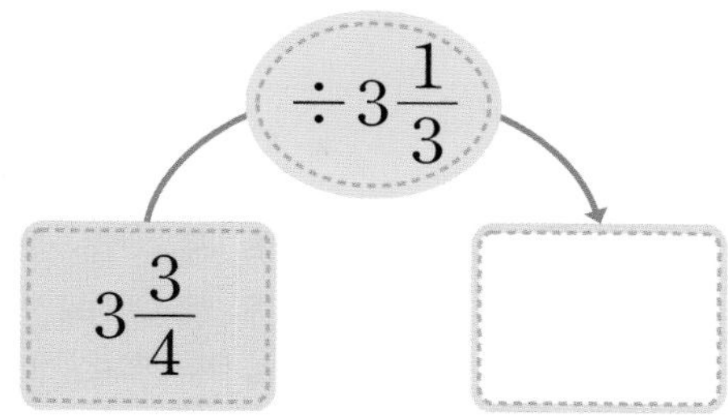

38

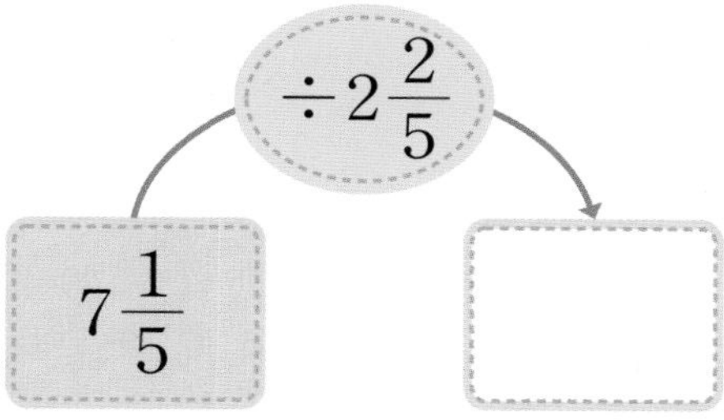

39

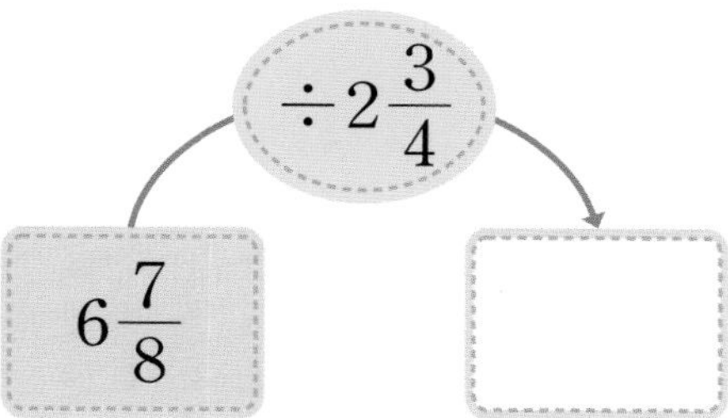

40

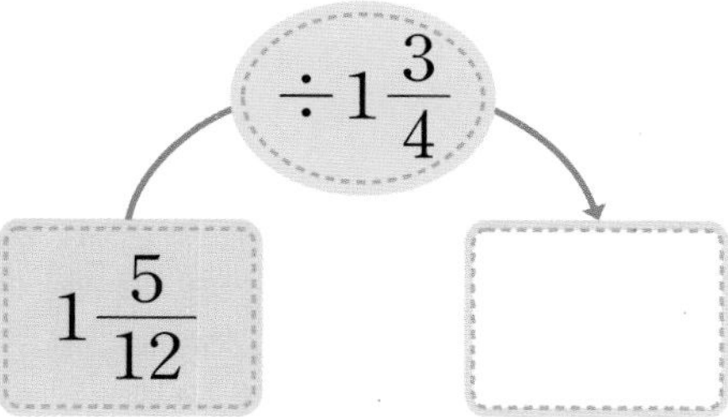

41

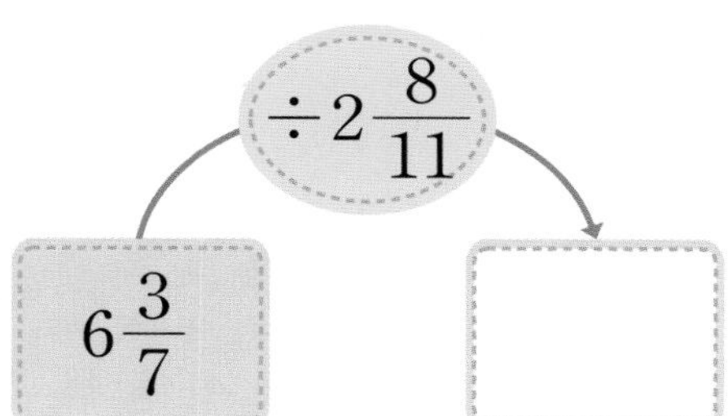

42~46 오른쪽 분수를 왼쪽 분수로 나눈 몫을 기약분수로 나타내어 빈 곳에 써넣으시오.

42

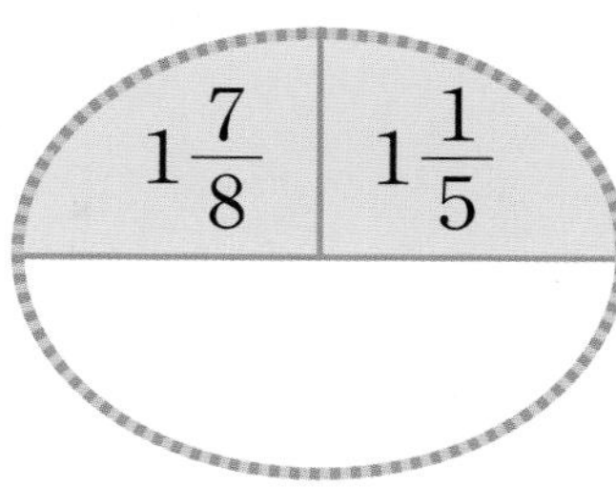

오른쪽 분수를 왼쪽 분수로 나누어야 해요!

43

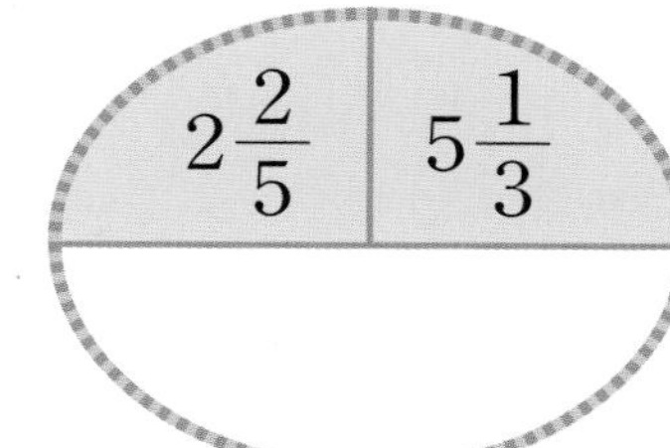

44

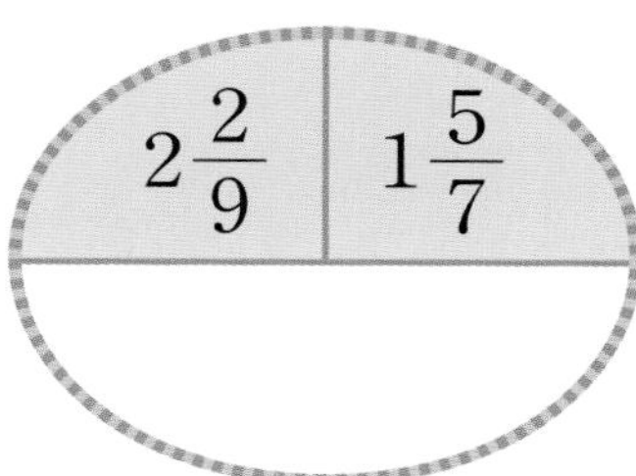

45

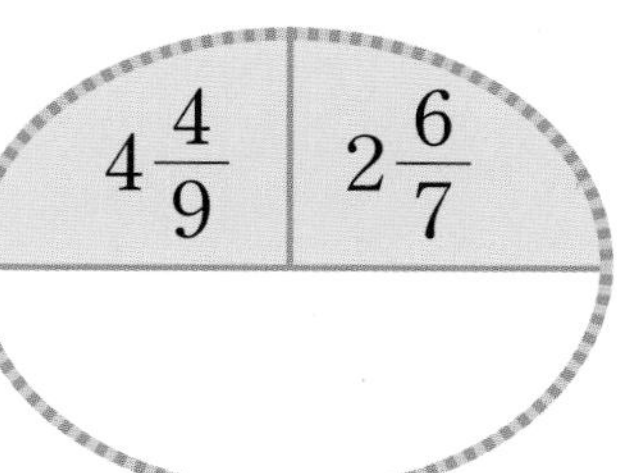

46

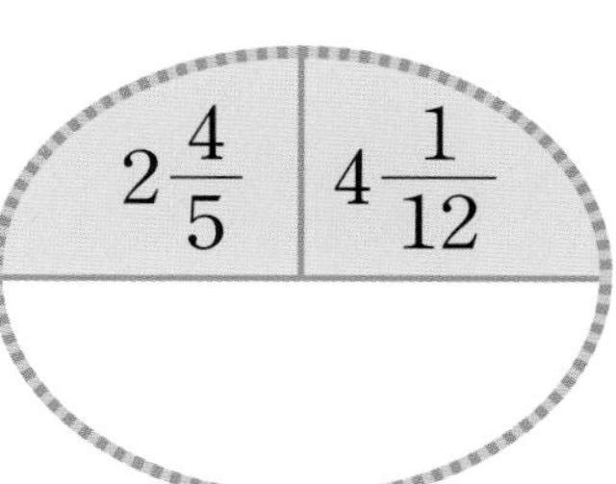

실력 Check! 채점하여 자신의 실력을 확인해 보세요!

맞힌 개수	44개 이상	연산왕! 참 잘했어요!
	32~43개	틀린 문제를 점검해요!
개/46개	31개 이하	차근차근 다시 풀어요!

엄마의 확인 Note 칭찬할 점과 주의할 점을 써주세요!

정답확인

칭찬	
주의	

마무리 연산 **퍼즐**

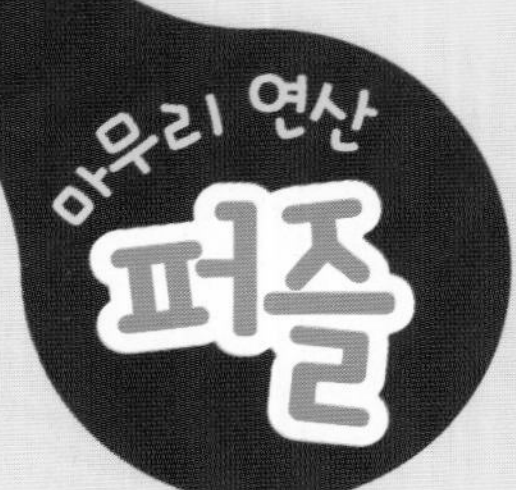

징검다리 건너기

징검다리를 밟고 냇물을 건너 집으로 가려고 합니다. 물에 빠지지 않고 건너려면 바르게 계산한 돌만 밟아야 합니다. 밟아도 되는 징검다리를 모두 찾아 ◯표 하시오.

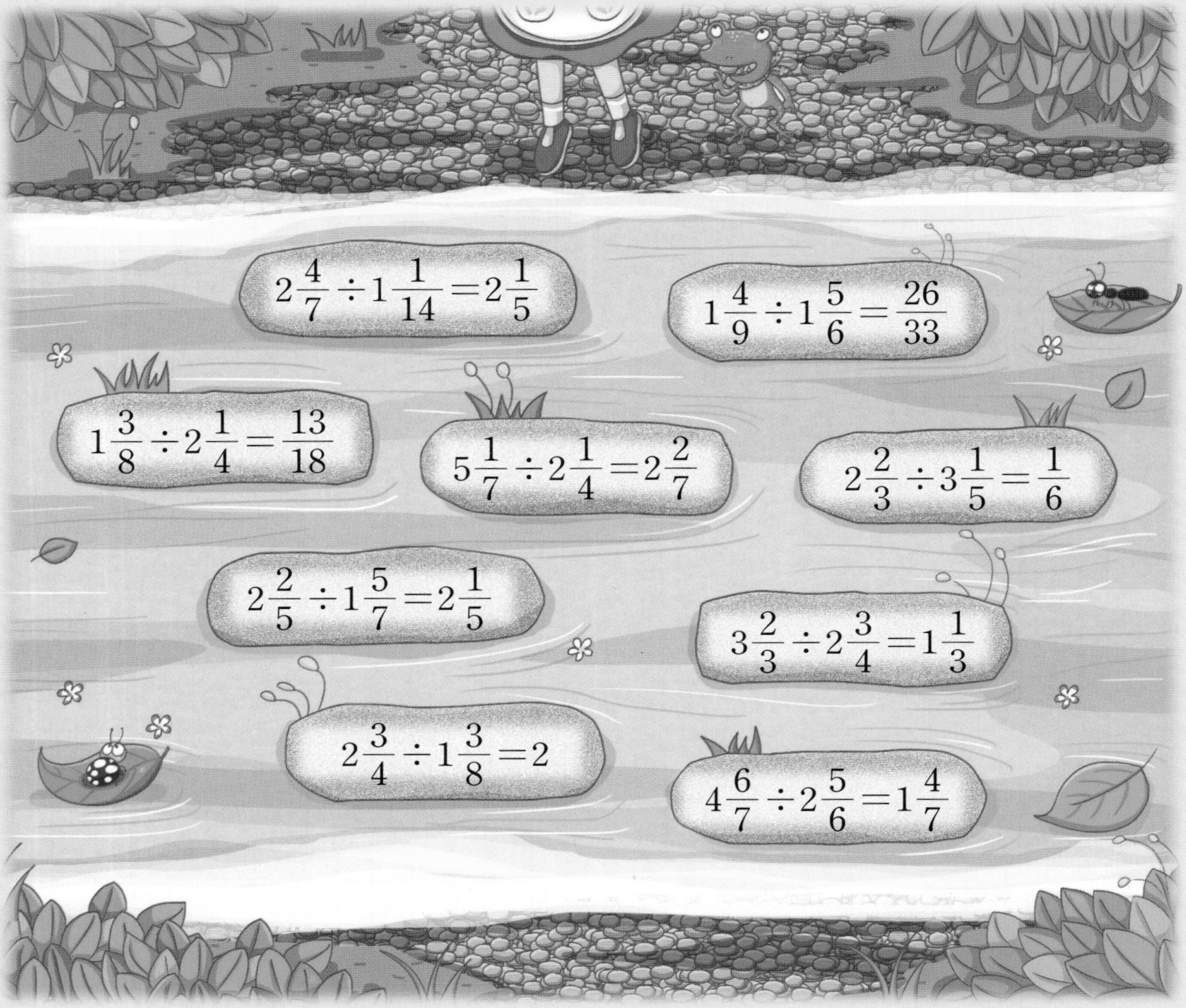

$2\frac{4}{7} \div 1\frac{1}{14} = 2\frac{1}{5}$
$1\frac{4}{9} \div 1\frac{5}{6} = \frac{26}{33}$
$1\frac{3}{8} \div 2\frac{1}{4} = \frac{13}{18}$
$5\frac{1}{7} \div 2\frac{1}{4} = 2\frac{2}{7}$
$2\frac{2}{3} \div 3\frac{1}{5} = \frac{1}{6}$
$2\frac{2}{5} \div 1\frac{5}{7} = 2\frac{1}{5}$
$3\frac{2}{3} \div 2\frac{3}{4} = 1\frac{1}{3}$
$2\frac{3}{4} \div 1\frac{3}{8} = 2$
$4\frac{6}{7} \div 2\frac{5}{6} = 1\frac{4}{7}$

바르게 계산한 식만 ◯표 해 봐!

대분수를 가분수로 바꾸어 계산하는 것을 잊지 않도록 주의하고~

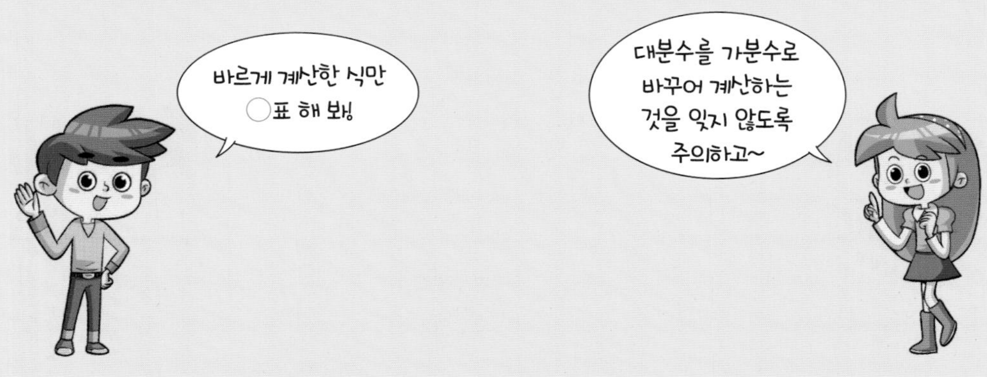

교과서 분수의 나눗셈

14 (대분수)÷(대분수) (3)

집중하여 정확하고 빠르게 문제를 풀어 보세요.

공부한 날 월 일 걸린 시간 분

1~18 계산을 하여 기약분수로 나타내시오.

1 $1\frac{1}{2} \div 2\frac{1}{4} = \frac{2}{3}$

2 $3\frac{1}{3} \div 1\frac{1}{5}$

3 $1\frac{1}{4} \div 1\frac{1}{6}$

4 $2\frac{6}{7} \div 1\frac{1}{4}$

5 $2\frac{1}{5} \div 6\frac{2}{7}$

6 $1\frac{7}{8} \div 1\frac{1}{9}$

7 $1\frac{1}{9} \div 2\frac{1}{6}$

8 $1\frac{1}{6} \div 2\frac{2}{3}$

9 $10\frac{1}{2} \div 2\frac{2}{5}$

10 $5\frac{3}{5} \div 3\frac{1}{2}$

11 $2\frac{1}{10} \div 1\frac{2}{5}$

12 $3\frac{3}{8} \div 3\frac{1}{2}$

13 $1\frac{3}{5} \div 1\frac{7}{9}$

14 $1\frac{2}{9} \div 4\frac{2}{5}$

15 $2\frac{1}{4} \div 1\frac{1}{5}$

16 $5\frac{1}{3} \div 1\frac{3}{5}$

17 $2\frac{4}{7} \div 1\frac{1}{5}$

18 $5\frac{5}{6} \div 1\frac{1}{4}$

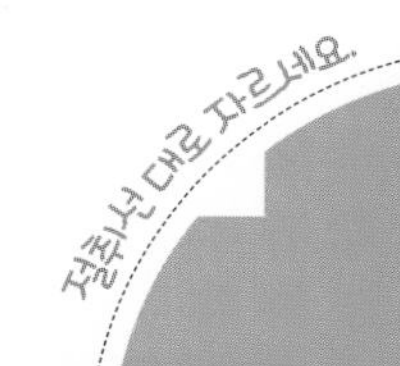

19~39 계산을 하여 기약분수로 나타내시오.

19 $1\frac{1}{5} \div 2\frac{1}{2}$

20 $4\frac{2}{3} \div 1\frac{1}{6}$

21 $3\frac{1}{9} \div 4\frac{2}{3}$

22 $2\frac{1}{6} \div 3\frac{1}{9}$

23 $10\frac{1}{2} \div 1\frac{1}{6}$

24 $1\frac{11}{24} \div 2\frac{1}{2}$

25 $1\frac{4}{7} \div 4\frac{2}{5}$

26 $1\frac{1}{6} \div 4\frac{1}{5}$

27 $3\frac{3}{7} \div 1\frac{1}{2}$

28 $1\frac{1}{3} \div 2\frac{5}{9}$

29 $3\frac{1}{5} \div 1\frac{1}{7}$

30 $1\frac{1}{2} \div 2\frac{2}{3}$

31 $1\frac{5}{9} \div 1\frac{1}{3}$

32 $3\frac{1}{2} \div 5\frac{1}{4}$

33 $2\frac{2}{5} \div 2\frac{2}{3}$

34 $2\frac{3}{10} \div 1\frac{1}{5}$

35 $1\frac{1}{5} \div 2\frac{2}{3}$

36 $2\frac{4}{13} \div 2\frac{6}{7}$

37 $1\frac{1}{11} \div 5\frac{1}{7}$

38 $2\frac{1}{4} \div 3\frac{1}{2}$

39 $2\frac{5}{6} \div 2\frac{2}{3}$

40~47 빈 곳에 알맞은 기약분수를 써넣으시오.

40

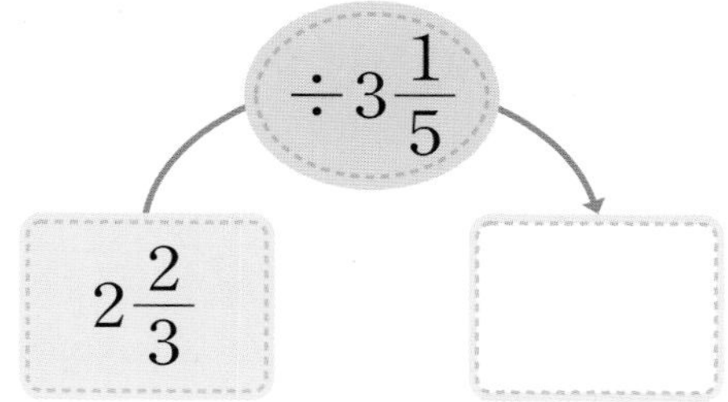

41

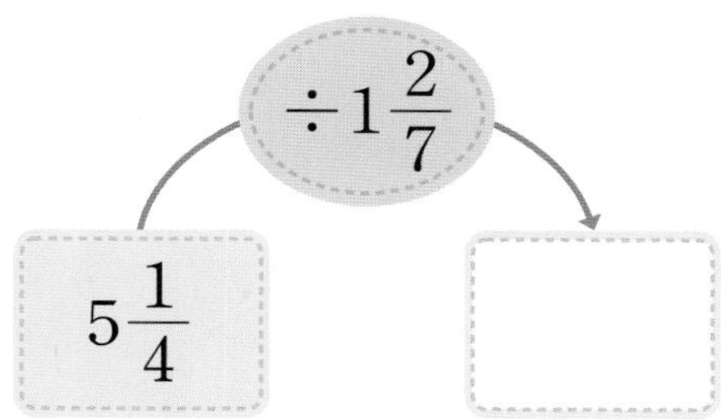

42

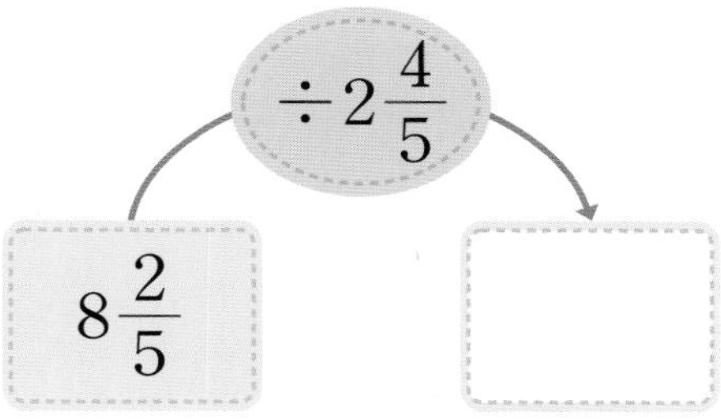

43

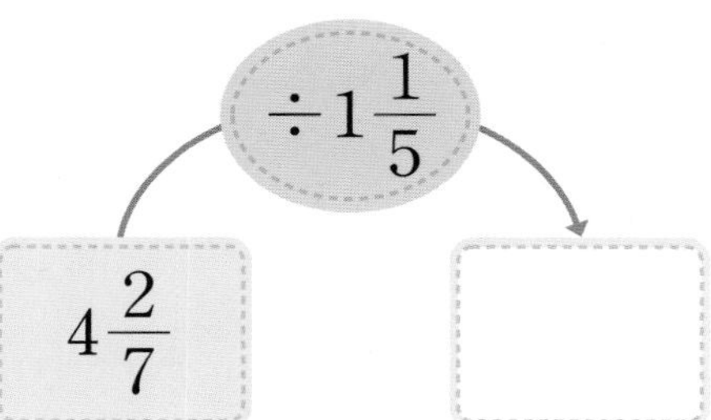

44

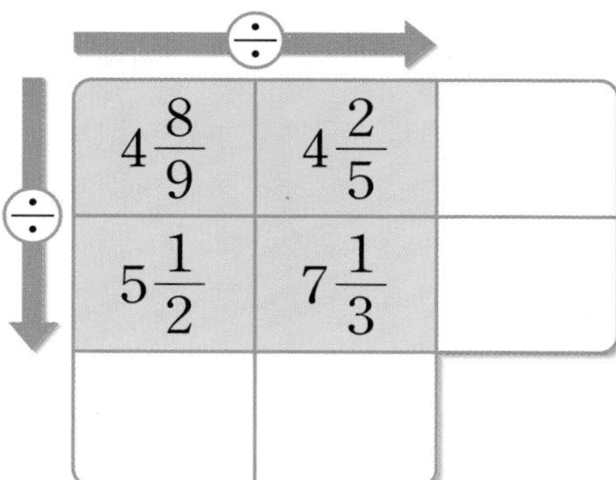

45

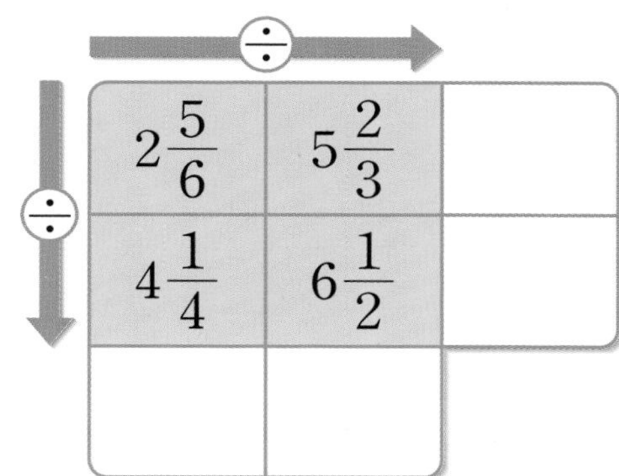

46

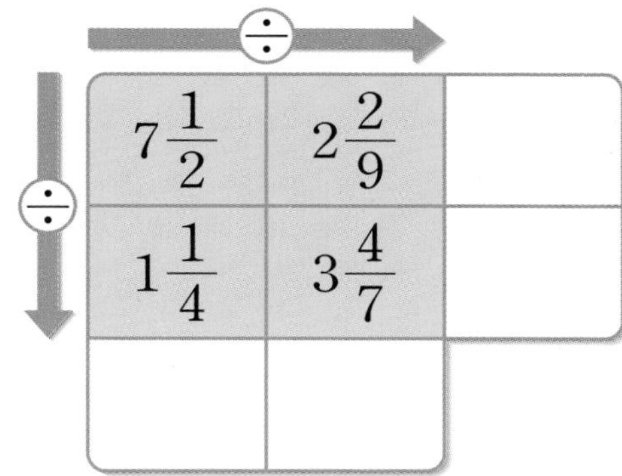

47

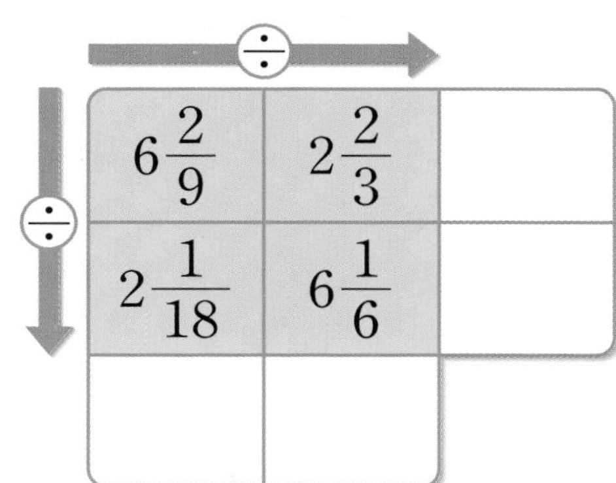

실력 Check! 채점하여 자신의 실력을 확인해 보세요!

맞힌 개수	45개 이상	연산왕! 참 잘했어요!
	33~44개	틀린 문제를 점검해요!
개/47개	32개 이하	차근차근 다시 풀어요!

엄마의 확인 Note 칭찬할 점과 주의할 점을 써주세요!

정답확인

칭찬	
주의	

미국의 노예 제도와 남북전쟁

미국도 우리나라처럼 남과 북이 전쟁을 했었네.

1861년부터 1865년까지 남부와 북부가 노예 제도 문제로 벌인 전쟁이란다.

남부와 북부의 노예 제도가 달랐나요?

흑인들에게 강제로 일을 시키는 것은 옳지 않다!

농장 일을 할 노예가 필요하다!

미국 북부

미국 남부

1863년 1월

나 링컨은 300만 명 노예의 해방을 선언한다!

그리고 남북전쟁이 민주주의를 위한 전쟁이라고 규정지었단다.

국민의, 국민에 의한, 국민을 위한 정치를 하겠습니다!

북부 연방

남부 연합

게티즈버그에서의 전쟁을 끝으로 1865년 남북전쟁이 막을 내렸네요.

하지만 100억 달러 이상의 비용, 60만 명의 전사자라는 비싼 대가를 치르면서 통일을 이루었단다.

100억 달러

우와! 링컨 대통령이 아주 큰 일을 했네요.

그런데 전쟁 직후 연극을 관람하다가 암살당하셨단다.

정말요?

으~ 연극 관람이 이렇게 위험할 줄은 몰랐네.

이상하게 마무리되네.

그러게. 에휴.

교과서 분수의 나눗셈

단원 마무리 연산!

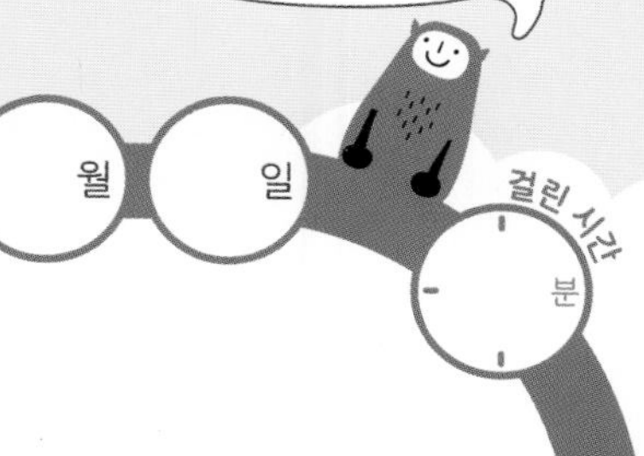

공부한 날 월 일 걸린 시간 분

1~18 계산을 하여 기약분수로 나타내시오.

1 $\frac{4}{5} \div \frac{2}{5}$

2 $\frac{9}{11} \div \frac{3}{11}$

3 $\frac{8}{9} \div \frac{4}{9}$

4 $\frac{8}{15} \div \frac{1}{15}$

5 $\frac{12}{13} \div \frac{4}{13}$

6 $\frac{15}{17} \div \frac{5}{17}$

7 $\frac{7}{8} \div \frac{3}{8}$

8 $\frac{7}{19} \div \frac{9}{19}$

9 $\frac{3}{14} \div \frac{5}{14}$

10 $\frac{4}{7} \div \frac{3}{7}$

11 $\frac{9}{10} \div \frac{7}{10}$

12 $\frac{5}{19} \div \frac{13}{19}$

13 $\frac{2}{9} \div \frac{1}{4}$

14 $\frac{13}{20} \div \frac{4}{5}$

15 $\frac{11}{12} \div \frac{1}{6}$

16 $\frac{3}{7} \div \frac{9}{10}$

17 $\frac{5}{7} \div \frac{5}{18}$

18 $\frac{9}{11} \div \frac{3}{5}$

절취선 대로 자르세요.

19~39 계산을 하여 기약분수로 나타내시오.

19 $8\div\frac{4}{9}$

20 $10\div\frac{5}{7}$

21 $15\div\frac{3}{8}$

22 $4\div\frac{6}{11}$

23 $\frac{7}{5}\div\frac{3}{4}$

24 $\frac{9}{2}\div\frac{2}{3}$

25 $\frac{5}{4}\div\frac{5}{8}$

26 $\frac{7}{9}\div\frac{14}{11}$

27 $\frac{7}{6}\div\frac{14}{15}$

28 $1\frac{3}{8}\div\frac{15}{16}$

29 $\frac{4}{9}\div2\frac{2}{5}$

30 $5\frac{1}{4}\div\frac{7}{10}$

31 $3\frac{1}{5}\div\frac{4}{7}$

32 $\frac{7}{10}\div2\frac{1}{3}$

33 $1\frac{5}{9}\div3\frac{1}{2}$

34 $6\frac{1}{4}\div1\frac{7}{8}$

35 $1\frac{1}{4}\div1\frac{1}{6}$

36 $2\frac{1}{7}\div3\frac{1}{8}$

37 $3\frac{1}{6}\div1\frac{7}{12}$

38 $6\frac{2}{3}\div1\frac{7}{9}$

39 $2\frac{4}{7}\div1\frac{13}{14}$

40~49 빈 곳에 알맞은 기약분수를 써넣으시오.

40

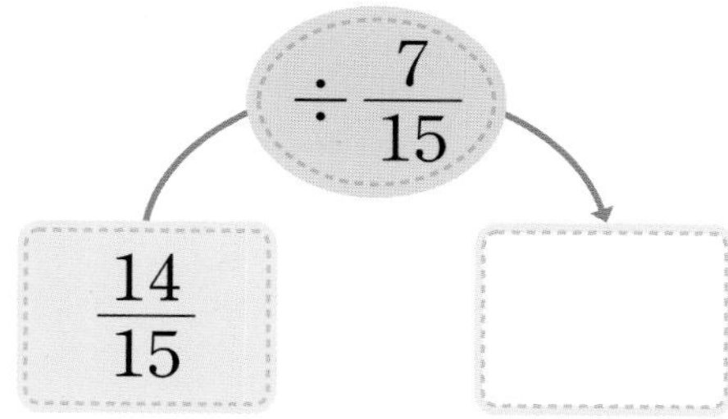

41

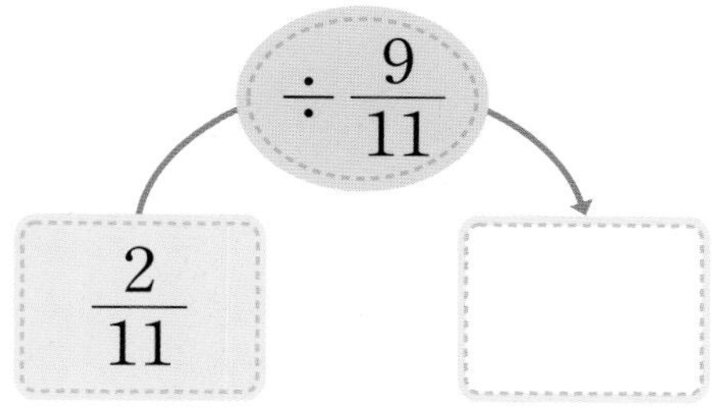

42

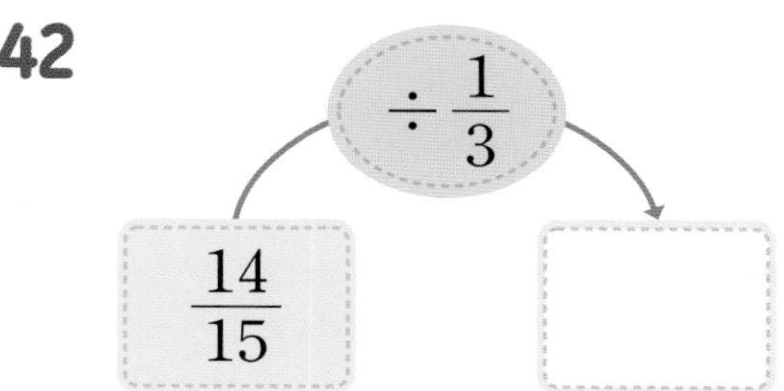

43

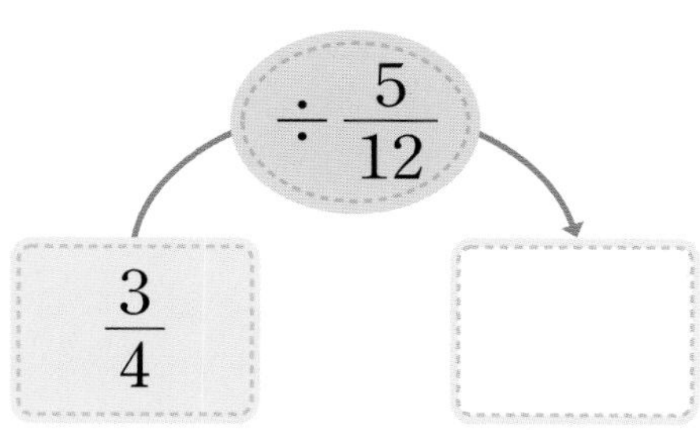

44

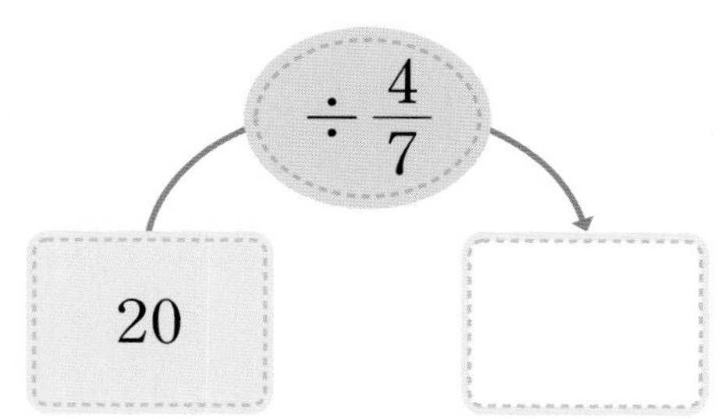

45

$\frac{8}{5}$ ➡ $\div \frac{4}{7}$ ➡ □

46

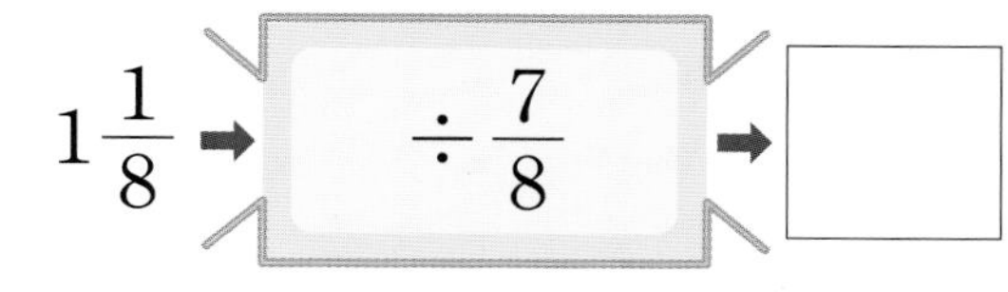

47

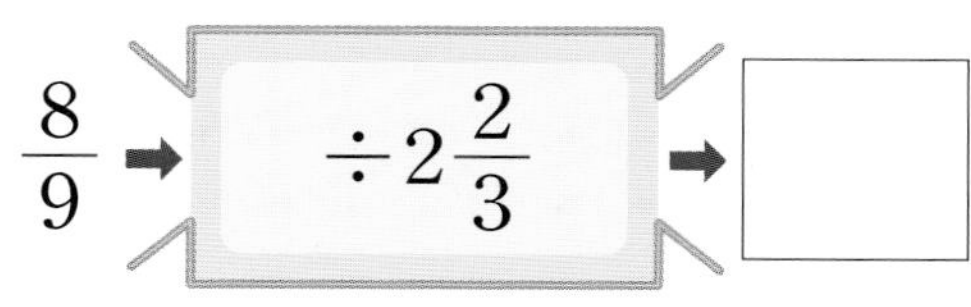

48

$3\frac{1}{2}$ ➡ $\div 1\frac{1}{4}$ ➡ □

49

$3\frac{3}{5}$ ➡ $\div 1\frac{1}{5}$ ➡ □

50~52 알맞은 식을 쓰고 답을 구하시오.

50 과학 시간에 실험을 하기 위해 알코올 $\frac{9}{10}$ L를 한 병에 $\frac{3}{10}$ L씩 똑같이 나누어 담았습니다. 몇 개의 병에 나누어 담을 수 있습니까?

식 ______________________

답 ______________

51 쌀 12 kg을 한 봉지에 $\frac{2}{5}$ kg씩 똑같이 나누어 담으려고 합니다. 쌀을 모두 담으려면 몇 봉지가 필요합니까?

식 ______________________

답 ______________

52 실뜨기 놀이를 하려고 길이가 $8\frac{2}{3}$ m인 실을 $1\frac{1}{12}$ m씩 똑같이 잘라 친구들에게 나누어 주었습니다. 몇 명의 친구들에게 나누어 줄 수 있습니까?

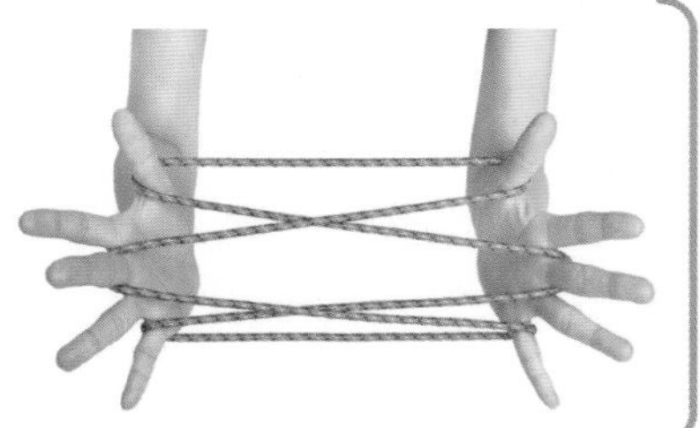

식 ______________________

답 ______________

실력 Check! 채점하여 자신의 실력을 확인해 보세요!

맞힌 개수	50개 이상	연산왕! 참 잘했어요!
	36~49개	틀린 문제를 점검해요!
개/52개	35개 이하	차근차근 다시 풀어요!

엄마의 확인 Note 칭찬할 점과 주의할 점을 써주세요!

정답확인 

칭찬	
주의	

교과서 소수의 나눗셈

1 자연수의 나눗셈을 이용하여 (소수)÷(소수) 알아보기

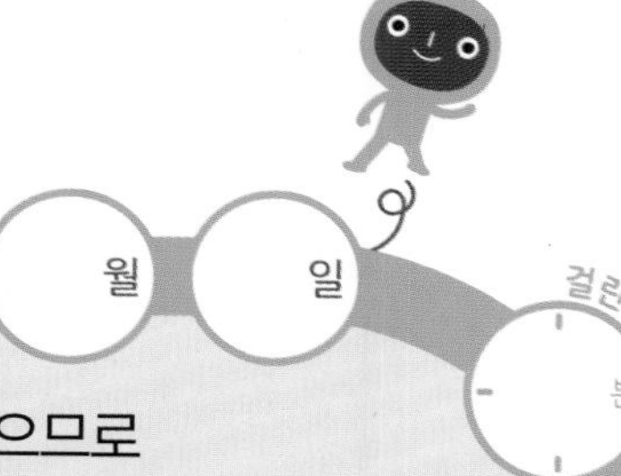

공부한 날 월 일 걸린 시간 분

✔ 나눗셈에서 나누는 수와 나누어지는 수에 같은 수를 곱하면 몫은 변하지 않으므로 똑같이 10배 또는 100배를 하여 (자연수)÷(자연수)로 계산합니다.

예

$12.5 \div 0.5$ (10배, 10배) → $125 \div 5 = 25$

➡ $12.5 \div 0.5 = 25$

$3.69 \div 0.09$ (100배, 100배) → $369 \div 9 = 41$

➡ $3.69 \div 0.09 = 41$

나누는 수와 나누어지는 수에 반드시 같은 수를 곱해야 해요.

1~6 자연수의 나눗셈을 이용하여 소수의 나눗셈을 계산하시오.

1 $35.7 \div 0.7$ (10배, □배)

□ ÷ □ = □

➡ $35.7 \div 0.7 =$ □

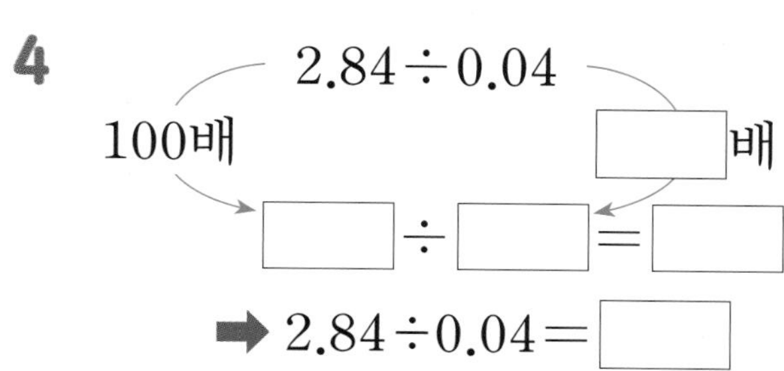

4 $2.84 \div 0.04$ (100배, □배)

□ ÷ □ = □

➡ $2.84 \div 0.04 =$ □

2 $24.6 \div 0.3$ (10배, □배)

□ ÷ □ = □

➡ $24.6 \div 0.3 =$ □

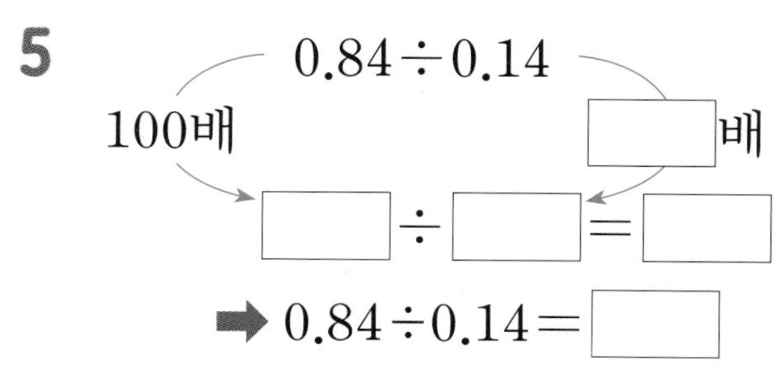

5 $0.84 \div 0.14$ (100배, □배)

□ ÷ □ = □

➡ $0.84 \div 0.14 =$ □

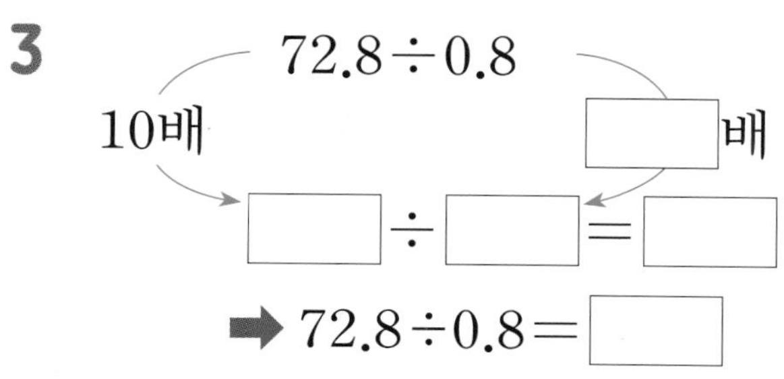

3 $72.8 \div 0.8$ (10배, □배)

□ ÷ □ = □

➡ $72.8 \div 0.8 =$ □

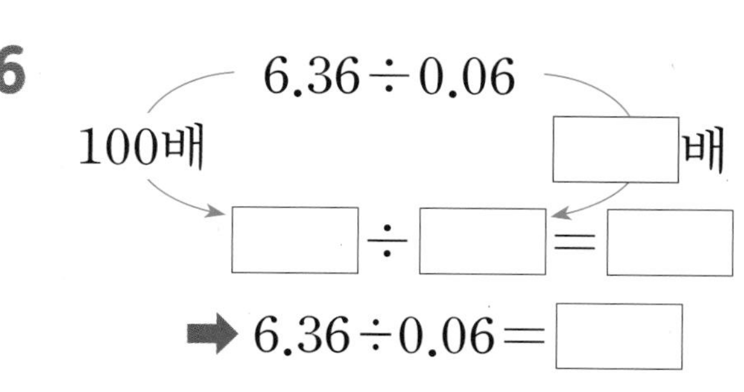

6 $6.36 \div 0.06$ (100배, □배)

□ ÷ □ = □

➡ $6.36 \div 0.06 =$ □

절취선대로 자르세요.

7~16 보기와 같이 자연수의 나눗셈을 이용하여 소수의 나눗셈을 계산하시오.

보기

$482 \div 2 = 241$

$48.2 \div 0.2 = 241$

$4.82 \div 0.02 = 241$

7 $639 \div 3$

$63.9 \div 0.3$

$6.39 \div 0.03$

8 $428 \div 4$

$42.8 \div 0.4$

$4.28 \div 0.04$

9 $862 \div 2$

$86.2 \div 0.2$

$8.62 \div 0.02$

10 $366 \div 6$

$36.6 \div 0.6$

$3.66 \div 0.06$

11 $565 \div 5$

$56.5 \div 0.5$

$5.65 \div 0.05$

12 $784 \div 7$

$78.4 \div 0.7$

$7.84 \div 0.07$

13 $504 \div 2$

$50.4 \div 0.2$

$5.04 \div 0.02$

14 $918 \div 9$

$91.8 \div 0.9$

$9.18 \div 0.09$

15 $864 \div 8$

$86.4 \div 0.8$

$8.64 \div 0.08$

16 $928 \div 4$

$92.8 \div 0.4$

$9.28 \div 0.04$

17~24 자연수의 나눗셈을 이용하여 소수의 나눗셈을 계산하려고 합니다. 빈 곳에 알맞은 수를 써넣으시오.

17 $145 \div 5 = \square$

$\div 0.5$

14.5 → $\square$

18 $826 \div \square = \square$

$\div 0.2$

82.6 → $\square$

19 $126 \div \square = \square$

$\div 0.06$

1.26 → $\square$

20 $735 \div \square = \square$

$\div 0.07$

7.35 → $\square$

21 $152 \div 4 = \square$

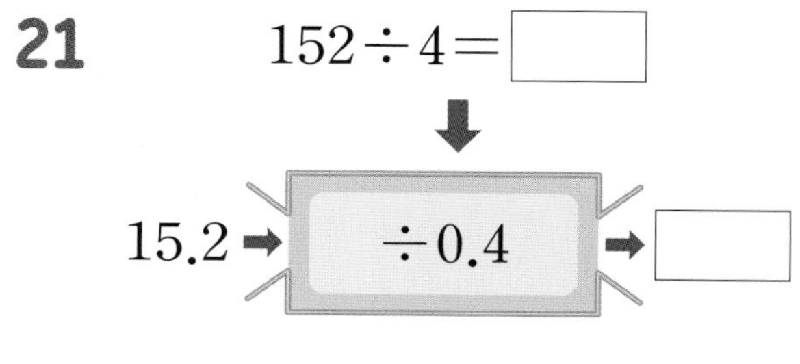

22 $\square \div 3 = \square$

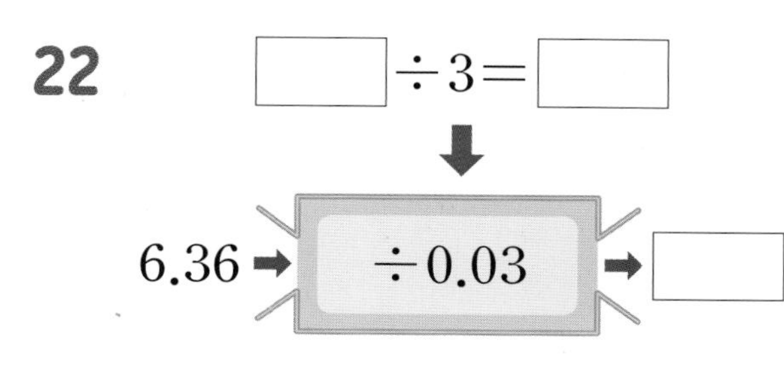

23 $\square \div 8 = \square$

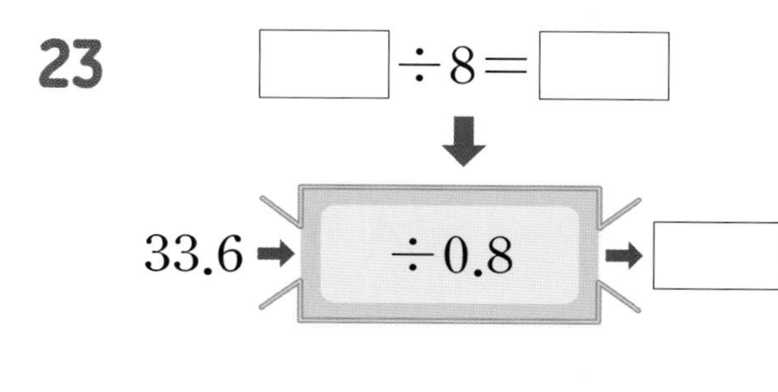

24 $\square \div 9 = \square$

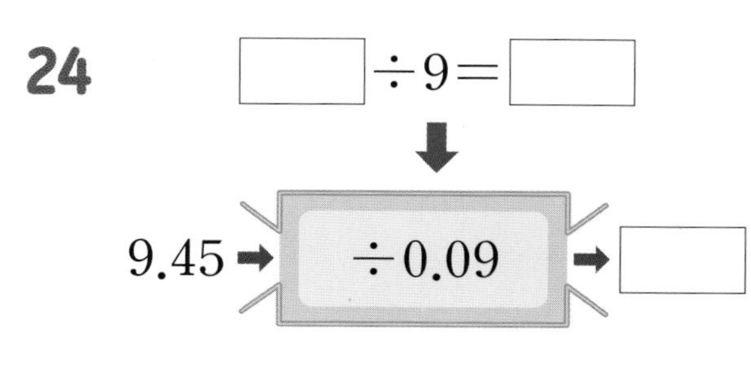

실력 Check! 채점하여 자신의 실력을 확인해 보세요!

맞힌 개수	22개 이상	연산왕! 참 잘했어요!
	17~21개	틀린 문제를 점검해요!
개/24개	16개 이하	차근차근 다시 풀어요!

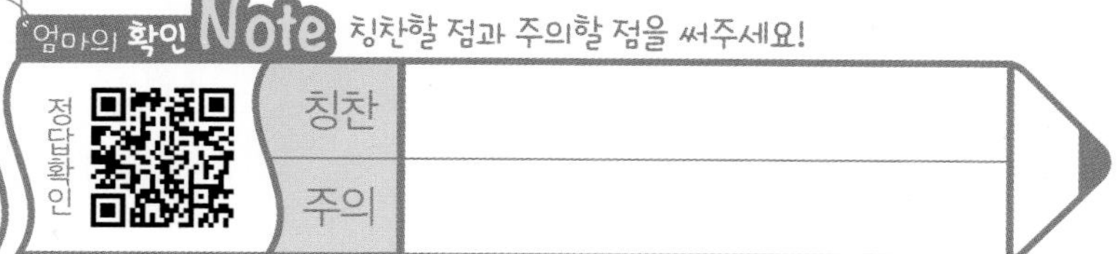

다른 그림 찾기

아래 그림에서 위 그림과 다른 부분 5군데를 모두 찾아 ○표 하시오.

정답

교과서 소수의 나눗셈

2 (소수 한 자리 수)÷(소수 한 자리 수) (1)

공부한 날 월 일

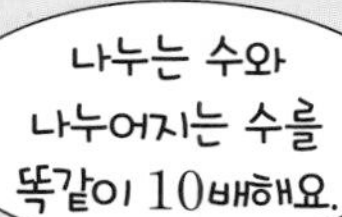

(소수 한 자리 수)÷(소수 한 자리 수)의 계산

① 나누는 수와 나누어지는 수의 소수점을 각각 오른쪽으로 한 자리씩 옮깁니다.

② (자연수)÷(자연수)로 계산합니다.

예 $0.5\overline{)3.5}$ ➡ $0.5\overline{)3.5}$ ➡ $5\overline{)35}$ (몫 7, 35, 0) | $0.5\overline{)3.5}$ (몫 7, 3 5, 0)

1~6 계산을 하시오.

1 $0.6\overline{)1.2}$

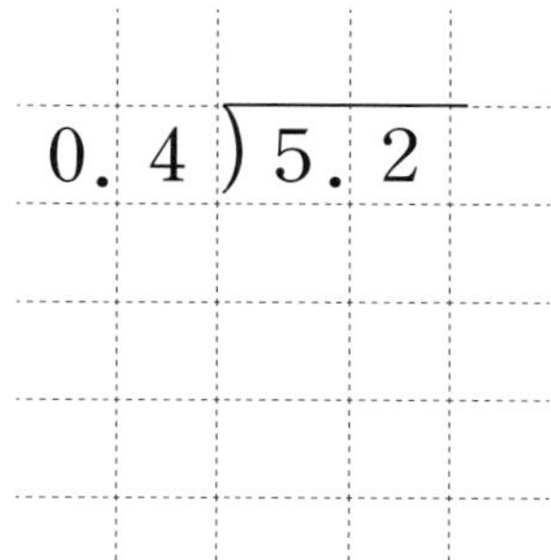

2 $0.4\overline{)5.2}$

3 $0.9\overline{)7.2}$

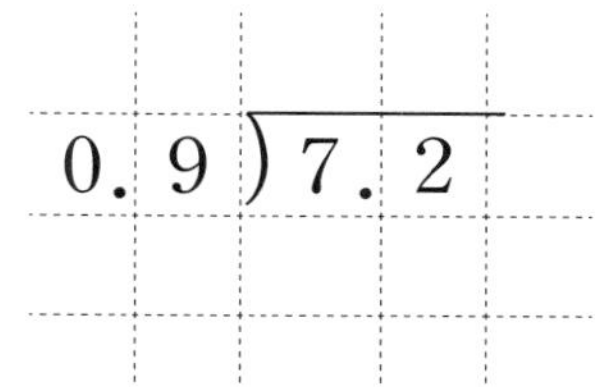

4 $3.1\overline{)46.5}$

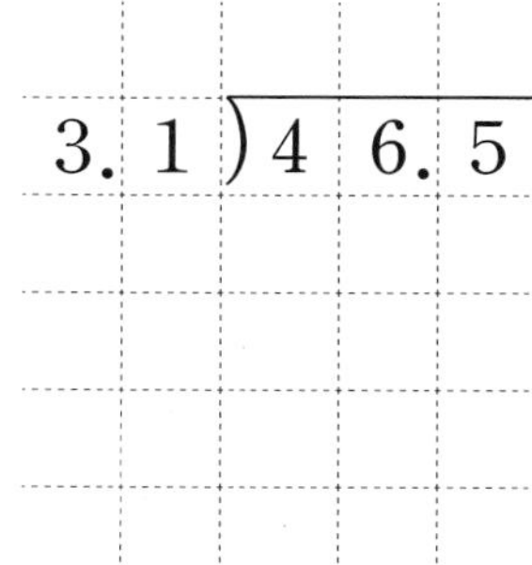

5 $2.4\overline{)14.4}$

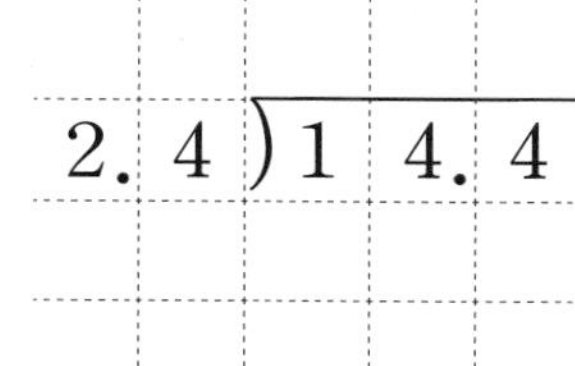

6 $5.3\overline{)95.4}$

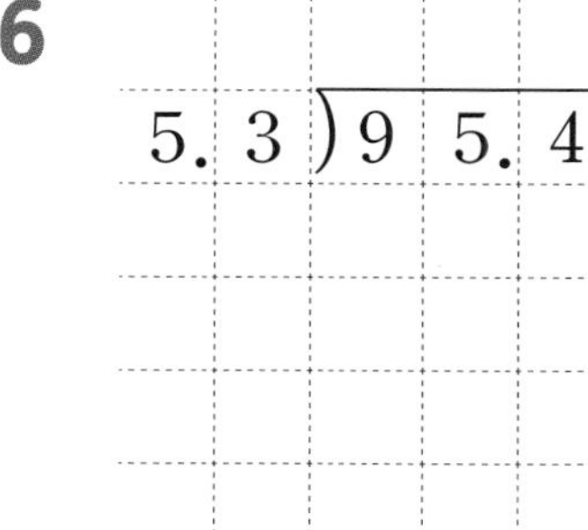

절취선 대로 자르세요.

7~32 계산을 하시오.

7 $0.5\overline{)2.5}$

8 $0.3\overline{)3.3}$

9 $3.4\overline{)23.8}$

10 $1.6\overline{)3.2}$

11 $4.8\overline{)33.6}$

12 $2.9\overline{)66.7}$

13 $2.4\overline{)7.2}$

14 $1.3\overline{)9.1}$

15 $8.7\overline{)26.1}$

16 $2.2\overline{)19.8}$

17 $5.6\overline{)78.4}$

18 $3.5\overline{)87.5}$

19 $4.2\overline{)8.4}$

20 $2.8\overline{)36.4}$

21 $3.9\overline{)66.3}$

22 $4.7\overline{)61.1}$

23 $0.8\overline{)34.4}$

24 $6.8\overline{)81.6}$

25 $8.4 \div 1.4$

26 $11.1 \div 3.7$

27 $61.6 \div 7.7$

28 $6.5 \div 1.3$

29 $37.7 \div 2.9$

30 $36.3 \div 1.1$

31 $28.8 \div 1.2$

32 $90.2 \div 8.2$

33~37 빈 곳에 알맞은 수를 써넣으시오.

33

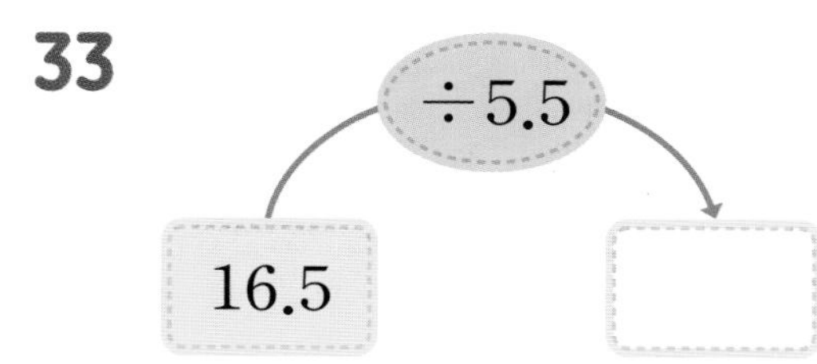

34

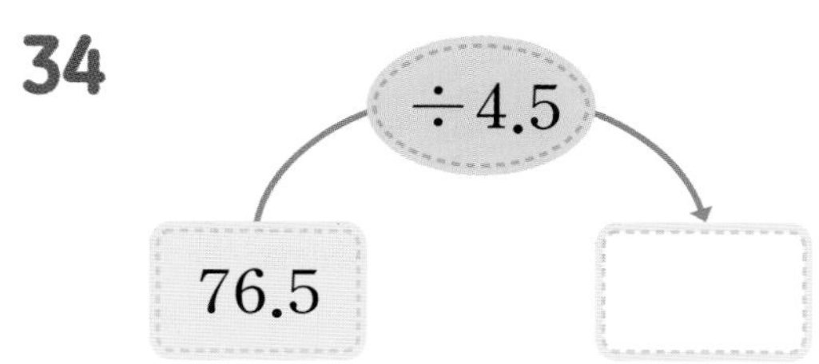

35

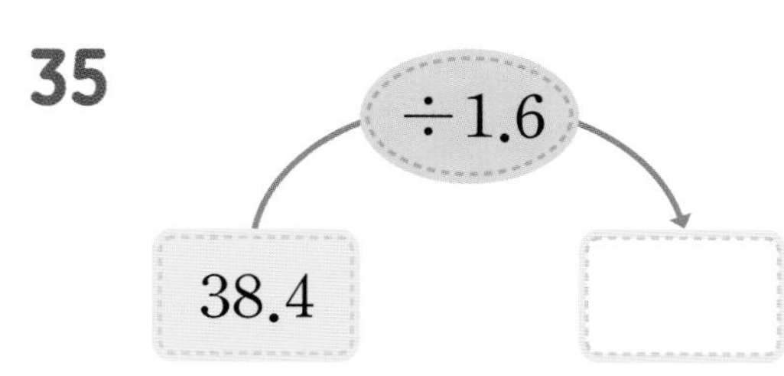

36

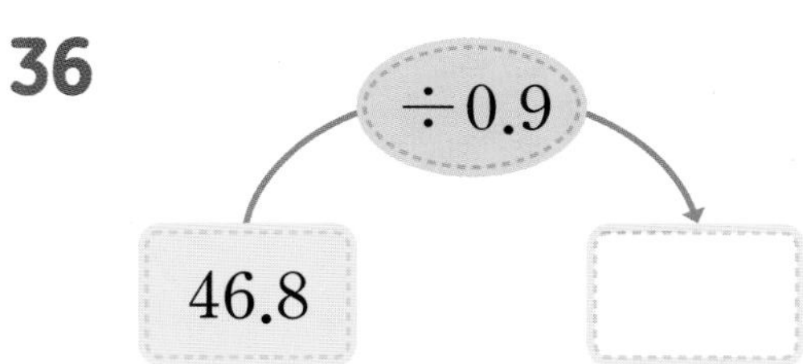

37

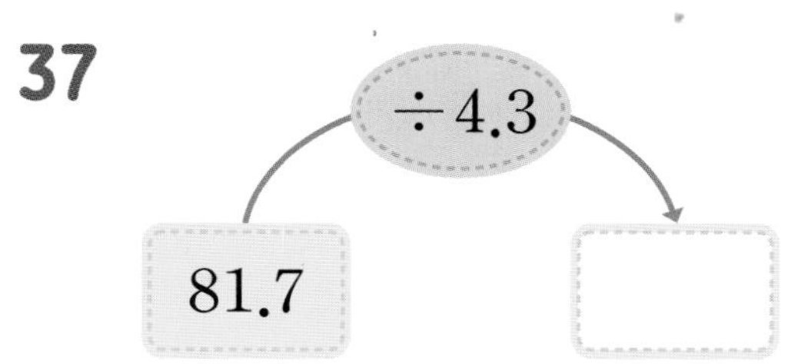

실력 Check! 채점하여 자신의 실력을 확인해 보세요!

맞힌 개수	35개 이상	연산왕! 참 잘했어요!
	26~34개	틀린 문제를 점검해요!
개/37개	25개 이하	차근차근 다시 풀어요!

엄마의 확인 Note 칭찬할 점과 주의할 점을 써주세요!

정답확인

칭찬	
주의	

마무리 연산 퍼즐

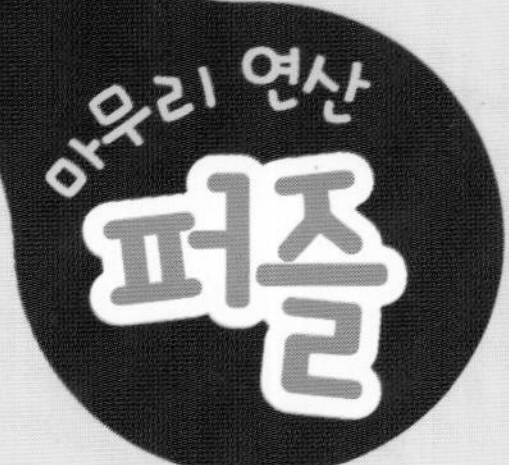

맛있는 요리법

호윤이는 미니 햄버거를 만들려고 합니다. 다음 요리법을 보고 순서에 따라 요리해 보세요.

미니 햄버거 만들기

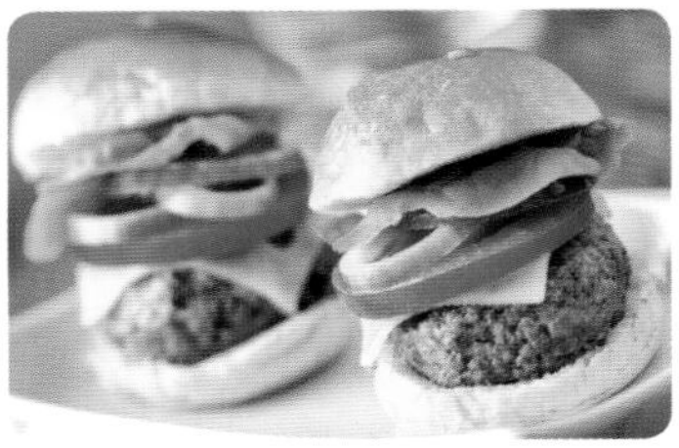

<재료(2인분)>

모닝 빵 $4 \sim 5$개, 다진 소고기 $0.4\ \mathrm{kg}$, 다진 돼지고기 $0.2\ \mathrm{kg}$, 양상추 $\frac{1}{2}$개, 토마토 $\frac{1}{2}$개, 양파 $\frac{1}{2}$개, 치즈 $2 \sim 3$장, 케첩, 간장 1 큰술, 소금, 후추

<만드는 법>

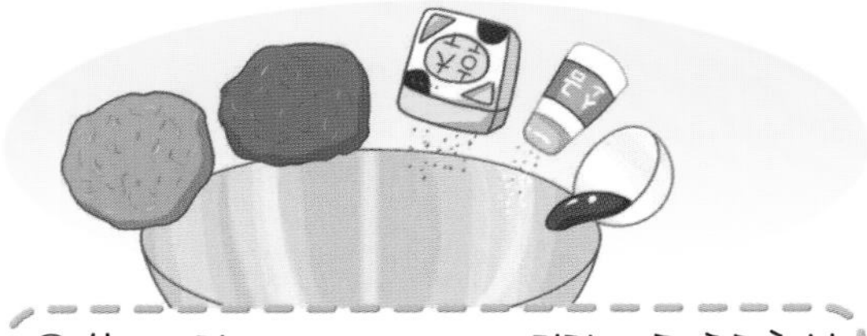

① 볼에 다진 소고기와 돼지고기, 간장, 소금, 후추를 넣고 잘 치대준 후 모양을 잡아줍니다.

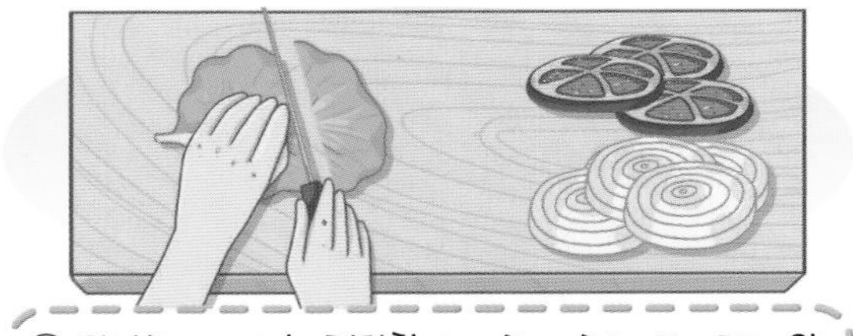

② 양상추와 치즈는 적당한 크기로 자르고 토마토와 양파는 얇게 잘라줍니다.

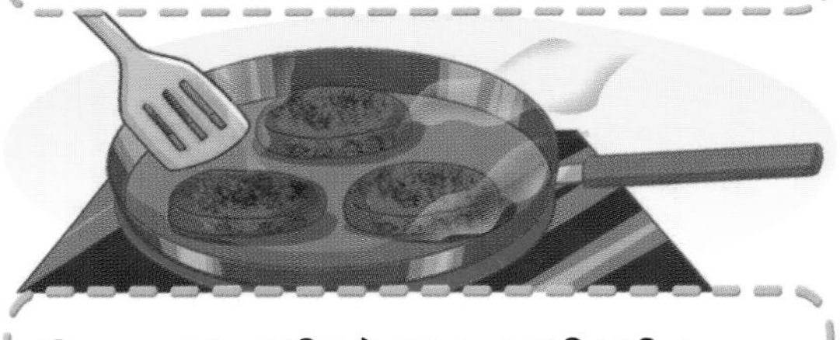

③ 프라이팬에 식용유를 두르고 모양을 잡은 고기 패티를 구워줍니다.

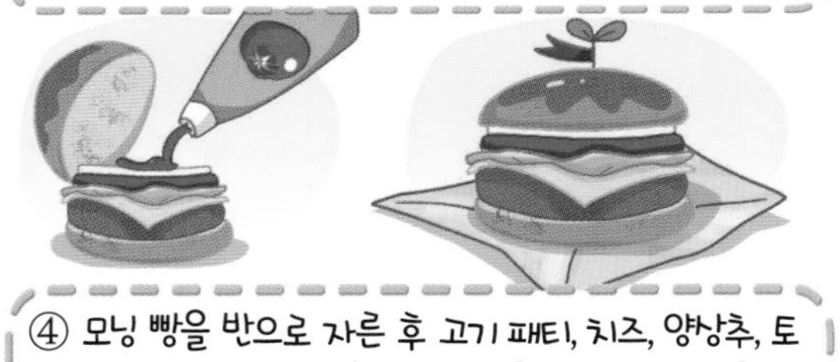

④ 모닝 빵을 반으로 자른 후 고기 패티, 치즈, 양상추, 토마토, 양파 순으로 올리고 케첩을 뿌려준 후 남은 반쪽 빵으로 덮으면 맛있는 햄버거가 완성됩니다.

위의 미니 햄버거에 들어가는 다진 소고기의 양은 다진 돼지고기의 양의 몇 배입니까?

풀이

답 ____________

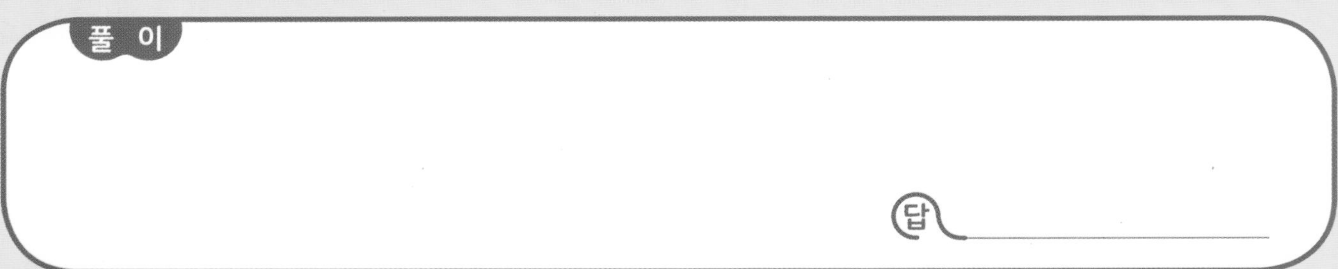

교과서 소수의 나눗셈

(소수 한 자리 수)÷(소수 한 자리 수) (2)

공부한 날 월 일

걸린 시간 분

예
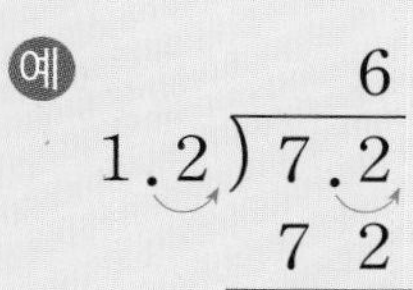

(소수 한 자리 수)
÷(소수 한 자리 수)는
어떻게 계산할까요?

나누는 수와 나누어지는
수의 소수점을 각각 오른쪽으로
한 자리씩 옮겨서 계산해요.

1~9 계산을 하시오.

1 $0.6\overline{)3.6}$

4 $1.3\overline{)7.8}$

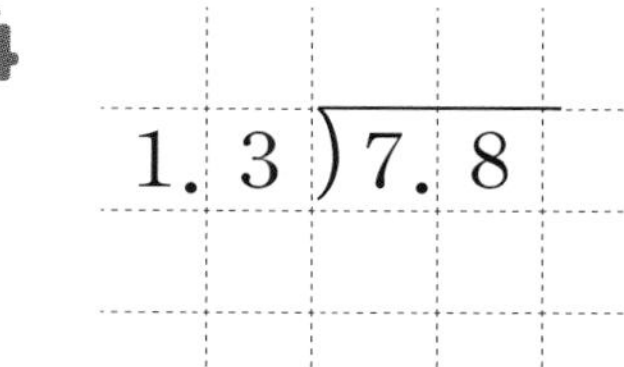

7 $1.8\overline{)12.6}$

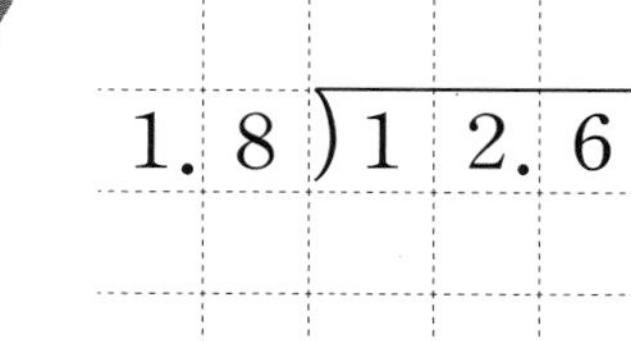

2 $3.3\overline{)46.2}$

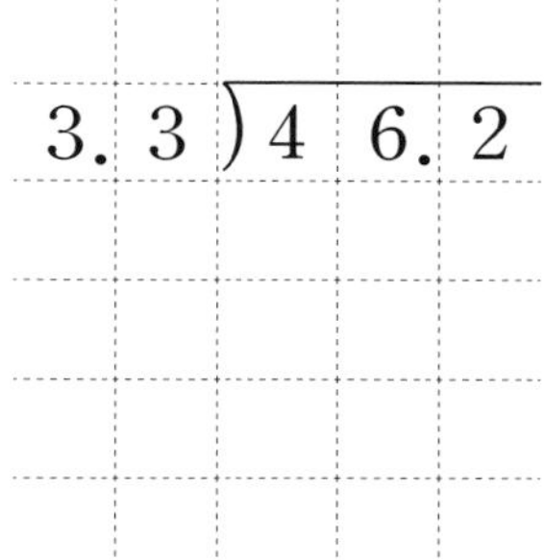

5 $0.9\overline{)10.8}$

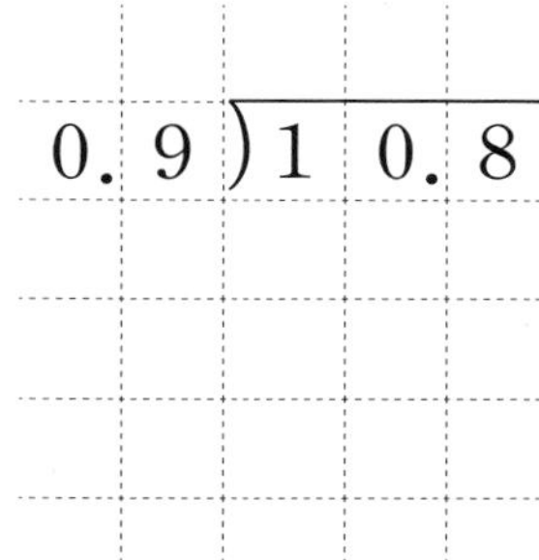

8 $2.6\overline{)49.4}$

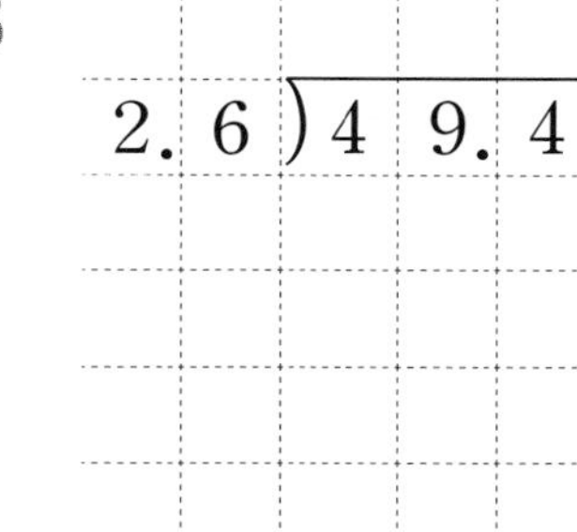

3 $0.4\overline{)9.2}$

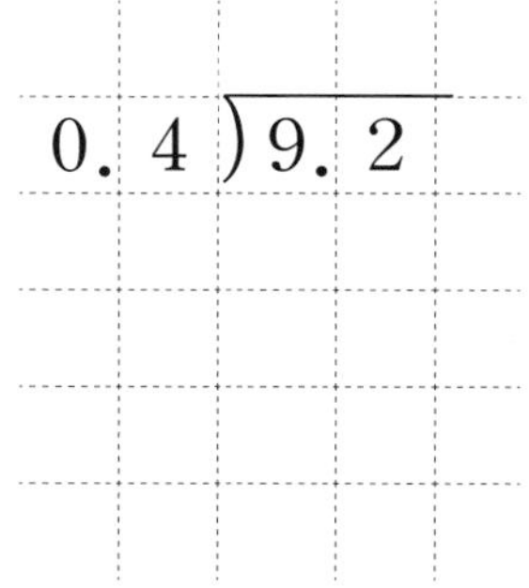

6 $3.4\overline{)95.2}$

9 $3.7\overline{)55.5}$

절취선 따라 자르세요.

10~29 계산을 하시오.

10 $0.7\overline{)3.5}$

11 $8.1\overline{)56.7}$

12 $1.3\overline{)5.2}$

13 $7.6\overline{)53.2}$

14 $5.9\overline{)70.8}$

15 $1.6\overline{)11.2}$

16 $4.4\overline{)13.2}$

17 $2.9\overline{)34.8}$

18 $5.2\overline{)41.6}$

19 $3.4\overline{)88.4}$

20 $1.8\overline{)70.2}$

21 $2.2\overline{)204.6}$

22 $23.4 \div 1.3$

23 $1.8 \div 0.9$

24 $15.6 \div 2.6$

25 $37.5 \div 1.5$

26 $19.2 \div 0.8$

27 $123.5 \div 9.5$

28 $39.2 \div 4.9$

29 $162.5 \div 32.5$

30~41 빈 곳에 알맞은 수를 써넣으시오.

30 8.5 | ÷1.7 | □

31 7.8 | ÷0.6 | □

32 32.5 | ÷6.5 | □

33 14.7 | ÷2.1 | □

34 53.2 | ÷2.8 | □

35 340.2 | ÷8.1 | □

36 44.1 ➡ ÷4.9 ➡ □

37 21.6 ➡ ÷7.2 ➡ □

38 86.4 ➡ ÷3.6 ➡ □

39 67.6 ➡ ÷2.6 ➡ □

40 34.5 ➡ ÷1.5 ➡ □

41 217.6 ➡ ÷6.4 ➡ □

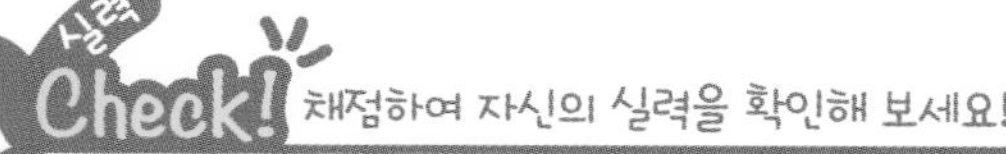

맞힌 개수	39개 이상	연산왕! 참 잘했어요!
	29~38개	틀린 문제를 점검해요!
개/41개	28개 이하	차근차근 다시 풀어요!

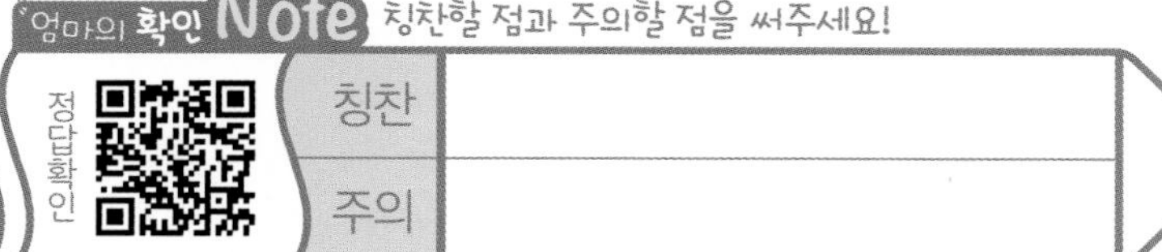

길 찾기

석민이는 친구들과 함께 야구장에 가려고 합니다. 바르게 계산한 곳을 따라가면 야구장에 도착할 수 있습니다. 길을 찾아 선으로 이어 보시오.

$14.4 \div 1.6 = 9$	$1.8 \div 0.3 = 6$	출발	$22.4 \div 1.6 = 24$
$51.8 \div 3.7 = 14$	$37.5 \div 2.5 = 13$	$9.1 \div 1.3 = 8$	$28.8 \div 3.6 = 9$
$4.2 \div 0.6 = 7$	$49.6 \div 6.2 = 8$	$7.2 \div 1.2 = 7$	$32.2 \div 2.3 = 15$
$55.2 \div 4.6 = 13$	$51.3 \div 5.7 = 9$	$91.2 \div 3.8 = 24$	$25.2 \div 1.2 = 20$
$75.6 \div 1.4 = 59$	$13.2 \div 3.3 = 6$	$50.4 \div 2.8 = 18$	야구장

교과서 소수의 나눗셈

(소수 두 자리 수)÷(소수 두 자리 수) (1)

공부한 날 월 일

걸린 시간 분

✔ (소수 두 자리 수)÷(소수 두 자리 수)의 계산

① 나누는 수와 나누어지는 수의 소수점을 각각 오른쪽으로 두 자리씩 옮깁니다.

② (자연수)÷(자연수)로 계산합니다.

예 $0.35\overline{)1.05}$ ➡ $0.35\overline{)1.05}$ ➡ $35\overline{)105}$, 몫 3, 105, 0 | $0.35\overline{)1.05}$, 몫 3, 105, 0

1~6 계산을 하시오.

1 $0.19\overline{)1.52}$

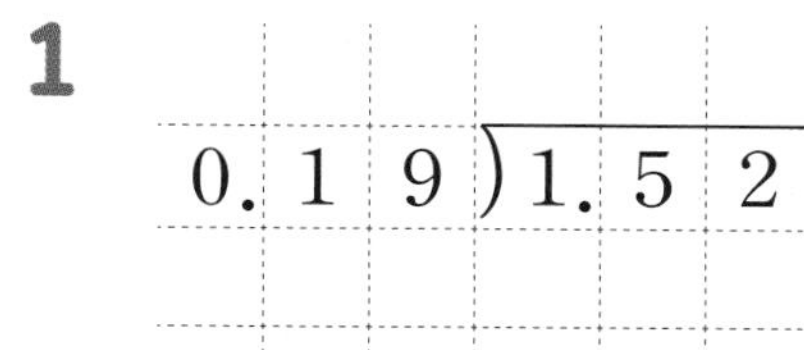

3 $2.18\overline{)8.72}$

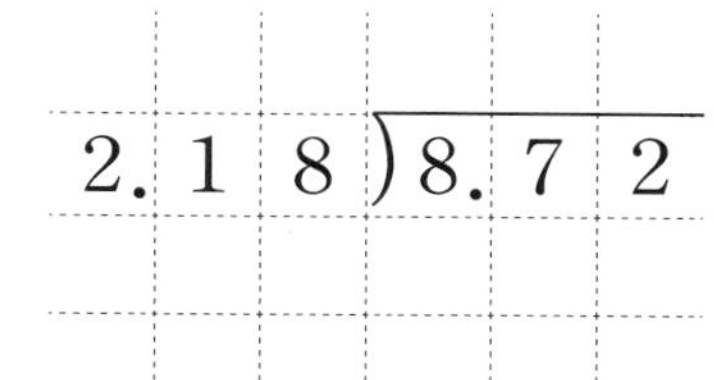

5 $3.26\overline{)9.78}$

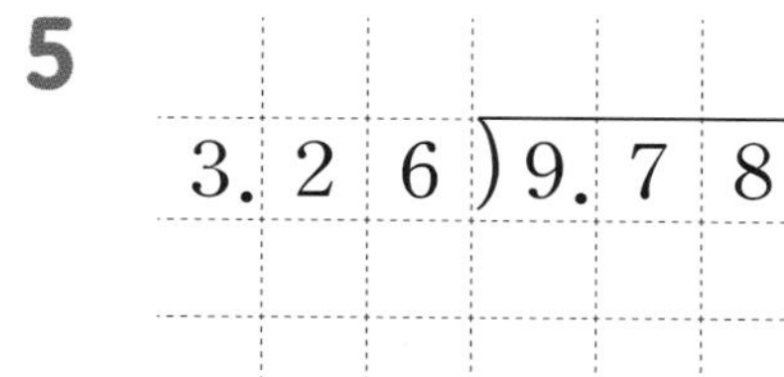

2 $0.47\overline{)5.64}$

4 $0.34\overline{)7.14}$

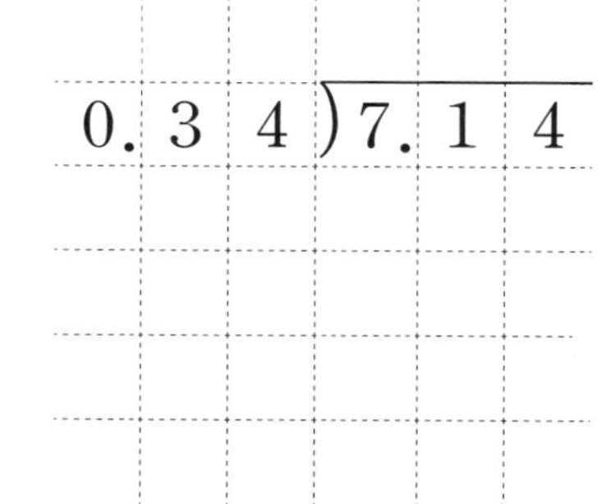

6 $0.82\overline{)9.84}$

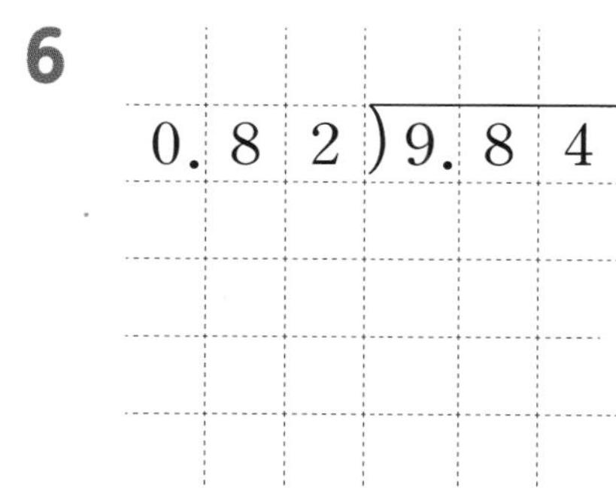

절취선 대로 자르세요.

7~32 계산을 하시오.

7
$0.47\overline{)2.82}$

8
$0.49\overline{)3.43}$

9
$0.13\overline{)1.69}$

10
$3.24\overline{)9.72}$

11
$0.32\overline{)5.12}$

12
$1.95\overline{)9.75}$

13
$0.36\overline{)5.04}$

14
$0.25\overline{)3.25}$

15
$2.14\overline{)8.56}$

16
$0.35\overline{)8.05}$

17
$0.66\overline{)3.96}$

18
$3.94\overline{)7.88}$

19
$2.52\overline{)7.56}$

20
$0.61\overline{)4.88}$

21
$0.24\overline{)5.76}$

22
$0.73\overline{)5.11}$

23
$0.45\overline{)29.25}$

24
$5.12\overline{)97.28}$

25 $3.06 \div 1.02$

26 $7.79 \div 0.19$

27 $2.08 \div 0.26$

28 $4.44 \div 0.74$

29 $5.94 \div 0.27$

30 $8.96 \div 1.12$

31 $39.44 \div 0.58$

32 $32.76 \div 1.56$

33~38 빈 곳에 알맞은 수를 써넣으시오.

33 | 8.36 | $\div 0.38$ | |

34 | 1.68 | $\div 0.42$ | |

35 | 4.42 | $\div 0.17$ | |

36 | 7.84 | $\div 0.56$ | |

37 | 35.15 | $\div 0.37$ | |

38 | 86.53 | $\div 5.09$ | |

실력 Check! 채점하여 자신의 실력을 확인해 보세요!

맞힌 개수	36개 이상	연산왕! 참 잘했어요!
	27~35개	틀린 문제를 점검해요!
개/38개	26개 이하	차근차근 다시 풀어요!

엄마의 확인 Note 칭찬할 점과 주의할 점을 써주세요!

정답확인

칭찬	
주의	

비밀번호는 무엇일까요?

재호와 민아가 도서관에 갔습니다. 도서관의 와이파이 비밀번호는 보기에 있는 나눗셈의 몫을 빈 곳에 차례로 이어 붙여 쓴 것입니다. 비밀번호를 구하시오.

보기

① $1.68 \div 0.28$　　② $5.25 \div 0.75$

③ $5.88 \div 1.47$　　④ $8.55 \div 0.95$

비밀번호

① ② ③ ④

풀이

답

교과서 소수의 나눗셈

5 (소수 두 자리 수)÷(소수 두 자리 수) (2)

공부한 날 월 일

걸린 시간 분

예

$$1.03\overline{)8.24}$$

몫: 8

8 2 4

0

1~9 계산을 하시오.

1 $0.26\overline{)1.82}$

2 $0.35\overline{)5.95}$

3 $0.49\overline{)9.31}$

4 $4.02\overline{)8.04}$

5 $0.18\overline{)7.74}$

6 $0.57\overline{)6.84}$

7 $1.93\overline{)9.65}$

8 $0.76\overline{)8.36}$

9 $0.64\overline{)7.68}$

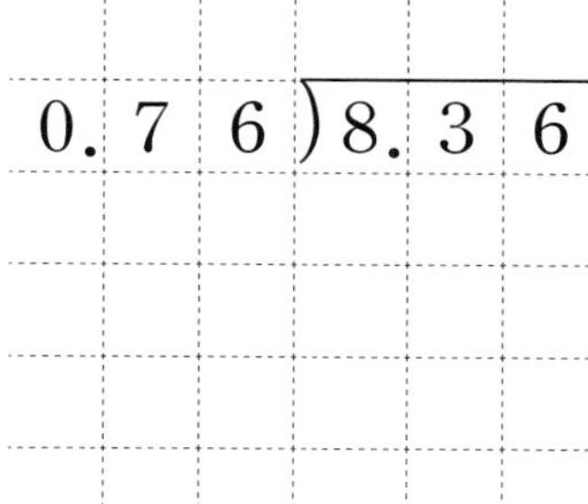

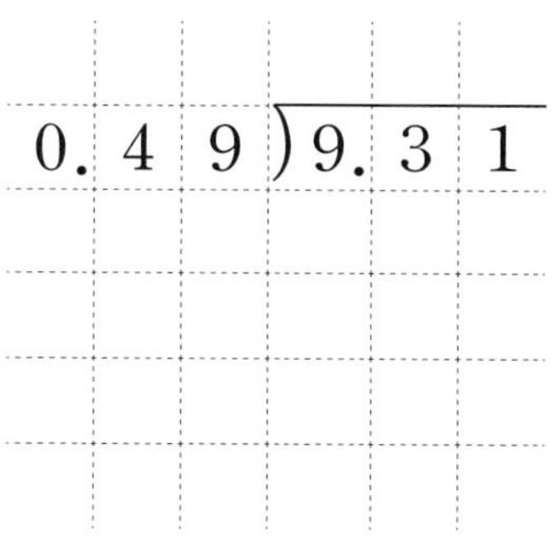

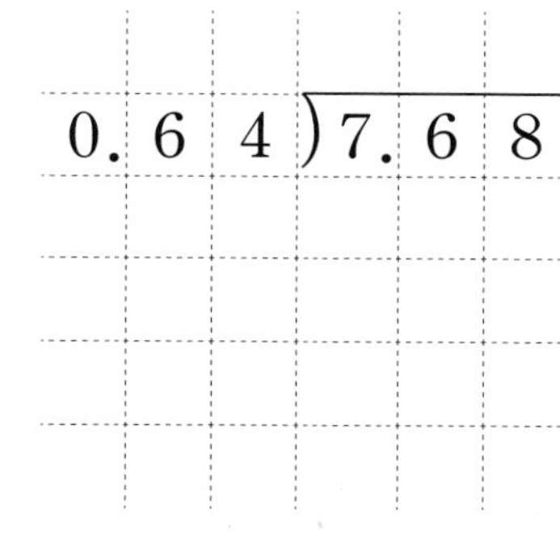

절취선 대로 자르세요.

10~29 계산을 하시오.

10 $0.14\overline{)1.12}$

16 $0.69\overline{)3.45}$

22 $8.18 \div 4.09$

23 $5.55 \div 0.15$

11 $1.07\overline{)9.63}$

17 $0.39\overline{)6.63}$

24 $6.93 \div 0.99$

12 $1.37\overline{)5.48}$

18 $0.85\overline{)9.35}$

25 $7.45 \div 1.49$

26 $14.91 \div 2.13$

13 $0.22\overline{)2.86}$

19 $1.43\overline{)50.05}$

27 $9.12 \div 0.38$

14 $0.61\overline{)7.93}$

20 $2.58\overline{)82.56}$

28 $32.58 \div 3.62$

15 $0.52\overline{)14.04}$

21 $1.76\overline{)109.12}$

29 $77.35 \div 0.85$

30~39 빈 곳에 알맞은 수를 써넣으시오.

30

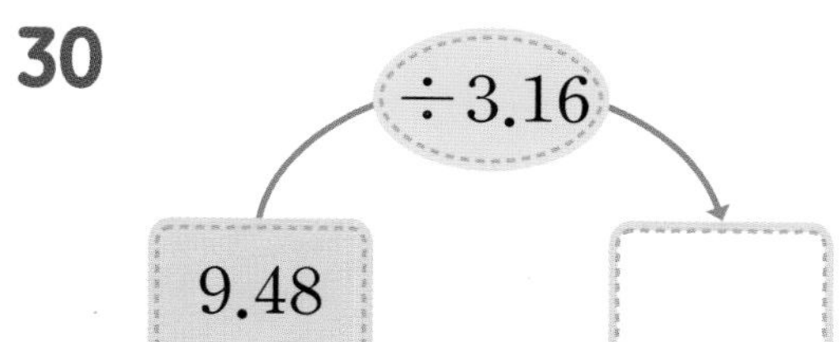

31

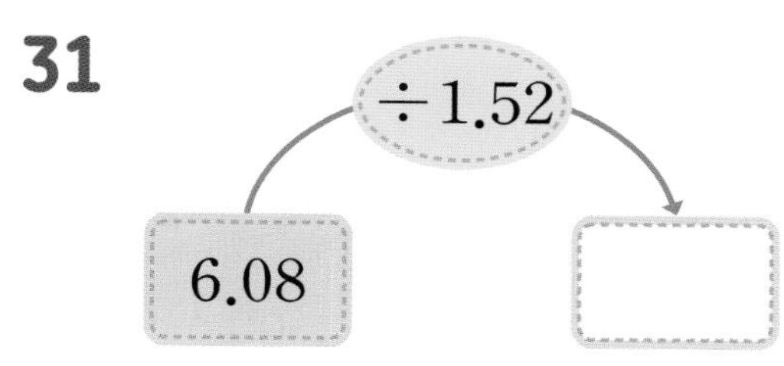

32

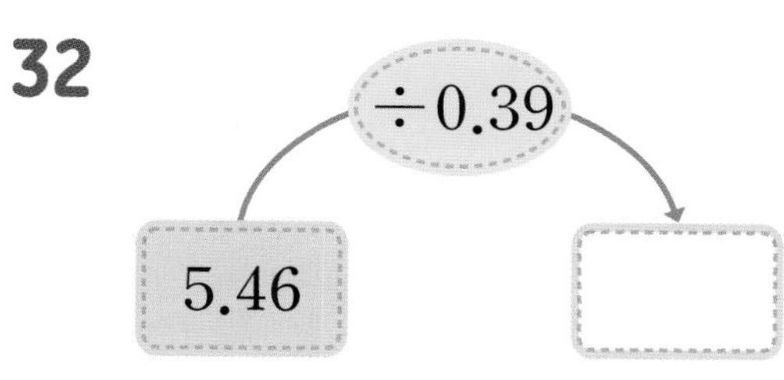

33

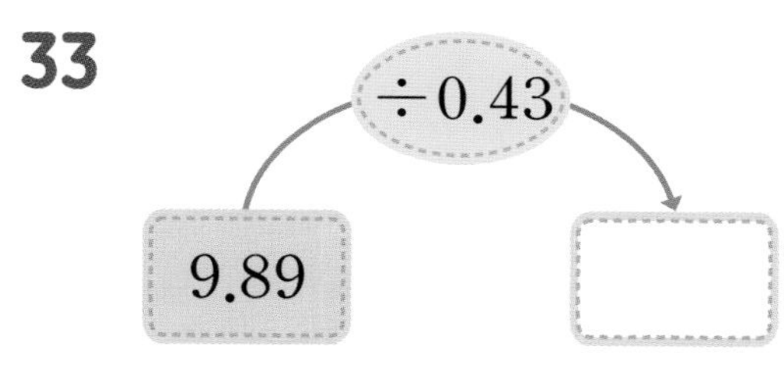

34

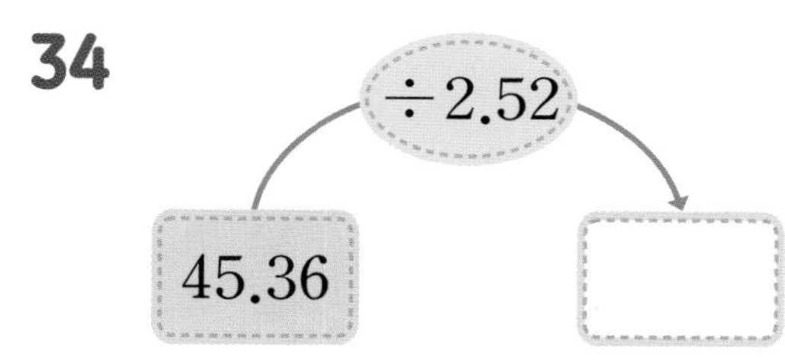

35

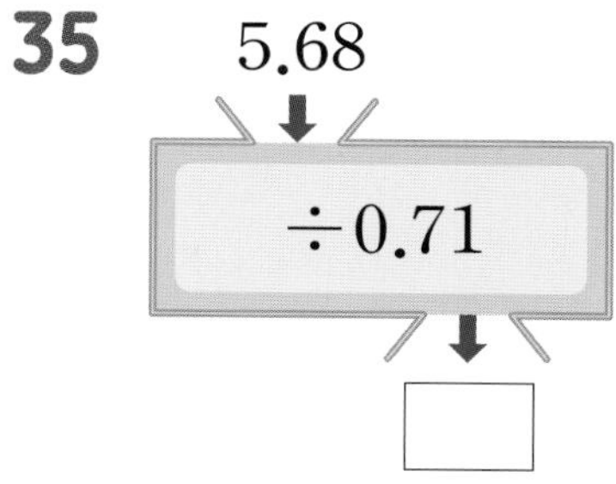

36

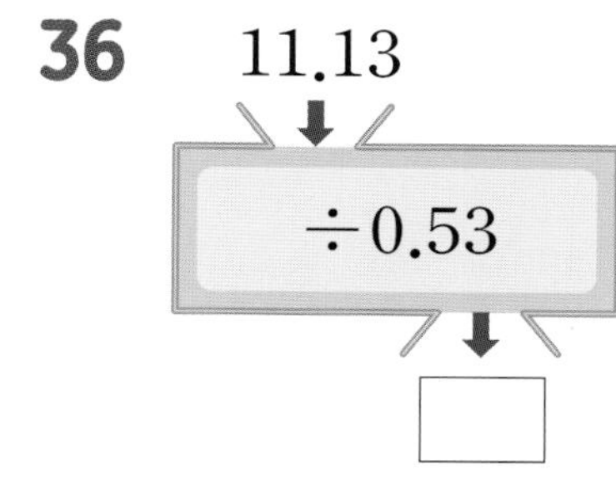

37

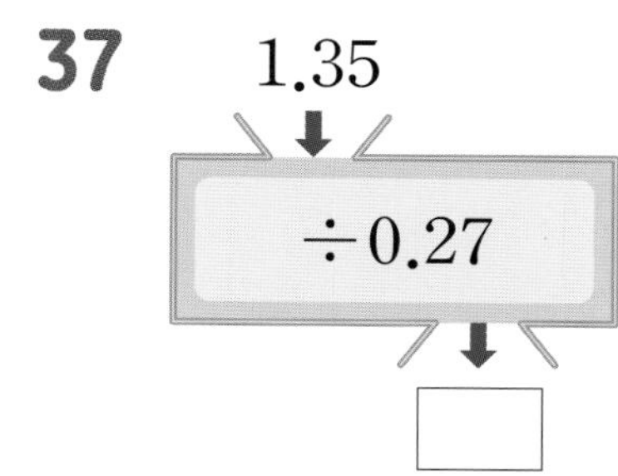

38

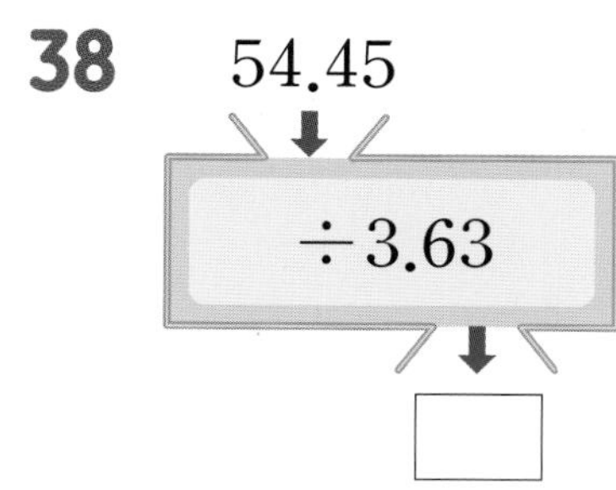

39

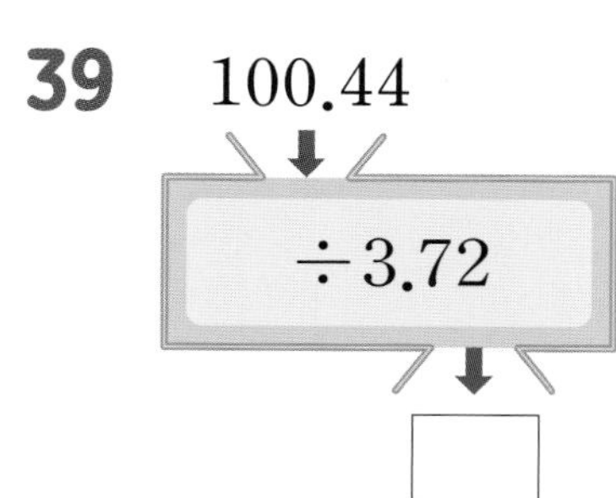

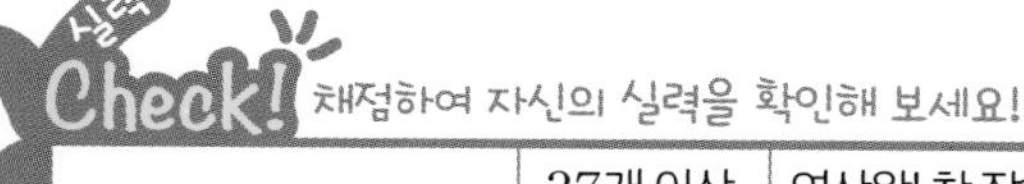

채점하여 자신의 실력을 확인해 보세요!

맞힌 개수	37개 이상	연산왕! 참 잘했어요!
	27~36개	틀린 문제를 점검해요!
개/39개	26개 이하	차근차근 다시 풀어요!

엄마의 확인 Note 칭찬할 점과 주의할 점을 써주세요!

정답확인

칭찬	
주의	

고사성어

다음 식의 계산 결과에 해당하는 글자를 보기 에서 찾아 아래 표의 빈칸에 차례로 써넣으면 고사성어가 완성됩니다. 완성된 고사성어를 쓰시오.

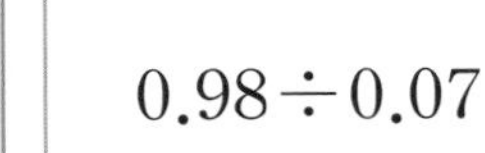

$0.98 \div 0.07$	$4.29 \div 0.13$
①	②

$5.85 \div 0.65$	$15.54 \div 0.74$
③	④

보기

21	5	33	16	8	14	17	9
인	록	천	색	초	경	동	애

나누는 수와 나누어지는 수의 소수점을 각각 오른쪽으로 두 자리씩 옮겨서 계산해.

①	②	③	④

완성된 고사성어는 하늘을 숭배하고 인간을 사랑한다는 뜻이야.

풀 이

답

교과서 소수의 나눗셈

6 (소수 두 자리 수)÷(소수 한 자리 수) (1)

공부한 날 월 일

걸린 시간 분

(소수 두 자리 수)÷(소수 한 자리 수)의 계산

① 나누는 수가 자연수가 되도록 나누는 수와 나누어지는 수의 소수점을 각각 오른쪽으로 한 자리씩 옮깁니다.

② (소수)÷(자연수)를 계산합니다.

③ 몫을 쓸 때 옮긴 소수점의 위치에서 소수점을 찍습니다.

예

$3.1\overline{)2.79}$ ➡ $3.1\overline{)2.79}$ ➡ $31\overline{)27.9}$, 몫 0.9, 279, 0 | $3.1\overline{)2.79}$, 몫 0.9, 279, 0

1~6 계산을 하시오.

1

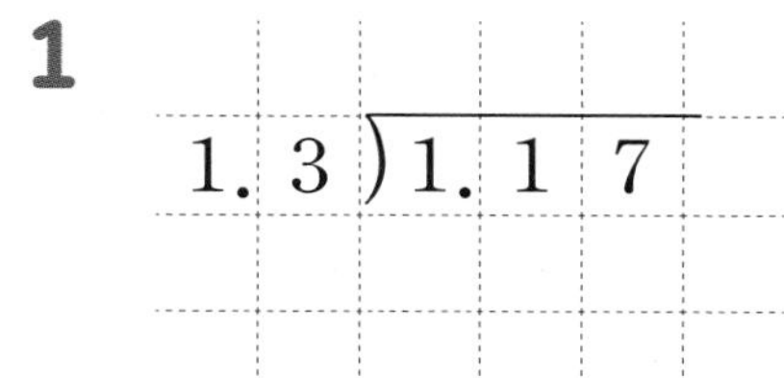

$1.3\overline{)1.17}$

2

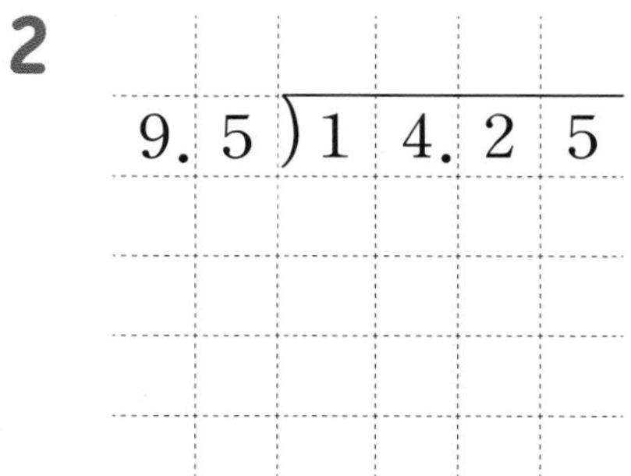

$9.5\overline{)14.25}$

3

$3.4\overline{)2.72}$

4

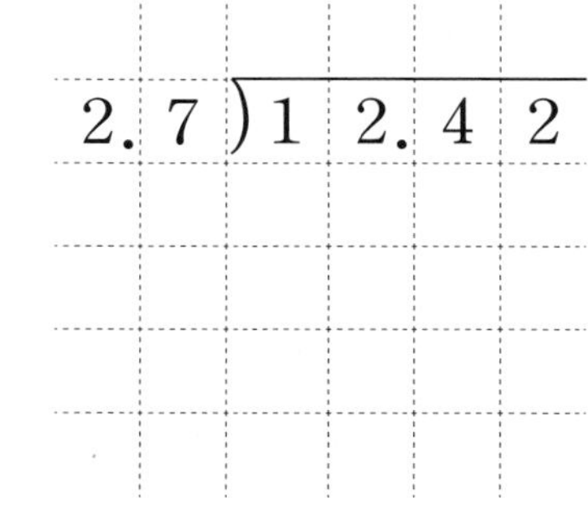

$2.7\overline{)12.42}$

5

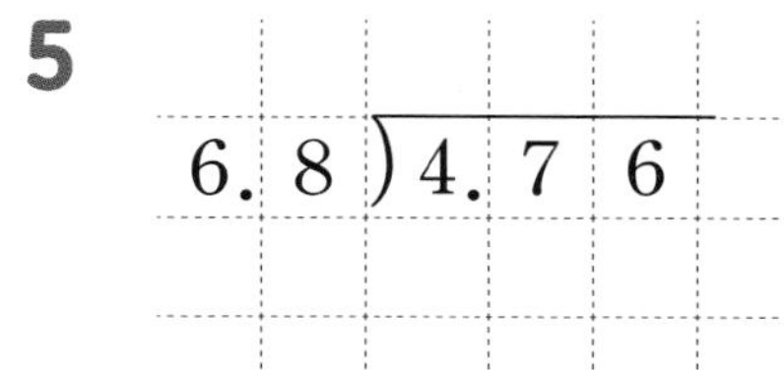

$6.8\overline{)4.76}$

6

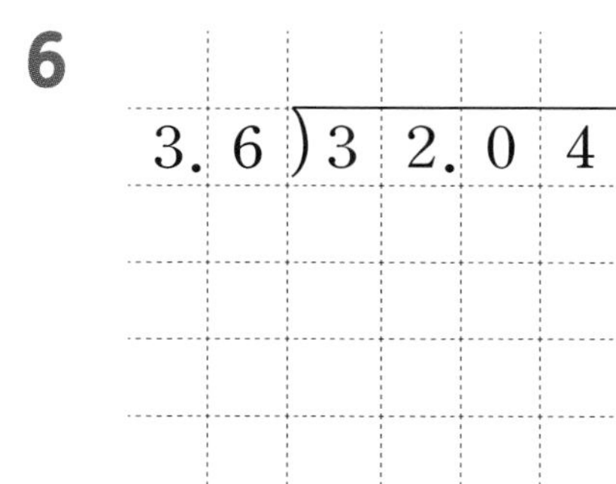

$3.6\overline{)32.04}$

점선을 따라 자르세요.

7~32 계산을 하시오.

7

$2.1\overline{)1.26}$

8

$1.7\overline{)5.78}$

9

$9.9\overline{)6.93}$

10

$0.5\overline{)1.65}$

11

$5.6\overline{)6.16}$

12

$3.1\overline{)2.48}$

13

$1.3\overline{)10.92}$

14

$0.6\overline{)4.47}$

15

$7.5\overline{)27.75}$

16

$8.7\overline{)7.83}$

17

$6.8\overline{)25.16}$

18

$3.2\overline{)7.68}$

19

$0.4\overline{)0.38}$

20

$1.7\overline{)6.12}$

21

$0.5\overline{)5.35}$

22

$6.2\overline{)7.44}$

23

$5.4\overline{)36.72}$

24

$5.1\overline{)23.46}$

25 $1.12 \div 1.4$

26 $7.22 \div 1.9$

27 $36.12 \div 8.4$

28 $4.55 \div 9.1$

29 $11.05 \div 6.5$

30 $6.76 \div 0.8$

31 $5.11 \div 7.3$

32 $13.23 \div 2.7$

33~37 빈 곳에 알맞은 수를 써넣으시오.

33

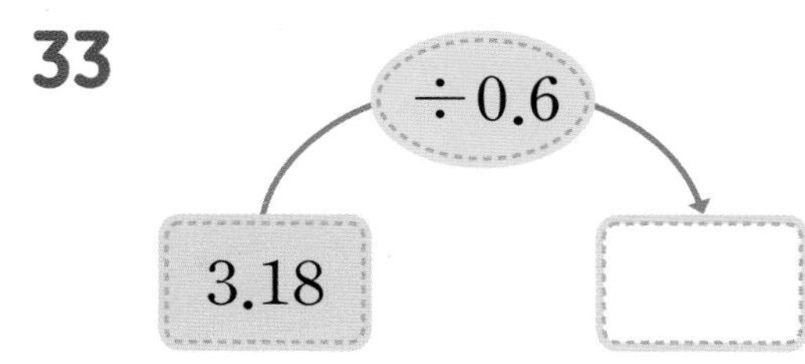

34

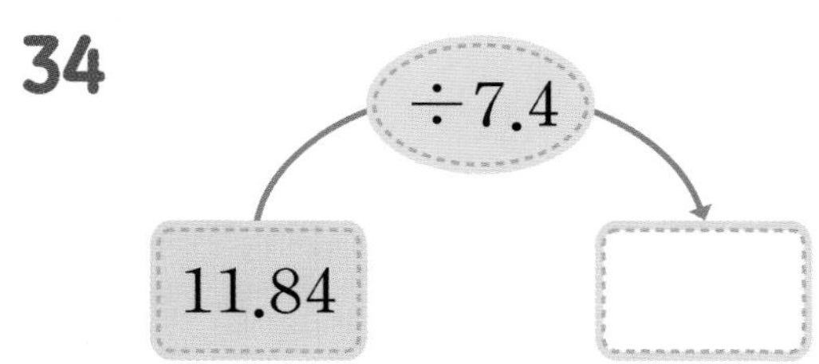

35

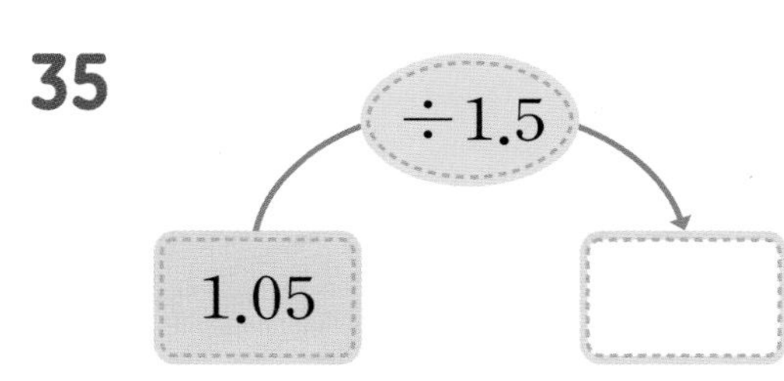

36

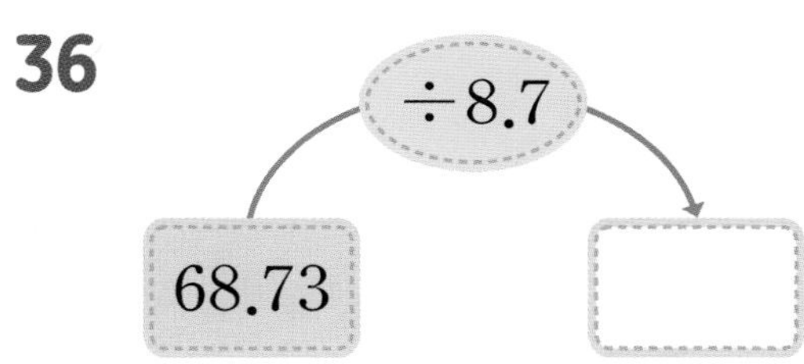

37

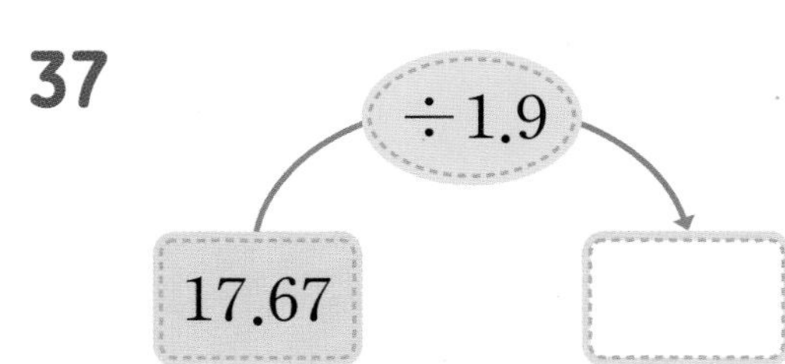

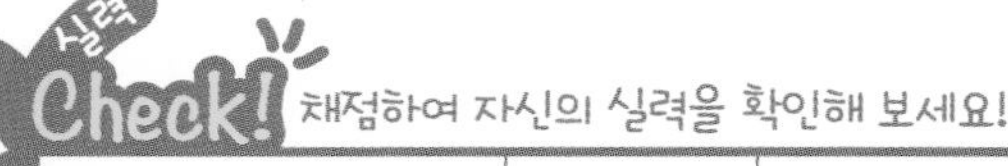

맞힌 개수	35개 이상	연산왕! 참 잘했어요!
	26~34개	틀린 문제를 점검해요!
개/37개	25개 이하	차근차근 다시 풀어요!

엄마의 확인 Note 칭찬할 점과 주의할 점을 써주세요!

정답 확인

칭찬	
주의	

도둑은 누구일까요?

어느 날 한 박물관에 도둑이 들어 미술품을 훔쳐 갔습니다. 사건 단서 ①, ②, ③의 계산 결과에 해당하는 글자를 사건 단서 해독표에서 찾아 차례로 쓰면 도둑의 이름을 알 수 있습니다. 주어진 단서를 가지고 도둑의 이름을 알아보시오.

사건 현장의 단서를 찾은 다음 오른쪽의 사건 단서 해독표를 이용하여 범인의 이름을 알아봐요.

<사건 단서 해독표>

진	3.1	이	4.5	주	3.6	우	3.4
박	4.2	석	3.3	최	4.9	정	2.8
희	2.9	유	5.6	호	2.5	성	2.2
명	1.2	한	2.4	민	1.7	김	1.1

① ② ③

도둑의 이름은 ☐☐☐입니다.

풀이

답 ____________

교과서 소수의 나눗셈

7 (소수 두 자리 수)÷(소수 한 자리 수) (2)

공부한 날 월 일

걸린 시간 분

예

$$4.2\overline{)9.24}$$

몫: 2.2

```
      2.2
4.2)9.24
    8 4
    ----
      8 4
      8 4
      ----
        0
```

1~9 계산을 하시오.

1 $1.6\overline{)1.44}$

4 $4.3\overline{)3.01}$

7 $8.9\overline{)7.12}$

2 $1.4\overline{)6.86}$

5 $5.5\overline{)9.35}$

8 $7.3\overline{)62.05}$

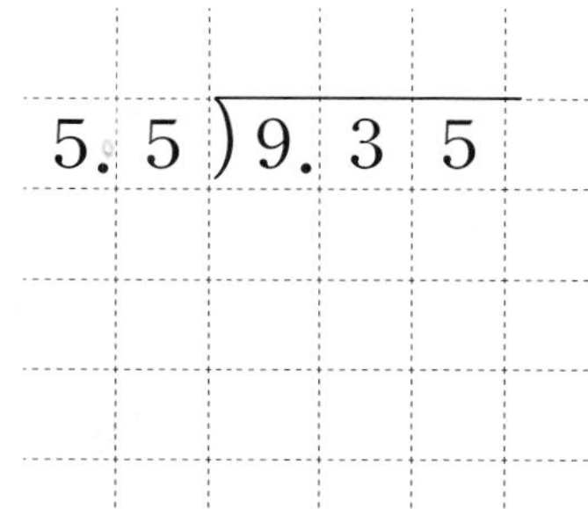

3 $3.8\overline{)27.36}$

6 $9.3\overline{)28.83}$

9 $5.1\overline{)45.39}$

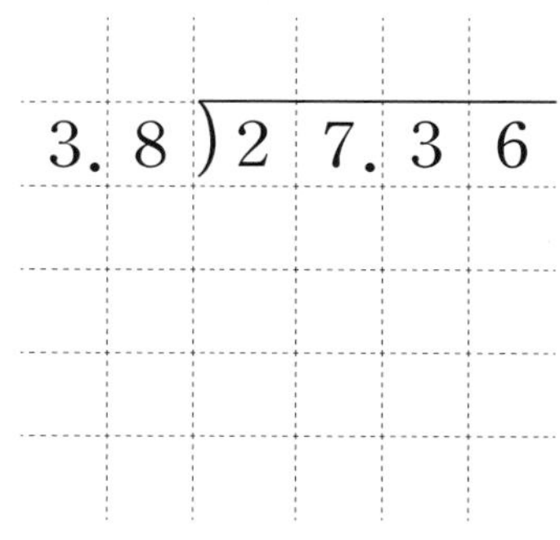

절취선 대로 자르세요.

10~29 계산을 하시오.

10 $0.7\overline{)2.73}$

11 $3.4\overline{)3.06}$

12 $2.5\overline{)16.75}$

13 $4.8\overline{)15.36}$

14 $7.3\overline{)3.65}$

15 $0.6\overline{)4.41}$

16 $8.1\overline{)20.25}$

17 $2.9\overline{)13.05}$

18 $0.4\overline{)0.26}$

19 $2.2\overline{)4.18}$

20 $0.9\overline{)10.35}$

21 $16.3\overline{)78.24}$

22 $12.81 \div 6.1$

23 $5.88 \div 4.9$

24 $19.09 \div 8.3$

25 $6.15 \div 0.5$

26 $13.92 \div 4.8$

27 $4.08 \div 1.2$

28 $2.26 \div 0.4$

29 $21.06 \div 16.2$

30~41 빈 곳에 알맞은 수를 써넣으시오.

30 3.22 ➡ $\div 2.3$ ➡ □

31 1.89 ➡ $\div 0.9$ ➡ □

32 20.93 ➡ $\div 9.1$ ➡ □

33 17.34 ➡ $\div 3.4$ ➡ □

34 18.48 ➡ $\div 4.2$ ➡ □

35 71.39 ➡ $\div 12.1$ ➡ □

36 | 0.47 | $\div 0.5$ | □ |

37 | 6.25 | $\div 2.5$ | □ |

38 | 16.38 | $\div 4.2$ | □ |

39 | 3.96 | $\div 0.8$ | □ |

40 | 51.46 | $\div 8.3$ | □ |

41 | 87.74 | $\div 21.4$ | □ |

실력 Check! 채점하여 자신의 실력을 확인해 보세요!

맞힌 개수	39개 이상	연산왕! 참 잘했어요!
	29~38개	틀린 문제를 점검해요!
개/41개	28개 이하	차근차근 다시 풀어요!

엄마의 확인 Note 칭찬할 점과 주의할 점을 써주세요!

정답확인

칭찬	
주의	

빙고 놀이

재호와 민아가 빙고 놀이를 하고 있습니다. 빙고 놀이에서 이기는 사람은 누구입니까?

<빙고 놀이 방법>

1. 가로, 세로 5칸인 놀이판에 1보다 크고 5보다 작은 소수 한 자리 수를 자유롭게 적은 다음 서로 번갈아 가며 수를 말합니다.
2. 자신과 상대방이 말하는 수에 ×표 합니다.
3. 가로, 세로, 대각선 중 한 줄에 있는 5개의 소수에 모두 ×표 한 경우 '빙고'를 외칩니다.
4. 먼저 '빙고'를 외치는 사람이 이깁니다.

재호의 놀이판

1.2	4.9	2.6	3.1	1.8
2.7	3.2	×	4.6	3.3
4.5	×	4.2	×	×
3.6	2.4	×	1.6	3.7
2.1	1.5	×	2.9	3.5

민아의 놀이판

3.7	2.1	1.3	×	3.9
1.9	×	3.4	4.2	1.2
4.4	1.1	×	2.7	×
3.1	4.7	2.9	×	1.5
1.8	2.3	4.8	×	2.4

풀이

답

교과서 소수의 나눗셈

(소수 두 자리 수)÷(소수 한 자리 수) (3)

집중하여 정확하고 빠르게 문제를 풀어 보세요.

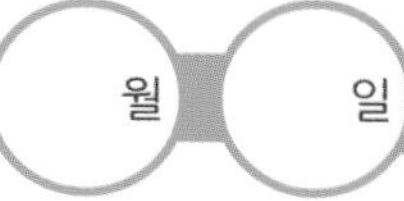

공부한 날 월 일 걸린 시간 분

1~12 계산을 하시오.

1

```
        0.8
6.8 )5.44
      5 4 4
          0
```

2 $4.7\overline{)11.28}$

3 $2.4\overline{)3.12}$

4 $9.6\overline{)17.28}$

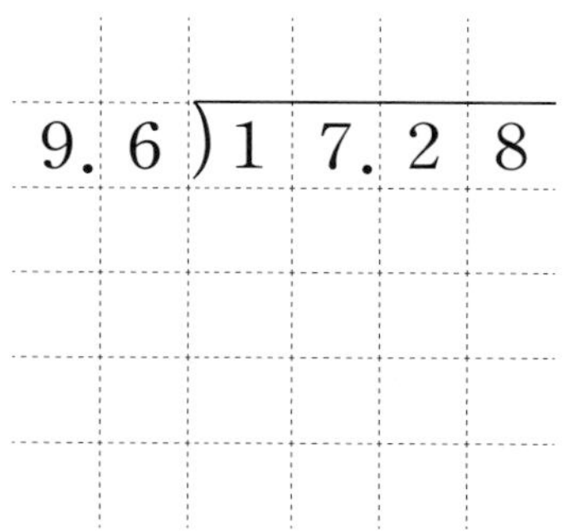

5 $2.6\overline{)2.34}$

6 $5.5\overline{)53.35}$

7 $1.6\overline{)8.48}$

8 $4.3\overline{)37.84}$

9 $4.7\overline{)3.29}$

10 $6.4\overline{)11.52}$

11 $1.9\overline{)4.56}$

12 $3.6\overline{)20.16}$

점선을 따라 자르세요.

13~32 계산을 하시오.

13 $4.1\overline{)3.69}$

14 $3.6\overline{)18.72}$

15 $0.8\overline{)5.04}$

16 $5.3\overline{)20.67}$

17 $2.3\overline{)4.37}$

18 $6.1\overline{)34.16}$

19 $2.9\overline{)4.35}$

20 $7.7\overline{)21.56}$

21 $6.1\overline{)2.44}$

22 $0.6\overline{)3.87}$

23 $8.8\overline{)44.88}$

24 $49.5\overline{)212.85}$

25 $7.35 \div 0.5$

26 $11.76 \div 8.4$

27 $3.06 \div 0.4$

28 $56.42 \div 9.1$

29 $68.58 \div 12.7$

30 $65.57 \div 8.3$

31 $50.22 \div 6.2$

32 $174.72 \div 33.6$

33~41 빈 곳에 알맞은 수를 써넣으시오.

33

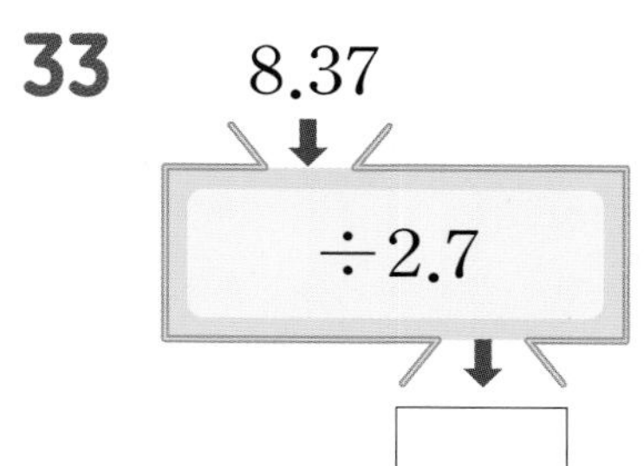

34

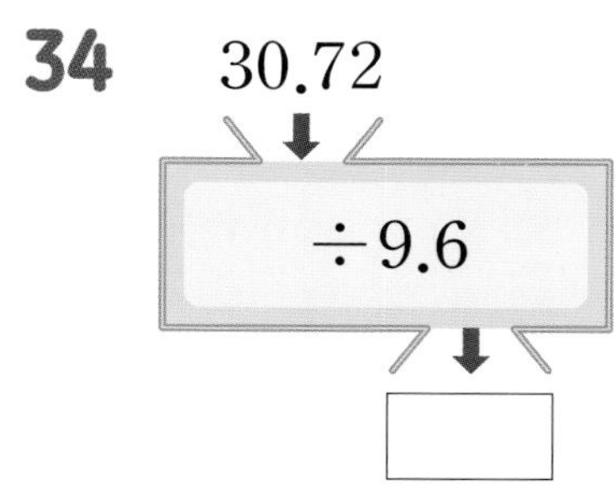

35

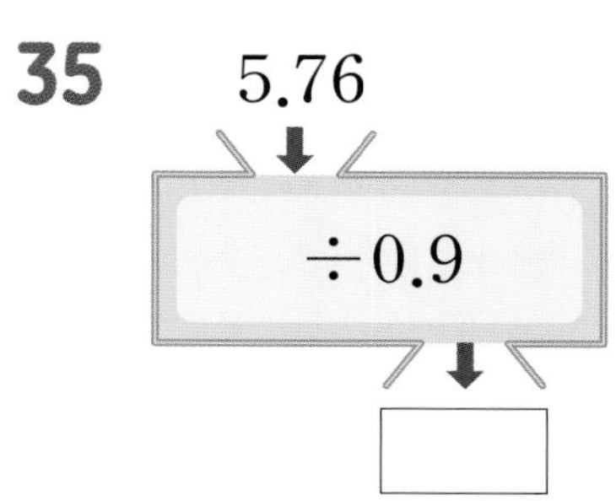

36

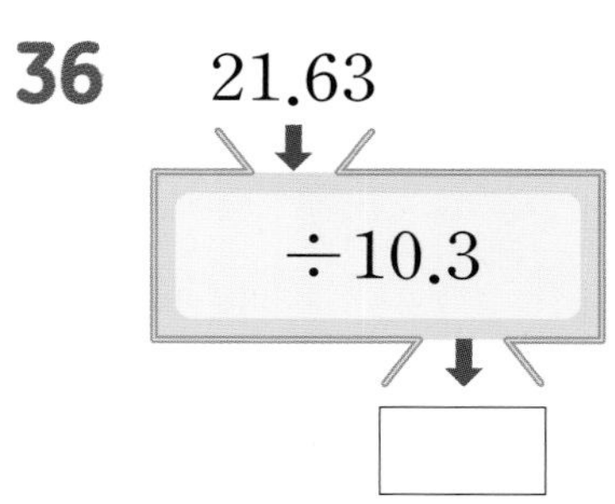

37

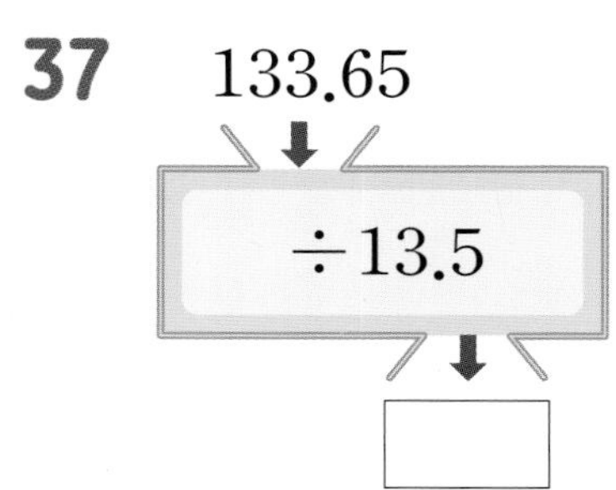

38

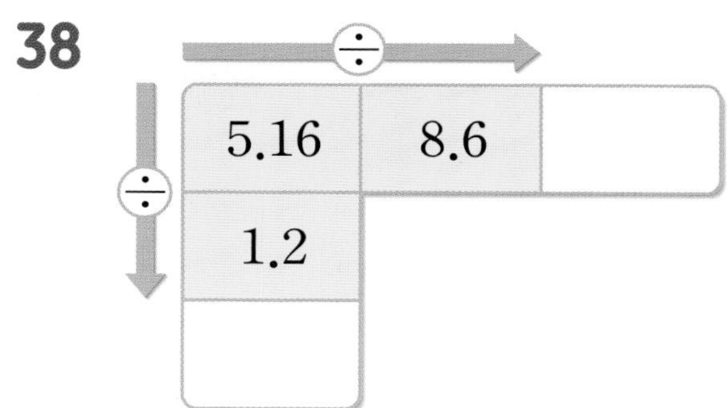

39

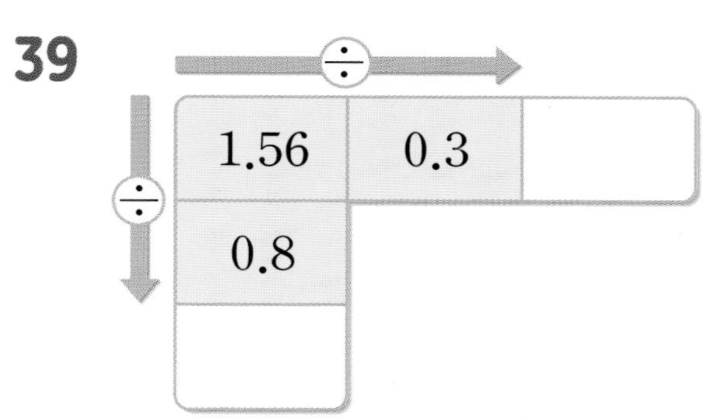

40

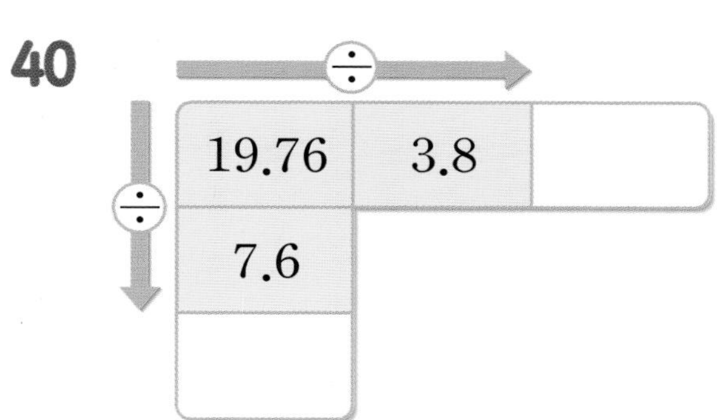

41

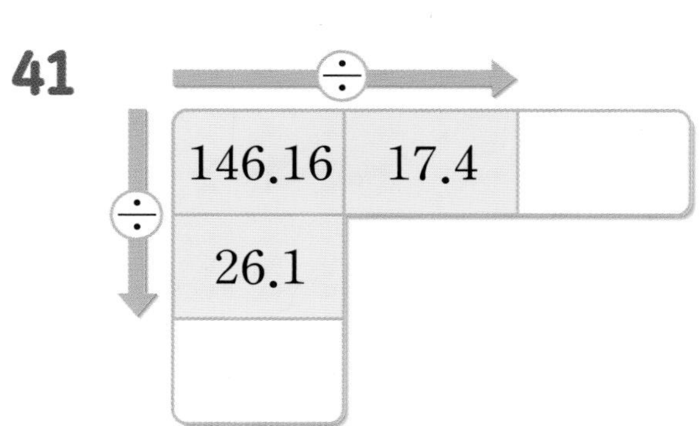

실력 Check! 채점하여 자신의 실력을 확인해 보세요!

맞힌 개수	39개 이상	연산왕! 참 잘했어요!
	29~38개	틀린 문제를 점검해요!
개/41개	28개 이하	차근차근 다시 풀어요!

엄마의 확인 Note 칭찬할 점과 주의할 점을 써주세요!

정답확인

칭찬	
주의	

숨은 그림 찾기

다음 그림에서 숨은 그림 5개를 모두 찾아 ○표 하시오.

제기, 성냥개비, 바나나, 사다리, 호박

정답

교과서 소수의 나눗셈

9 (자연수) ÷ (소수) (1)

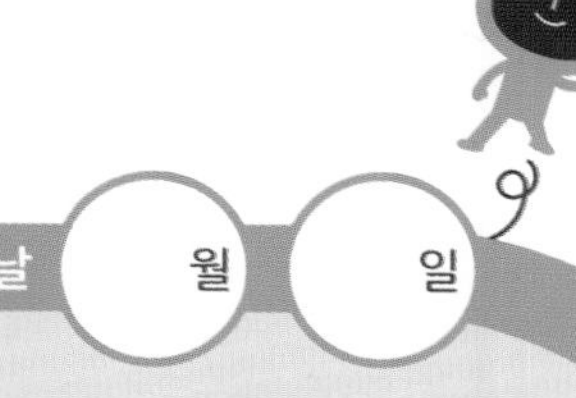

(자연수) ÷ (소수)의 계산

① 나누는 수가 자연수가 되도록 나누는 수와 나누어지는 수의 소수점을 오른쪽으로 같은 자리만큼 옮깁니다.

② 나누어지는 수의 소수점을 오른쪽으로 옮길 수 없으면 0을 쓰고 소수점을 옮깁니다.

③ (자연수) ÷ (자연수)를 계산합니다.

예 $0.12\overline{)3}$ ➡ $0.12\overline{)3.00}$ ➡ $12\overline{)300}$ = 25 (24, 60, 60, 0) / $0.12\overline{)3.00}$ = 25 (24, 60, 60, 0)

1~6 계산을 하시오.

1 $0.5\overline{)1}$

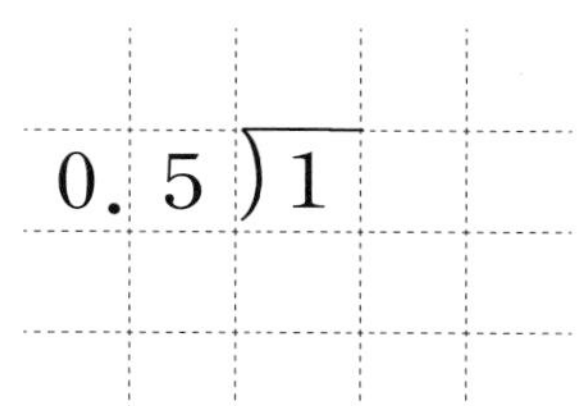

3 $0.8\overline{)56}$

5 $0.7\overline{)35}$

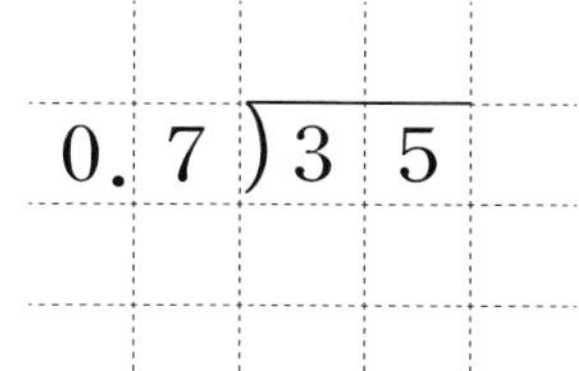

2 $0.4\overline{)38}$

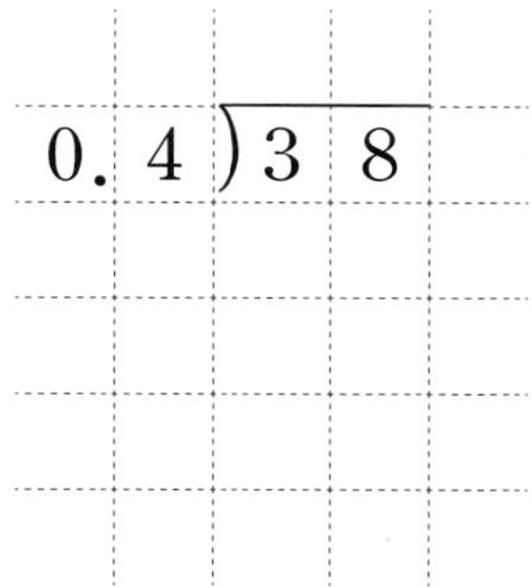

4 $1.6\overline{)40}$

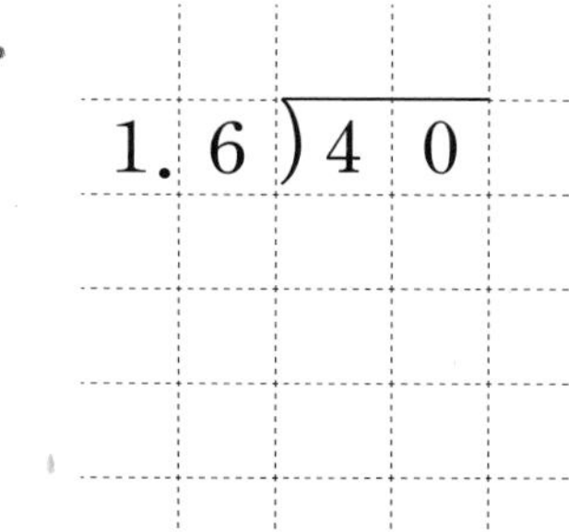

6 $3.5\overline{)84}$

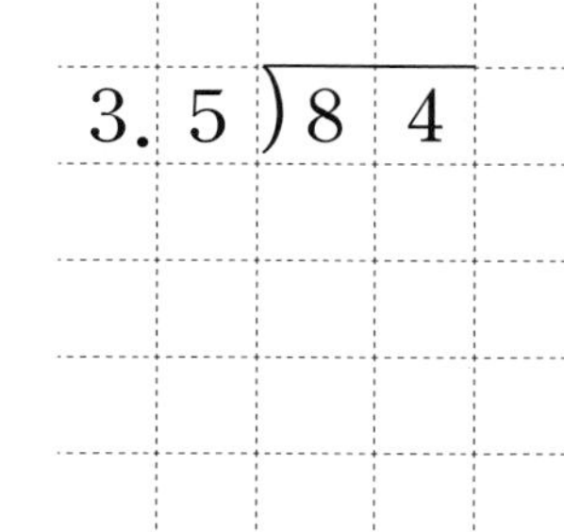

점선을 따라 자르세요.

7~32 계산을 하시오.

7 $0.4\overline{)2}$

8 $1.25\overline{)15}$

9 $2.8\overline{)70}$

10 $3.4\overline{)51}$

11 $0.25\overline{)40}$

12 $5.8\overline{)87}$

13 $2.5\overline{)300}$

14 $4.8\overline{)24}$

15 $7.3\overline{)365}$

16 $1.2\overline{)90}$

17 $6.2\overline{)155}$

18 $1.9\overline{)57}$

19 $2.25\overline{)9}$

20 $5.4\overline{)243}$

21 $1.5\overline{)48}$

22 $4.72\overline{)236}$

23 $2.25\overline{)162}$

24 $5.76\overline{)288}$

25 $28 \div 0.7$

26 $42 \div 5.25$

27 $36 \div 2.4$

28 $160 \div 2.5$

29 $98 \div 3.92$

30 $119 \div 0.68$

31 $364 \div 6.5$

32 $126 \div 1.75$

33~38 빈 곳에 알맞은 수를 써넣으시오.

33

36	$\div 1.8$	

34

7	$\div 0.25$	

35

46	$\div 1.84$	

36

351	$\div 7.8$	

37

31	$\div 6.2$	

38

175	$\div 1.25$	

실력 Check! 채점하여 자신의 실력을 확인해 보세요!

맞힌 개수	36개 이상	연산왕! 참 잘했어요!
	27~35개	틀린 문제를 점검해요!
개/38개	26개 이하	차근차근 다시 풀어요!

엄마의 확인 Note 칭찬할 점과 주의할 점을 써주세요!

정답확인

칭찬	
주의	

물감 찾기

재호가 미술 시간에 물감으로 그림을 그리려고 합니다. 6개의 물감 중 계산 결과가 옳은 물감만 사용할 때 재호가 사용할 수 있는 물감은 모두 몇 개입니까?

$6 \div 0.4 = 25$

$8 \div 1.6 = 5$

$54 \div 3.6 = 15$

$90 \div 1.25 = 70$

$143 \div 5.5 = 25$

$258 \div 1.72 = 150$

나누는 수와 나누어지는 수의
소수점을 오른쪽으로 같은 자리
만큼 옮겨서 계산해 봐.

교과서 소수의 나눗셈

(자연수)÷(소수) (2)

공부한 날 월 일

걸린 시간 분

예

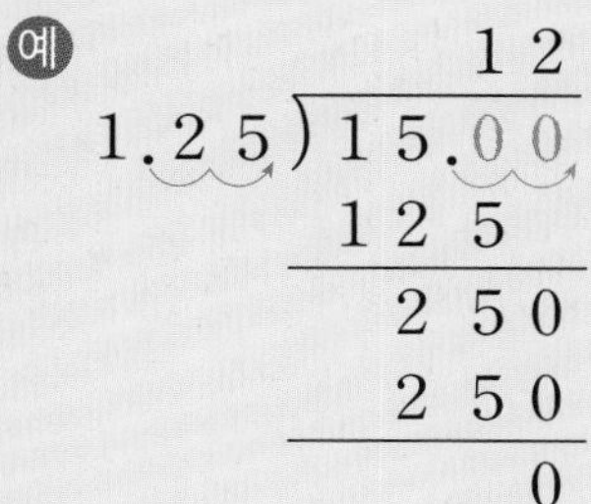

1~9 계산을 하시오.

1. $5.5\overline{)33}$

2. $2.4\overline{)84}$

3. $7.5\overline{)90}$

4. $3.2\overline{)16}$

5. $2.6\overline{)65}$

6. $4.5\overline{)144}$

7. $1.6\overline{)128}$

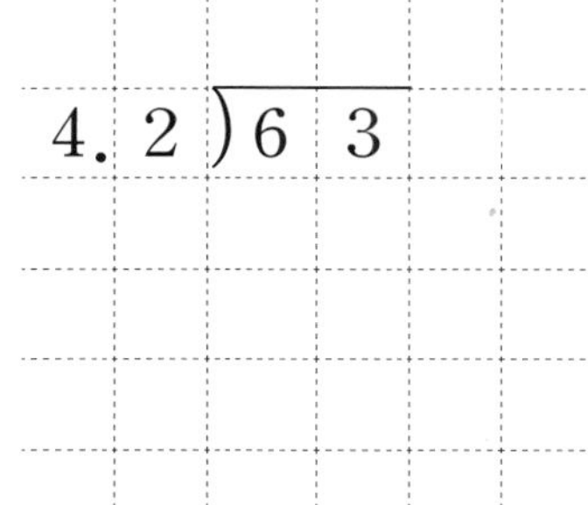

8. $4.2\overline{)63}$

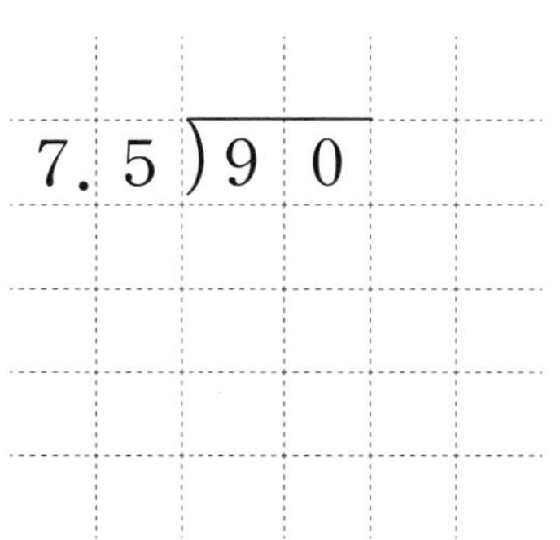

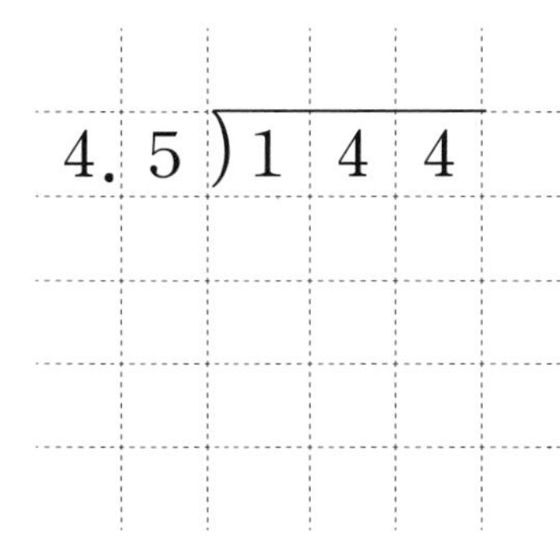

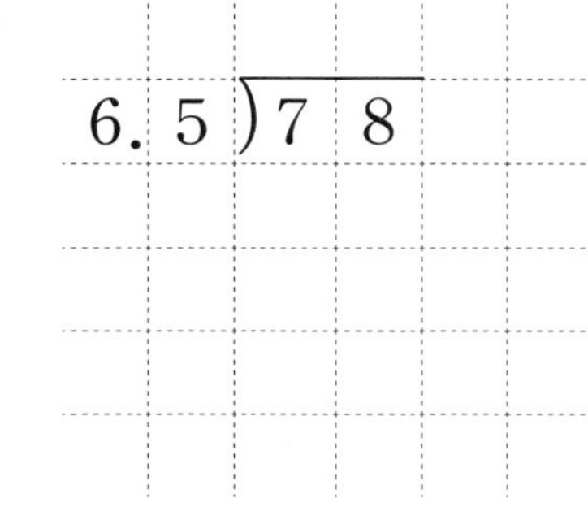

9. $6.5\overline{)78}$

점취선 대로 자르세요.

10~29 계산을 하시오.

10 $0.5\overline{)7}$

11 $0.16\overline{)12}$

12 $1.4\overline{)35}$

13 $0.25\overline{)80}$

14 $2.4\overline{)12}$

15 $3.8\overline{)209}$

16 $0.12\overline{)6}$

17 $0.8\overline{)28}$

18 $2.75\overline{)77}$

19 $7.5\overline{)135}$

20 $1.92\overline{)48}$

21 $5.24\overline{)393}$

22 $3 \div 0.75$

23 $56 \div 2.8$

24 $60 \div 1.5$

25 $126 \div 8.4$

26 $100 \div 1.25$

27 $72 \div 1.6$

28 $182 \div 3.64$

29 $231 \div 2.75$

30~41 빈 곳에 알맞은 수를 써넣으시오.

30 21 ➡ $\div 3.5$ ➡ □

31 19 ➡ $\div 0.76$ ➡ □

32 204 ➡ $\div 2.4$ ➡ □

33 73 ➡ $\div 2.92$ ➡ □

34 414 ➡ $\div 3.45$ ➡ □

35 91 ➡ $\div 1.75$ ➡ □

36

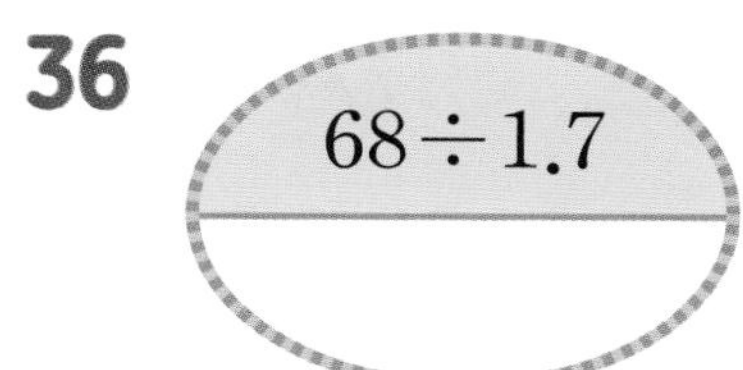

$68 \div 1.7$

37 $16 \div 0.64$

38

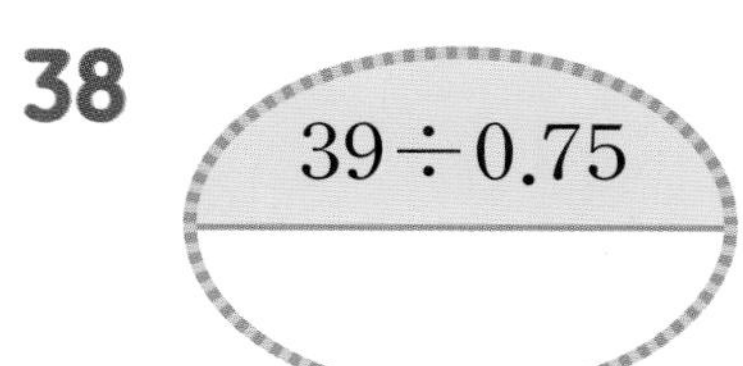

$39 \div 0.75$

39

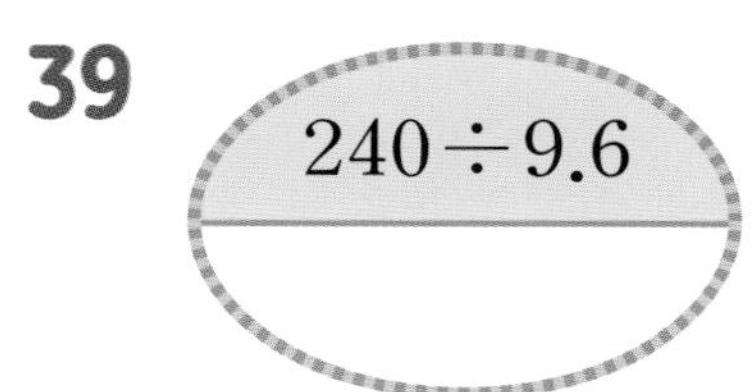

$240 \div 9.6$

40

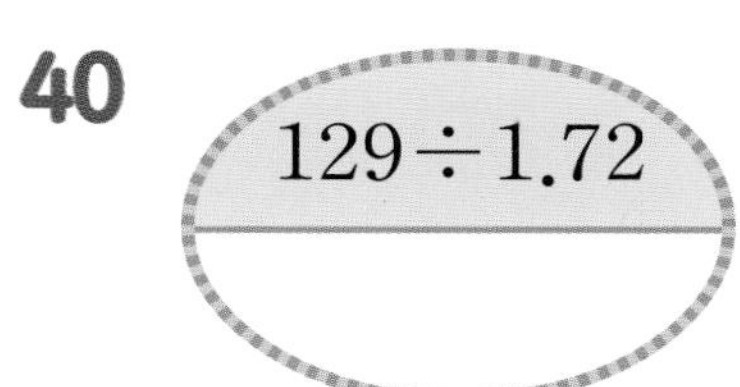

$129 \div 1.72$

41 $99 \div 4.5$

실력 Check! 채점하여 자신의 실력을 확인해 보세요!

맞힌 개수	39개 이상	연산왕! 참 잘했어요!
	29~38개	틀린 문제를 점검해요!
개/41개	28개 이하	차근차근 다시 풀어요!

엄마의 확인 Note 칭찬할 점과 주의할 점을 써주세요!

정답확인

칭찬	
주의	

가로 세로 수 맞추기

가로 세로 수 퍼즐 맞추기 놀이를 하여 빈칸에 알맞은 수를 써넣으시오.

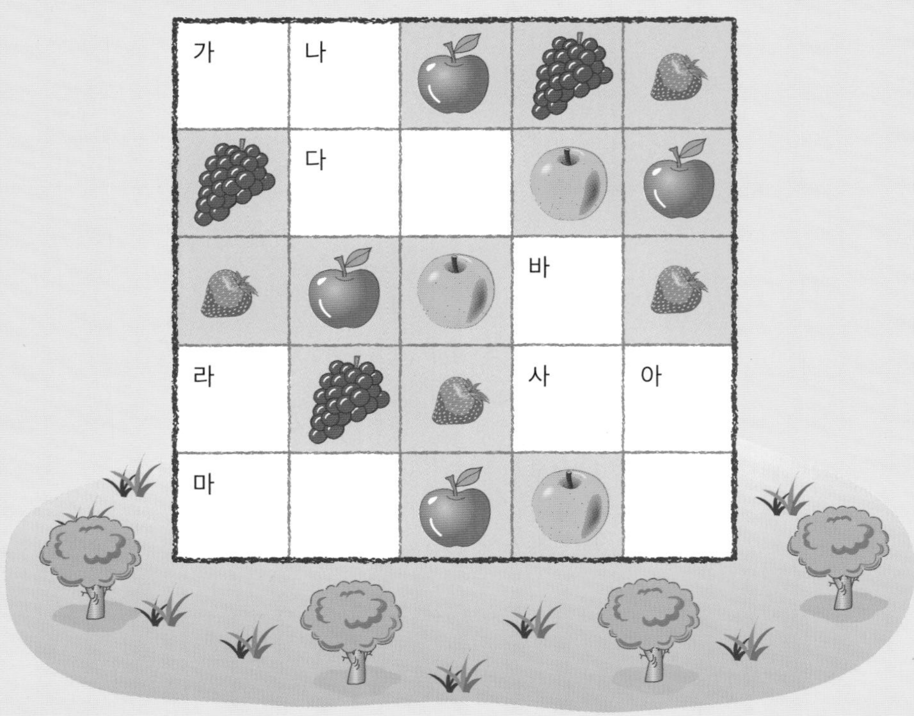

가로 열쇠
가: $90 \div 1.25$
다: $56 \div 1.4$
마: $322 \div 5.75$
사: $144 \div 3.2$

세로 열쇠
나: $12 \div 0.5$
라: $287 \div 8.2$
바: $63 \div 4.5$
아: $16 \div 0.32$

교과서 소수의 나눗셈

11 (자연수)÷(소수) (3)

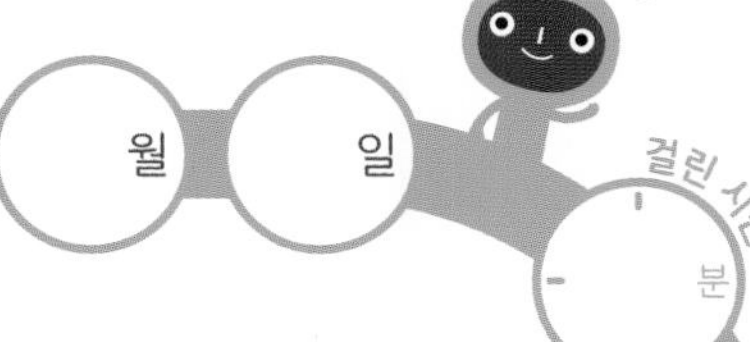

1~12 계산을 하시오.

1. $$\begin{array}{r} 5 \\ 3.4\overline{)17.0} \\ 170 \\ \hline 0 \end{array}$$

2. $0.6\overline{)15}$

3. $2.8\overline{)42}$

4. $7.5\overline{)180}$

5. $1.25\overline{)5}$

6. $1.4\overline{)63}$

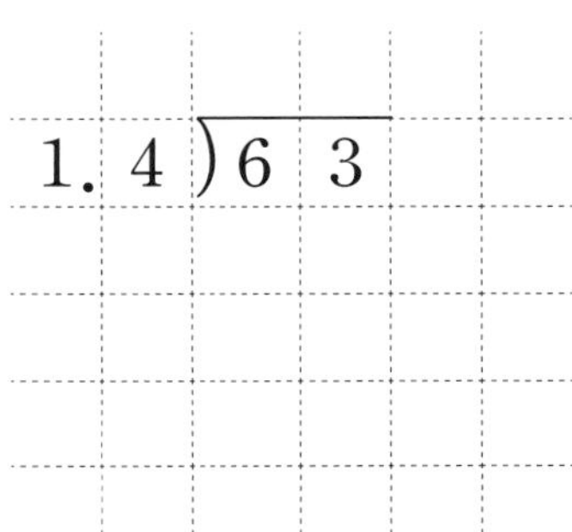

7. $8.2\overline{)205}$

8. $2.5\overline{)30}$

9. $0.75\overline{)6}$

10. $2.5\overline{)35}$

11. $9.2\overline{)230}$

12. $2.4\overline{)60}$

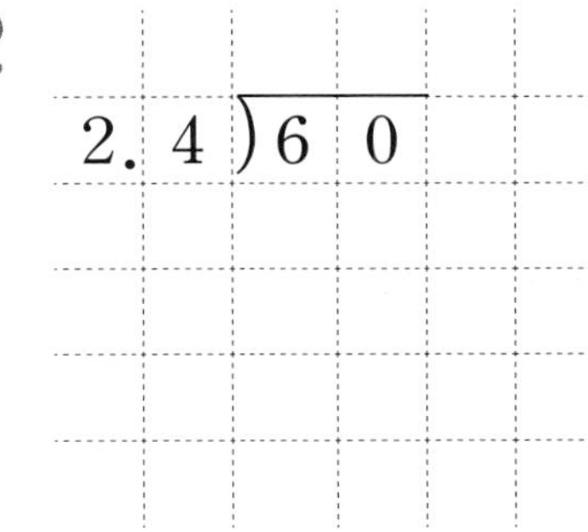

13~32 계산을 하시오.

13 $4.5\overline{)27}$

14 $0.5\overline{)18}$

15 $0.45\overline{)36}$

16 $6.2\overline{)93}$

17 $1.4\overline{)70}$

18 $1.52\overline{)38}$

19 $3.5\overline{)28}$

20 $1.68\overline{)42}$

21 $3.75\overline{)210}$

22 $2.5\overline{)155}$

23 $1.12\overline{)84}$

24 $9.84\overline{)492}$

25 $45 \div 1.8$

26 $91 \div 6.5$

27 $126 \div 3.6$

28 $205 \div 2.5$

29 $32 \div 6.4$

30 $20 \div 1.25$

31 $266 \div 2.8$

32 $144 \div 2.25$

33~42 빈 곳에 알맞은 수를 써넣으시오.

33

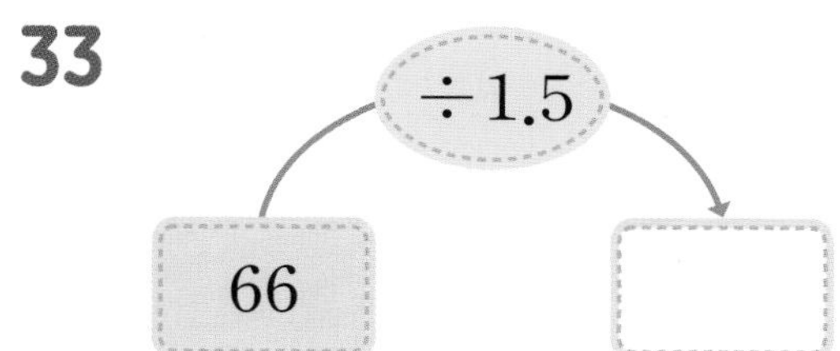

34

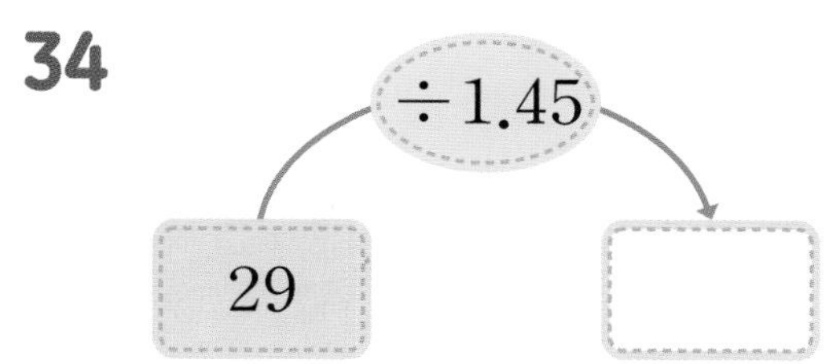

35

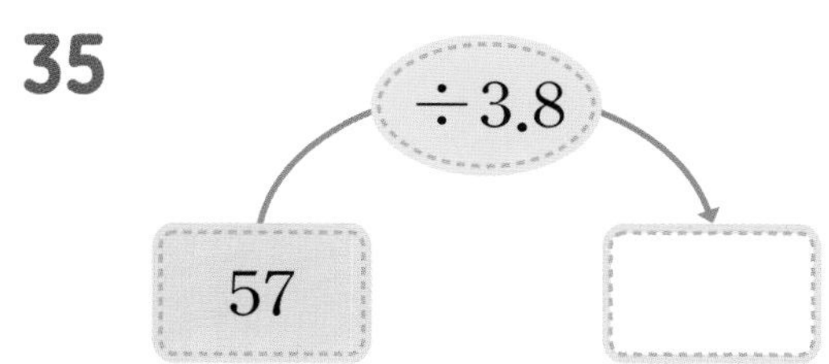

36

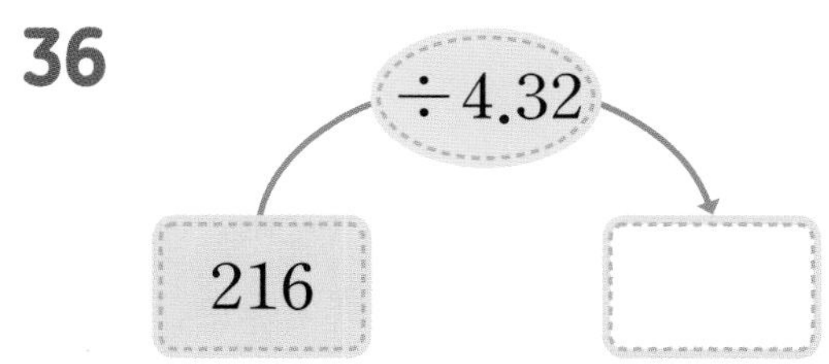

37

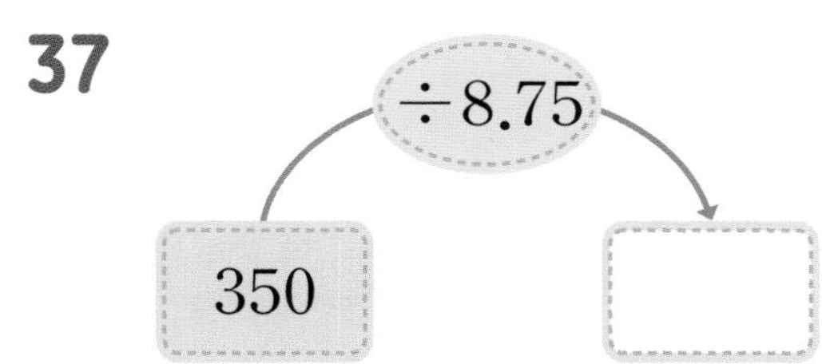

38 ÷ →

27	1.8	
39	3.25	

39 ÷ →

117	7.8	
87	1.74	

40 ÷ →

52	6.5	
126	1.68	

41 ÷ →

12	0.15	
56	2.24	

42 ÷ →

279	3.72	
78	0.25	

실력 Check! 채점하여 자신의 실력을 확인해 보세요!

맞힌 개수	40개 이상	연산왕! 참 잘했어요!
개/42개	29~39개	틀린 문제를 점검해요!
	28개 이하	차근차근 다시 풀어요!

엄마의 확인 Note 칭찬할 점과 주의할 점을 써주세요!

정답확인

칭찬	
주의	

남아프리카 공화국 최초의 흑인 대통령 '넬슨 만델라'

1918년 트란스케이 움타타

족장님! 축하드립니다.

고맙네.

저 아이의 이름이 만델라래.

남아프리카에 사는 우리 흑인들의 현실은 너무 비참해.

청년 만델라

만델라는 1944년에 아프리카 민족회의(ANC) 청년동맹을 설립했대.

흑인에게도 인권이 있다!

와아아~

흑인학살사건으로 평화시위운동을 중단하고 무장투쟁을 하여 27년 동안 감옥 생활을 했네.

석방 후에도 만델라는 남아프리카 흑인들의 희망이었어.

이번 백인 정부와의 협상 끝에 인종 차별이 없는 총선거를 실시하기로 합의했습니다.

와아아~

우아! 드디어 인종 차별 정책이 폐지되었구나.

그 후 1993년에 노벨 평화상도 수상했어.

그리고 더 놀라운 건~

1994년에 남아프리카 공화국 최초의 흑인 대통령이 되었어.

대 통 령 당 선

정말 대단하다!

음~ 그럼 내가 대통령이 되면 최초의 전교 꼴찌 출신의 대통령이 되는 건가?

하하하. 꿈이라도 커서 좋네.

교과서 소수의 나눗셈

12 몫을 반올림하여 나타내기 (1)

공부한 날 월 일 걸린 시간 분

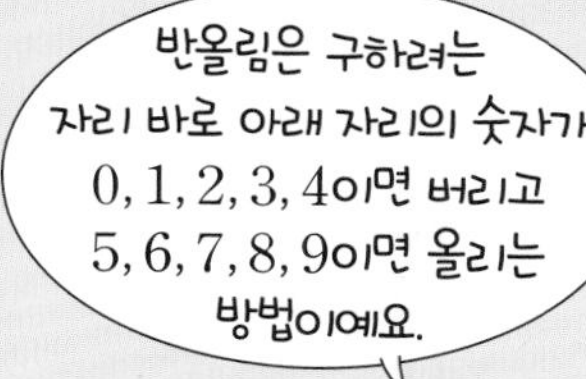

✔ 몫이 간단한 소수로 구해지지 않을 경우 몫을 반올림하여 나타냅니다.

예

```
      1.2 8 5
  7 ) 9.0 0 0
      7
      2 0
      1 4
        6 0
        5 6
          4 0
          3 5
            5
```

• 몫을 반올림하여 자연수로 나타내기

: $9 \div 7 = 1.2 \cdots\cdots$ ➡ 1 (2: 버리기)

• 몫을 반올림하여 소수 첫째 자리까지 나타내기

: $9 \div 7 = 1.28 \cdots\cdots$ ➡ 1.3 (8: 올리기)

• 몫을 반올림하여 소수 둘째 자리까지 나타내기

: $9 \div 7 = 1.285 \cdots\cdots$ ➡ 1.29 (5: 올리기)

1~9 몫을 반올림하여 소수 첫째 자리까지 나타내시오.

1 $9\overline{)3}$ ( )

2 $7\overline{)11}$ ( )

3 $23\overline{)71}$ ( )

4 $3\overline{)6.7}$ ( )

5 $7\overline{)11.1}$ ( )

6 $9\overline{)8.5}$ ( )

7 $0.6\overline{)9.8}$ ( )

8 $0.3\overline{)5.8}$ ( )

9 $1.4\overline{)30.9}$ ( )

10~24 몫을 반올림하여 소수 둘째 자리까지 나타내시오.

10
$9\overline{)8}$
(　　　　　　)

11
$7\overline{)1}$
(　　　　　　)

12
$13\overline{)17}$
(　　　　　　)

13
$9\overline{)14}$
(　　　　　　)

14
$21\overline{)50}$
(　　　　　　)

15
$7\overline{)9.3}$
(　　　　　　)

16
$3\overline{)1.7}$
(　　　　　　)

17
$7\overline{)7.8}$
(　　　　　　)

18
$13\overline{)15.7}$
(　　　　　　)

19
$6\overline{)7.4}$
(　　　　　　)

20
$0.7\overline{)5.9}$
(　　　　　　)

21
$0.9\overline{)2.5}$
(　　　　　　)

22
$0.6\overline{)3.8}$
(　　　　　　)

23
$3.7\overline{)4.9}$
(　　　　　　)

24
$1.9\overline{)29.3}$
(　　　　　　)

25~30 몫을 반올림하여 주어진 자리까지 나타내시오.

25 $17 \div 9$

자연수

(　　　　　　　)

26 $8 \div 7$

소수 첫째 자리

(　　　　　　　)

27 $8.9 \div 3$

소수 둘째 자리

(　　　　　　　)

28 $2.4 \div 0.7$

자연수

(　　　　　　　)

29 $65.1 \div 11$

소수 첫째 자리

(　　　　　　　)

30 $13.8 \div 3.3$

소수 둘째 자리

(　　　　　　　)

31~35 빈 곳에 몫을 반올림하여 주어진 자리까지 나타내시오.

31

나눗셈	소수 첫째 자리	소수 둘째 자리
$4 \div 7$		

32

나눗셈	소수 첫째 자리	소수 둘째 자리
$8.2 \div 6$		

33

나눗셈	소수 첫째 자리	소수 둘째 자리
$29.6 \div 0.3$		

34

나눗셈	소수 첫째 자리	소수 둘째 자리
$43.3 \div 9$		

35

나눗셈	소수 첫째 자리	소수 둘째 자리
$53.3 \div 2.8$		

실력 Check! 채점하여 자신의 실력을 확인해 보세요!

맞힌 개수	33개 이상	연산왕! 참 잘했어요!
	25~32개	틀린 문제를 점검해요!
개/35개	24개 이하	차근차근 다시 풀어요!

엄마의 확인 Note 칭찬할 점과 주의할 점을 써주세요!

정답확인

칭찬	
주의	

마무리 연산 퍼즐

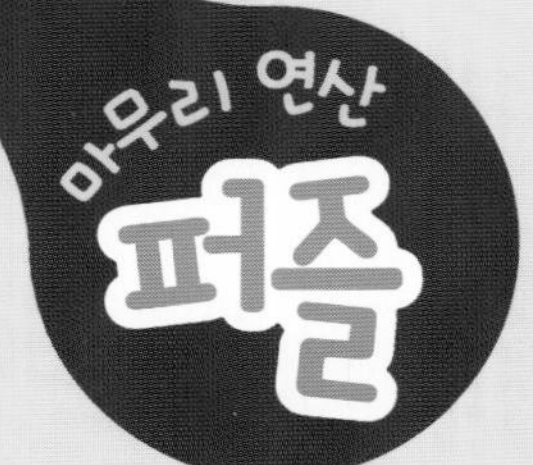

사다리 타기

사다리 타기는 줄을 타고 내려가다가 가로로 놓인 선을 만나면 가로 선을 따라 맨 아래까지 내려가는 놀이입니다. 주어진 식의 계산 결과를 사다리를 타고 내려가서 도착한 곳에 써넣으시오. (단, 내려가다가 만나는 자리까지 몫을 반올림하여 나타내시오.)

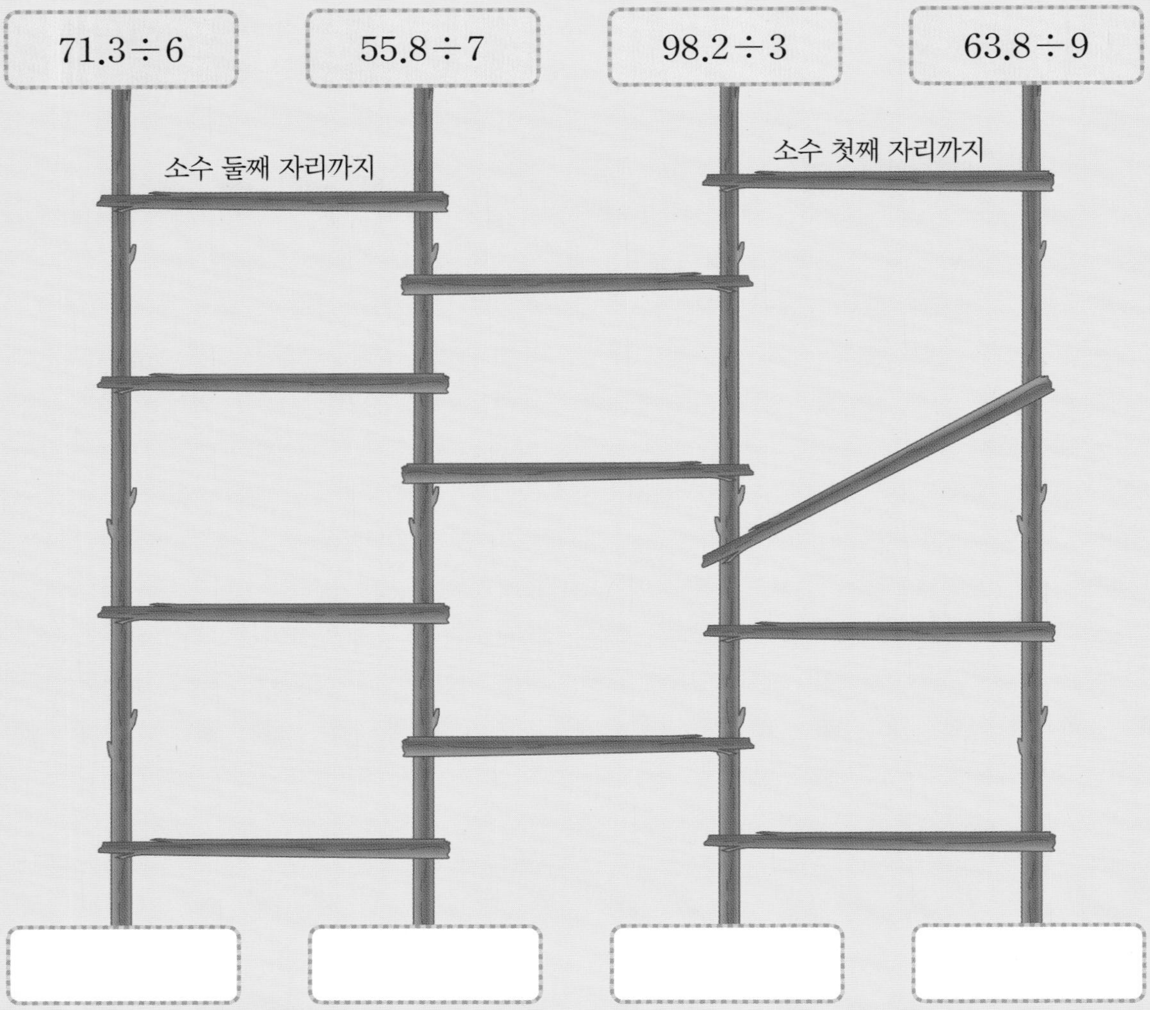

71.3÷6
55.8÷7
98.2÷3
63.8÷9
소수 둘째 자리까지
소수 첫째 자리까지

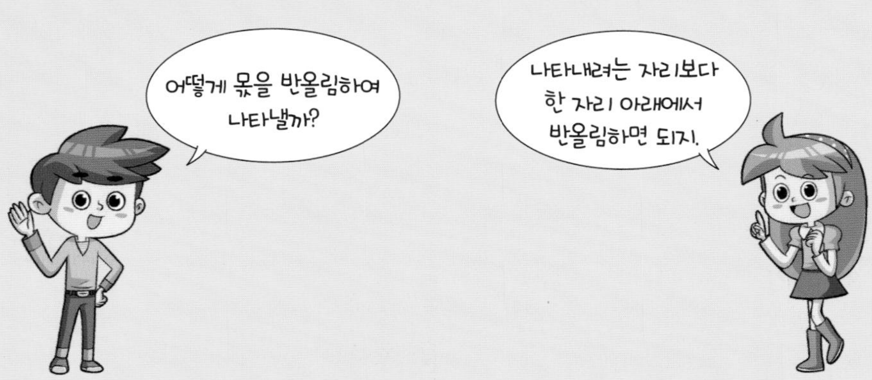

어떻게 몫을 반올림하여 나타낼까?
나타내려는 자리보다 한 자리 아래에서 반올림하면 되지.

교과서 소수의 나눗셈

13 몫을 반올림하여 나타내기 (2)

예 $8.9 \div 7 = 1.271\cdots\cdots$

- 몫을 반올림하여 자연수로 나타내기
  $1.2\cdots\cdots \Rightarrow 1$
- 몫을 반올림하여 소수 첫째 자리까지 나타내기
  $1.27\cdots\cdots \Rightarrow 1.3$
- 몫을 반올림하여 소수 둘째 자리까지 나타내기
  $1.271\cdots\cdots \Rightarrow 1.27$

1~9 몫을 반올림하여 소수 첫째 자리까지 나타내시오.

1
$3\overline{)8}$

(　　　　　　)

4
$7\overline{)9.9}$

(　　　　　　)

7
$0.9\overline{)10.9}$

(　　　　　　)

2
$13\overline{)7}$

(　　　　　　)

5
$9\overline{)24.4}$

(　　　　　　)

8
$1.3\overline{)49.5}$

(　　　　　　)

3
$11\overline{)15}$

(　　　　　　)

6
$6\overline{)8.8}$

(　　　　　　)

9
$2.8\overline{)42.1}$

(　　　　　　)

절취선 대로 자르세요.

10~24 몫을 반올림하여 소수 둘째 자리까지 나타내시오.

10 $7\overline{)3}$

(   )

11 $6\overline{)5}$

(   )

12 $13\overline{)20}$

(   )

13 $3\overline{)22}$

(   )

14 $11\overline{)50}$

(   )

15 $9\overline{)7.3}$

(   )

16 $3\overline{)6.8}$

(   )

17 $11\overline{)4.6}$

(   )

18 $26\overline{)30.8}$

(   )

19 $7\overline{)4.8}$

(   )

20 $0.6\overline{)13.1}$

(   )

21 $1.9\overline{)13.6}$

(   )

22 $8.5\overline{)24.5}$

(   )

23 $6.5\overline{)20.4}$

(   )

24 $9.2\overline{)17.5}$

(   )

25~36 빈 곳에 몫을 반올림하여 주어진 자리까지 나타내시오.

25 $38.2 \div 7$ ➡ 소수 첫째 자리

26 $12.2 \div 1.3$ ➡ 소수 둘째 자리

27 $60 \div 7$ ➡ 자연수

28 $1.7 \div 6$ ➡ 소수 둘째 자리

29 $8.1 \div 3.1$ ➡ 소수 첫째 자리

30 $4.3 \div 0.6$ ➡ 자연수

31 $4.3 \div 2.7$ ➡ 소수 첫째 자리

32 $31.2 \div 9$ ➡ 소수 둘째 자리

33 $39.8 \div 2.7$ ➡ 자연수

34 $50 \div 17$ ➡ 자연수

35 $32.7 \div 4.3$ ➡ 소수 둘째 자리

36 $21.1 \div 7$ ➡ 소수 첫째 자리

실력 Check! 채점하여 자신의 실력을 확인해 보세요!

맞힌 개수	34개 이상	연산왕! 참 잘했어요!
	25~33개	틀린 문제를 점검해요!
개/36개	24개 이하	차근차근 다시 풀어요!

엄마의 확인 Note 칭찬할 점과 주의할 점을 써주세요!

정답확인

칭찬

주의

미로 찾기

외계인이 지구에 살고 있는 도윤이를 만나려고 합니다. 길을 찾아 선으로 이어 보시오.

풀이

교과서 소수의 나눗셈

몫을 자연수 부분까지 구하고 나머지 구하기

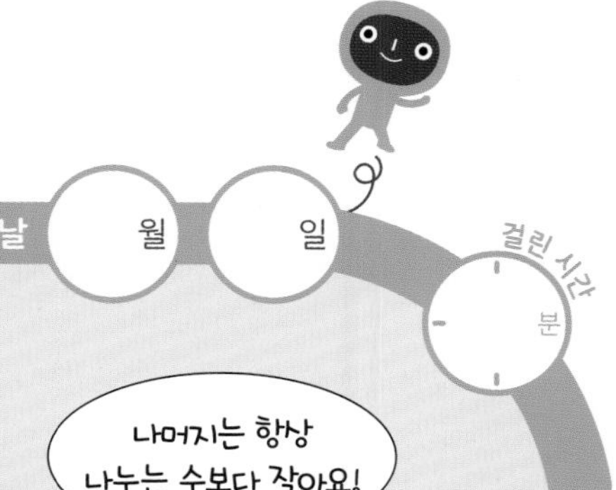

✔ 소수의 나눗셈에서 몫을 자연수 부분까지 구하고 나머지 구하기

① 나눗셈의 몫을 자연수까지만 계산합니다.

② 나누어지는 수의 소수점의 위치에 맞게 나머지의 소수점을 찍습니다.

예

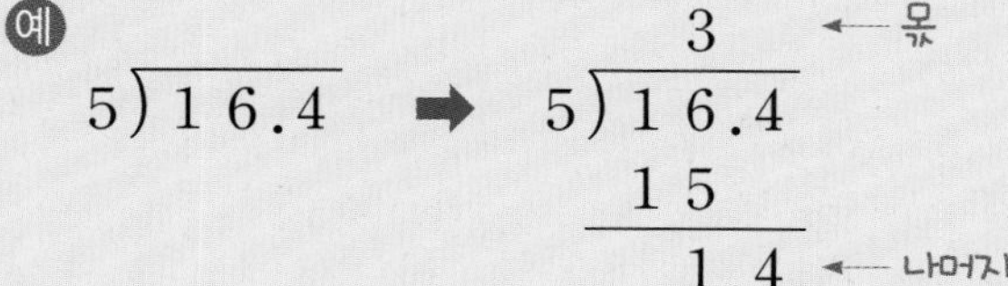

$16.4 \div 5 = 3 \cdots 1.4$

➡ 몫: 3, 나머지: 1.4

1~4 나눗셈의 몫을 자연수 부분까지 구하고 나머지를 구하시오.

1

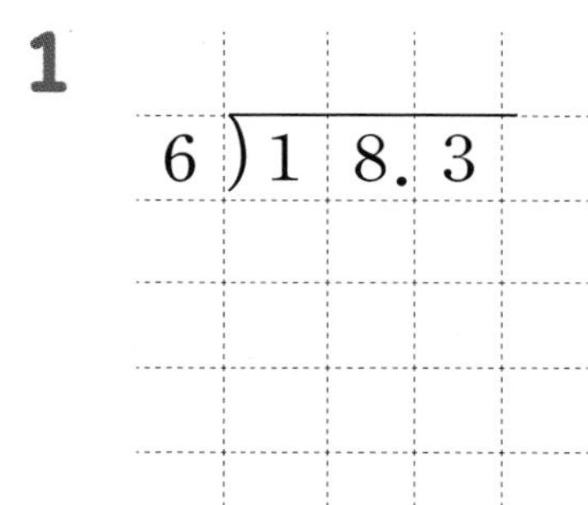

몫: ☐, 나머지: ☐

3

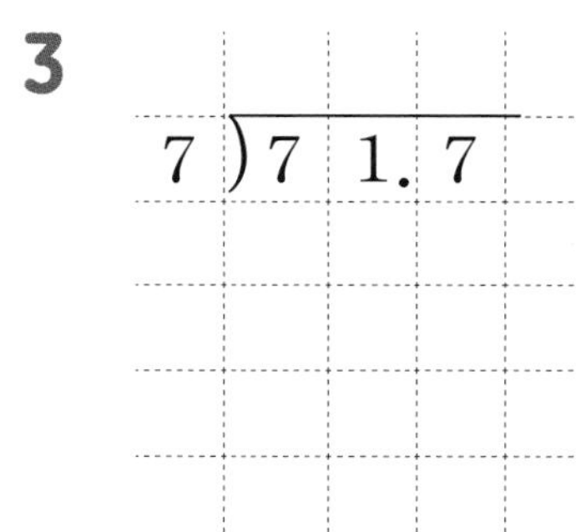

몫: ☐, 나머지: ☐

2

7)34.1

몫: ☐, 나머지: ☐

4

6)54.9

몫: ☐, 나머지: ☐

점선을 따라 자르세요.

5~14 나눗셈의 몫을 자연수 부분까지 구하고 나머지를 구하시오.

5

$2\overline{)68.9}$

몫: ☐, 나머지: ☐

6

$3\overline{)23.7}$

몫: ☐, 나머지: ☐

7

$5\overline{)46.2}$

몫: ☐, 나머지: ☐

8

$3\overline{)62.8}$

몫: ☐, 나머지: ☐

9

$4\overline{)86.2}$

몫: ☐, 나머지: ☐

10

$8\overline{)81.4}$

몫: ☐, 나머지: ☐

11

$3\overline{)37.6}$

몫: ☐, 나머지: ☐

12

$6\overline{)54.1}$

몫: ☐, 나머지: ☐

13

$9\overline{)87.3}$

몫: ☐, 나머지: ☐

14

$7\overline{)86.5}$

몫: ☐, 나머지: ☐

15~24 나눗셈의 몫을 자연수 부분까지 구하여 빈칸에 써넣고 나머지를 ◯ 안에 써넣으시오.

15

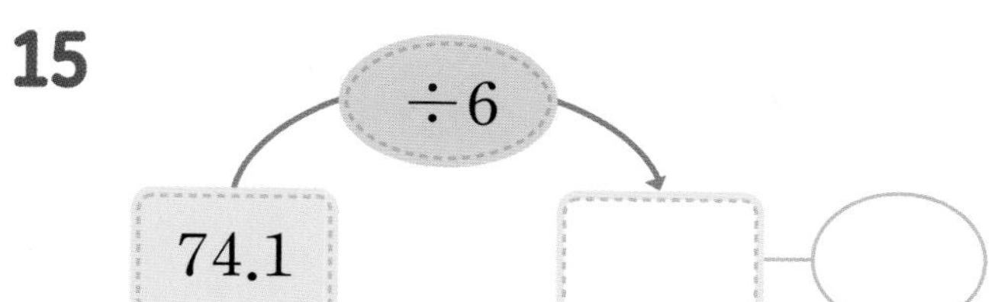

20

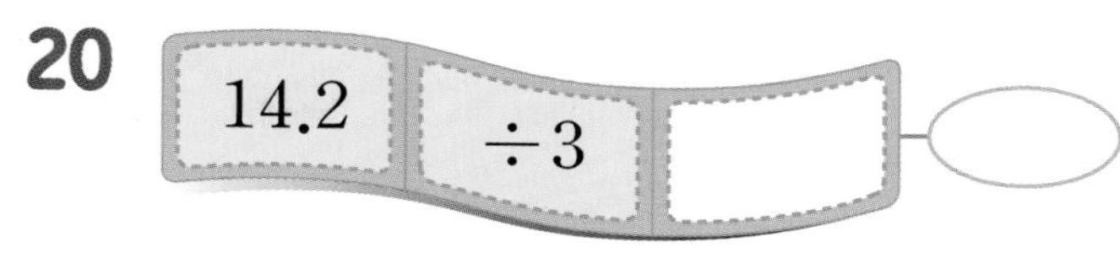

16

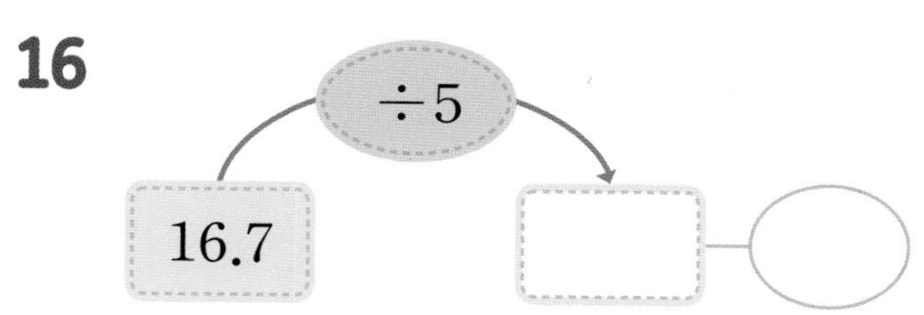

21

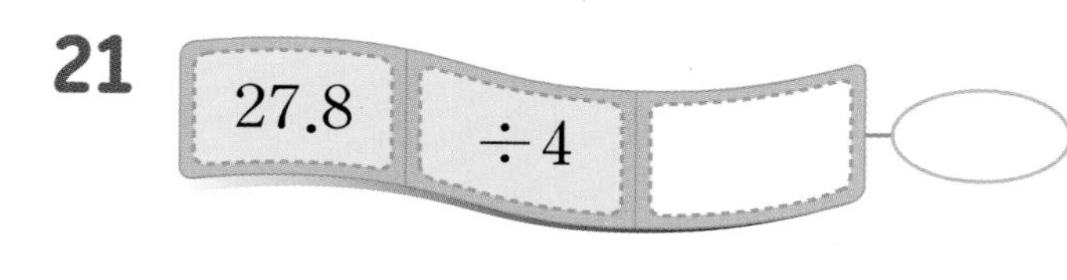

17

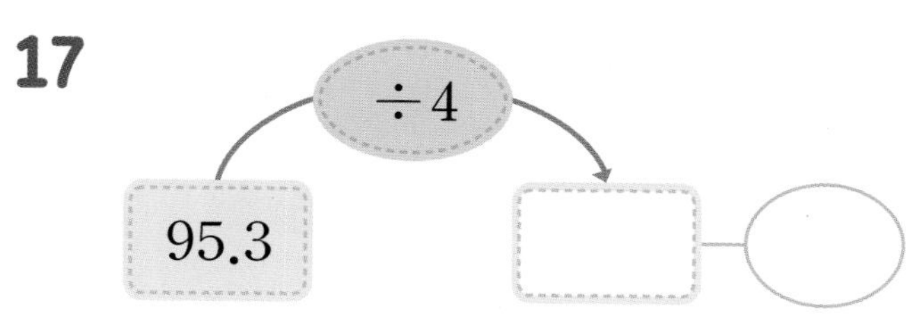

22

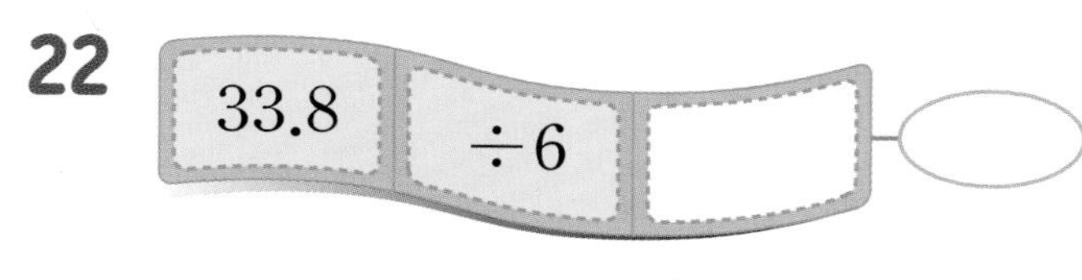

18

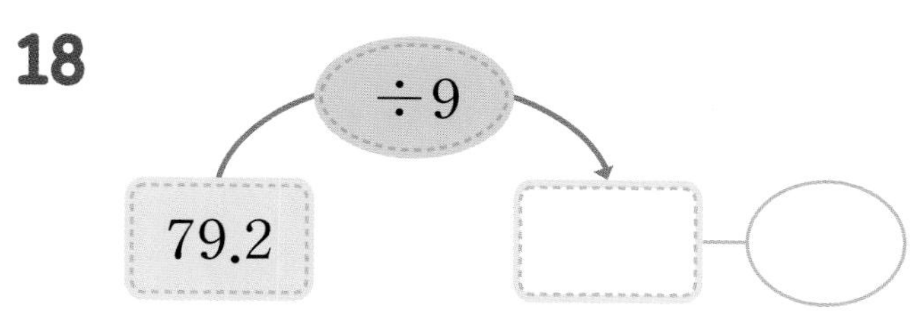

23

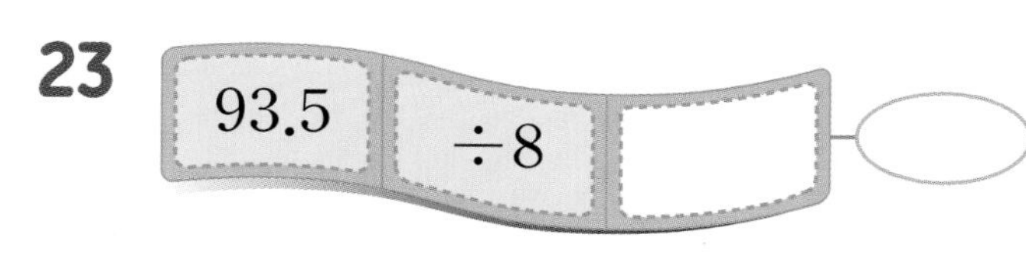

19

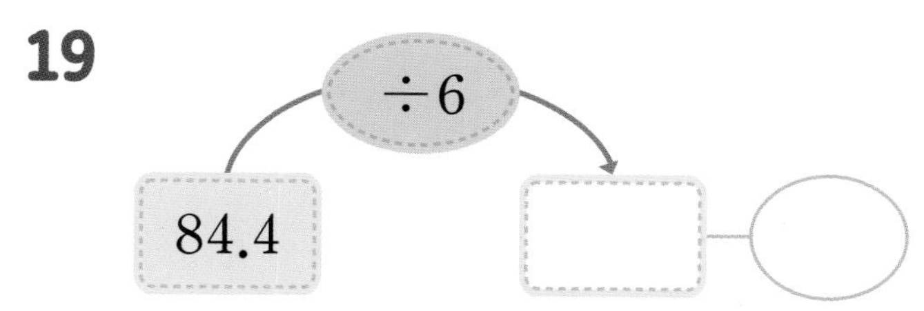

24

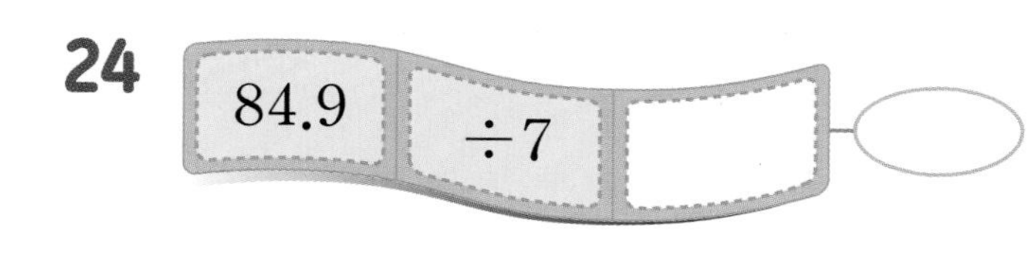

실력 Check! 채점하여 자신의 실력을 확인해 보세요!

맞힌 개수	22개 이상	연산왕! 참 잘했어요!
	17~21개	틀린 문제를 점검해요!
개/24개	16개 이하	차근차근 다시 풀어요!

엄마의 확인 Note 칭찬할 점과 주의할 점을 써주세요!

정답 확인

칭찬	
주의	

다른 그림 찾기

아래 사진에서 위 사진과 다른 부분 5군데를 모두 찾아 ○표 하시오.

정답

교과서 소수의 나눗셈

단원 마무리 연산!

공부한 날 월 일 걸린 시간 분

1~15 계산을 하시오.

1 $0.8\overline{)7.2}$

2 $1.9\overline{)30.4}$

3 $4.1\overline{)86.1}$

4 $5.6\overline{)44.8}$

5 $0.35\overline{)2.45}$

6 $1.27\overline{)6.35}$

7 $6.52\overline{)84.76}$

8 $0.4\overline{)0.64}$

9 $2.6\overline{)8.58}$

10 $4.2\overline{)11.34}$

11 $2.5\overline{)10.75}$

12 $0.5\overline{)4}$

13 $2.6\overline{)39}$

14 $0.25\overline{)8}$

15 $7.8\overline{)78}$

점선을 따라 자르세요.

16~39 계산을 하시오.

16 $5.6 \div 0.7$

17 $19.2 \div 1.6$

18 $48.6 \div 2.7$

19 $30.6 \div 1.8$

20 $26.1 \div 2.9$

21 $44.2 \div 1.3$

22 $7.02 \div 0.39$

23 $4.32 \div 0.16$

24 $9.36 \div 0.78$

25 $5.61 \div 0.51$

26 $29.41 \div 1.73$

27 $44.66 \div 2.03$

28 $2.56 \div 0.8$

29 $28.81 \div 6.7$

30 $19.76 \div 5.2$

31 $18.63 \div 0.9$

32 $1.54 \div 0.4$

33 $18.92 \div 4.4$

34 $12 \div 0.8$

35 $27 \div 1.5$

36 $4 \div 0.25$

37 $70 \div 1.25$

38 $108 \div 4.5$

39 $165 \div 3.75$

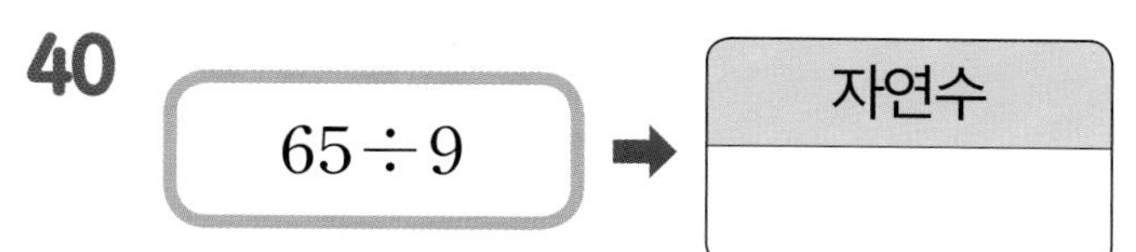

40~45 빈 곳에 몫을 반올림하여 주어진 자리까지 나타내시오.

40 $65 \div 9$ ➡ 자연수: ☐

41 $7.1 \div 7$ ➡ 소수 첫째 자리: ☐

42 $9.9 \div 3.8$ ➡ 소수 둘째 자리: ☐

43 $43.1 \div 2.6$ ➡ 자연수: ☐

44 $21.4 \div 6.8$ ➡ 소수 첫째 자리: ☐

45 $51 \div 2.7$ ➡ 소수 둘째 자리: ☐

46~51 나눗셈의 몫을 자연수 부분까지 구하여 □ 안에 써넣고 나머지를 ⬭ 안에 써넣으시오.

46 35.5 ➡ $\div 8$ ➡ □ ⬭

47 76.4 ➡ $\div 6$ ➡ □ ⬭

48 81.6 ➡ $\div 9$ ➡ □ ⬭

49 59.1 ➡ $\div 5$ ➡ □ ⬭

50 49.7 ➡ $\div 3$ ➡ □ ⬭

51 94.7 ➡ $\div 7$ ➡ □ ⬭

52~54 알맞은 식을 쓰고 답을 구하시오.

52 물 2.56 L가 있습니다. 물통 한 개에 물을 0.64 L씩 담는다면 물통은 몇 개 필요합니까?

식 ____________________

답 ____________

53 귤 17.1 kg을 한 사람당 2 kg씩 나누어 줄 때 나누어 줄 수 있는 사람 수와 남는 귤은 몇 kg입니까?

식 ____________________

답 __________, __________

54 몸 길이가 58.5 cm이고 귀 길이가 6.5 cm인 사막여우가 있습니다. 이 사막여우의 몸 길이는 귀 길이의 몇 배입니까?

식 ____________________

답 ____________

실력 Check! 채점하여 자신의 실력을 확인해 보세요!

맞힌 개수	52개 이상	연산왕! 참 잘했어요!
	38~51개	틀린 문제를 점검해요!
개/54개	37개 이하	차근차근 다시 풀어요!

엄마의 확인 Note 칭찬할 점과 주의할 점을 써주세요!

정답확인

칭찬	
주의	

교과서 비례식과 비례배분

1 비의 성질 (1)

공부한 날 월 일 걸린 시간 분

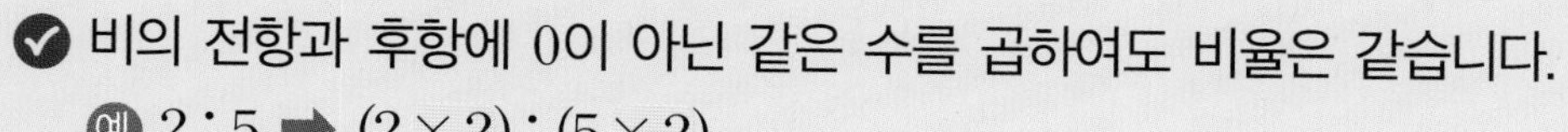

- 비의 전항과 후항에 0이 아닌 같은 수를 곱하여도 비율은 같습니다.

  예 $2:5 \Rightarrow (2\times2):(5\times2)$

  $\Rightarrow 4:10$

- 비의 전항과 후항을 0이 아닌 같은 수로 나누어도 비율은 같습니다.

  예 $6:15 \Rightarrow (6\div3):(15\div3)$

  $\Rightarrow 2:5$

1~8 비의 성질을 이용하여 비율이 같은 비가 되도록 □ 안에 알맞은 수를 써넣으시오.

1 $4:7 \Rightarrow (4\times3):(7\times\square)$
$\Rightarrow 12:\square$

2 $9:5 \Rightarrow (9\times\square):(5\times4)$
$\Rightarrow \square:20$

3 $7:10 \Rightarrow (7\times7):(10\times\square)$
$\Rightarrow 49:\square$

4 $22:13 \Rightarrow (22\times\square):(13\times8)$
$\Rightarrow \square:104$

5 $6:10 \Rightarrow (6\div2):(10\div\square)$
$\Rightarrow 3:\square$

6 $27:24 \Rightarrow (27\div\square):(24\div3)$
$\Rightarrow \square:8$

7 $36:68 \Rightarrow (36\div4):(68\div\square)$
$\Rightarrow 9:\square$

8 $153:135 \Rightarrow (153\div\square):(135\div9)$
$\Rightarrow \square:15$

절취선 대로 자르세요.

9~25 비의 성질을 이용하여 비율이 같은 비가 되도록 □ 안에 알맞은 수를 써넣으시오.

9

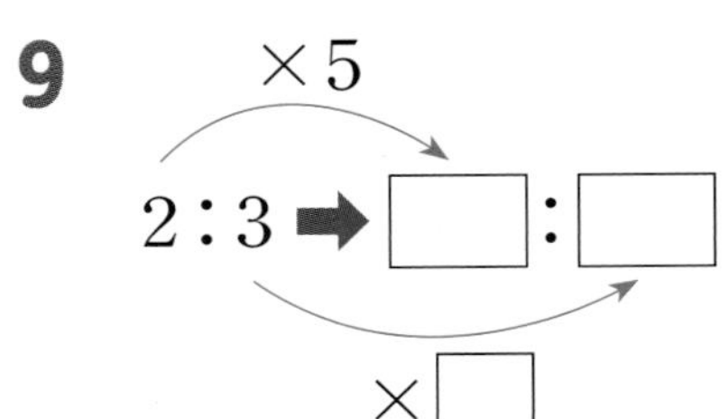

10

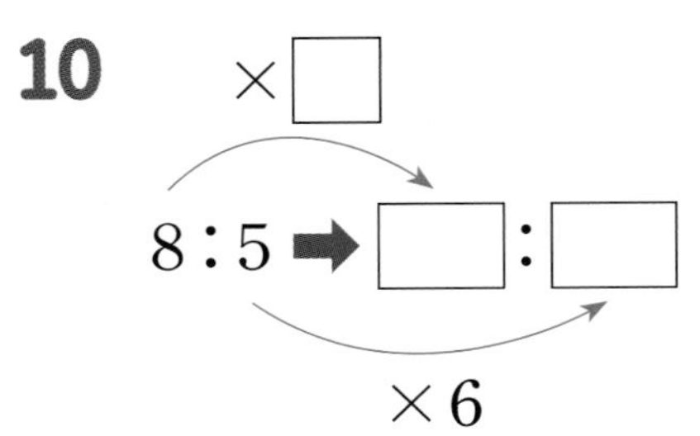

11

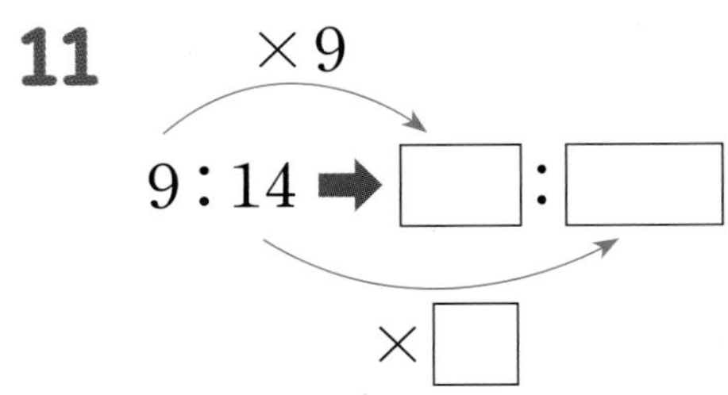

12

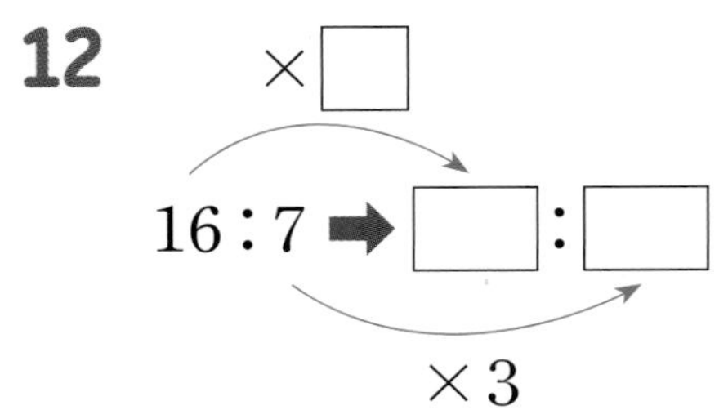

13

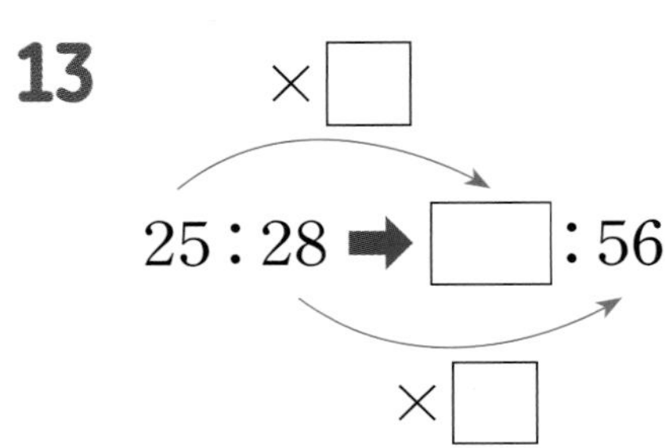

14

$\times \square$

$6:31 \Rightarrow 84:\square$

$\times \square$

15

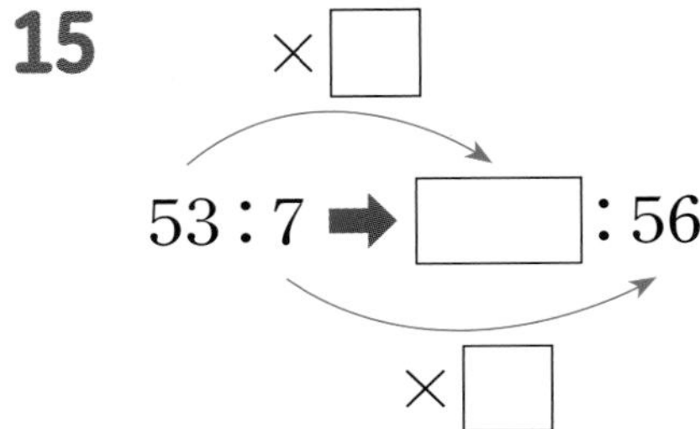

16

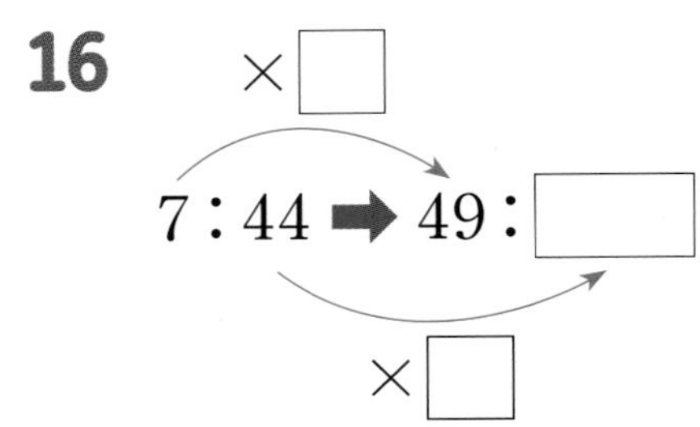

17

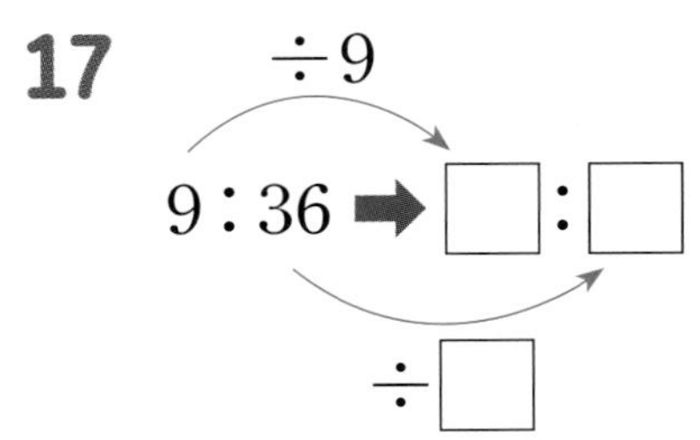

18

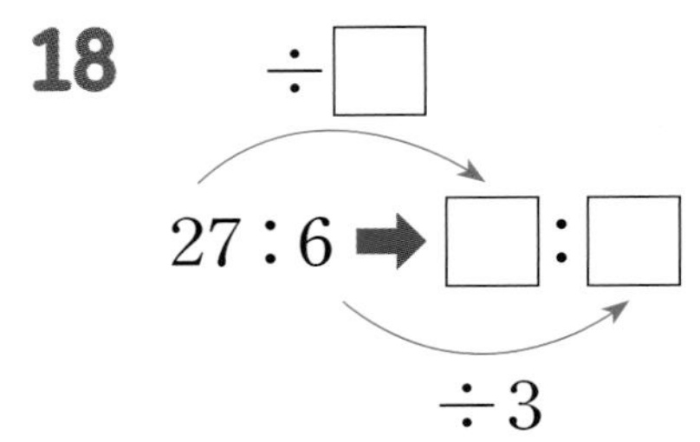

19

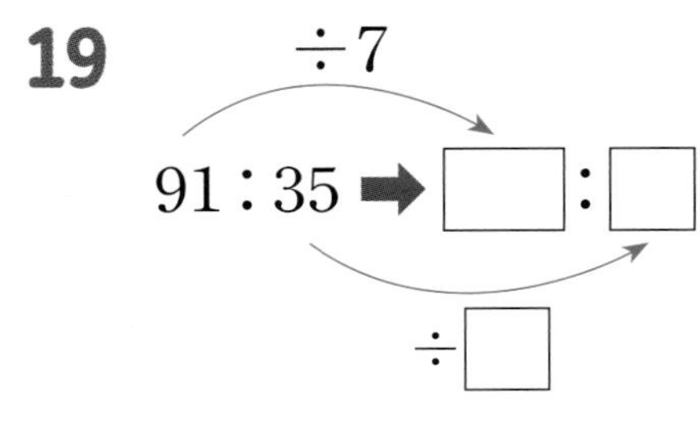

20

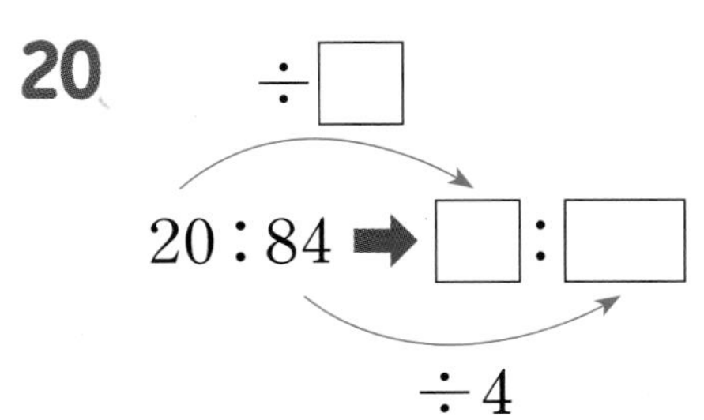

21

÷□

77 : 42 ➡ □ : 6

÷□

22

÷□

60 : 36 ➡ 5 : □

÷□

23

÷□

104 : 72 ➡ □ : 9

÷□

24

÷□

42 : 66 ➡ 7 : □

÷□

25

÷□

190 : 120 ➡ □ : 12

÷□

26~31 비의 성질을 이용하여 비율이 같은 비가 되도록 ▲에 알맞은 수를 구하시오.

26

2 : 9 ➡ ▲ : 27

(　　　　　　)

27

8 : 7 ➡ 64 : ▲

(　　　　　　)

28

2 : 13 ➡ ▲ : 78

(　　　　　　)

29

32 : 84 ➡ 8 : ▲

(　　　　　　)

30

78 : 56 ➡ ▲ : 28

(　　　　　　)

31

39 : 91 ➡ 3 : ▲

(　　　　　　)

실력 Check! 채점하여 자신의 실력을 확인해 보세요!

맞힌 개수	29개 이상	연산왕! 참 잘했어요!
	22~28개	틀린 문제를 점검해요!
개/31개	21개 이하	차근차근 다시 풀어요!

엄마의 확인 Note 칭찬할 점과 주의할 점을 써주세요!

정답확인

칭찬	
주의	

선 잇기

비의 성질을 이용하여 비율이 같은 비를 만들려고 합니다. 관계있는 것끼리 선으로 이어 보시오.

• 45 : 65

• 12 : 45

• 5 : 3

• 36 : 60

• 8 : 6

교과서 비례식과 비례배분

비의 성질 (2)

공부한 날 월 일 걸린 시간 분

예 $5:7 \Rightarrow (5\times3):(7\times3)$
$\Rightarrow 15:21$
$36:8 \Rightarrow (36\div4):(8\div4)$
$\Rightarrow 9:2$

1~10 비의 성질을 이용하여 비율이 같은 비가 되도록 □ 안에 알맞은 수를 써넣으시오.

1 $2:5 \Rightarrow (2\times4):(5\times\square)$
$\Rightarrow 8:\square$

2 $8:3 \Rightarrow (8\times\square):(3\times7)$
$\Rightarrow \square:21$

3 $10:17 \Rightarrow (10\times3):(17\times\square)$
$\Rightarrow 30:\square$

4 $25:4 \Rightarrow (25\times\square):(4\times6)$
$\Rightarrow \square:24$

5 $16:39 \Rightarrow (16\times5):(39\times\square)$
$\Rightarrow 80:\square$

6 $24:42 \Rightarrow (24\div6):(42\div\square)$
$\Rightarrow 4:\square$

7 $72:40 \Rightarrow (72\div\square):(40\div8)$
$\Rightarrow \square:5$

8 $36:93 \Rightarrow (36\div3):(93\div\square)$
$\Rightarrow 12:\square$

9 $77:21 \Rightarrow (77\div\square):(21\div7)$
$\Rightarrow \square:3$

10 $60:164 \Rightarrow (60\div4):(164\div\square)$
$\Rightarrow 15:\square$

절취선 대로 자르세요.

11~22 비의 성질을 이용하여 비율이 같은 비가 되도록 □ 안에 알맞은 수를 써넣으시오.

11

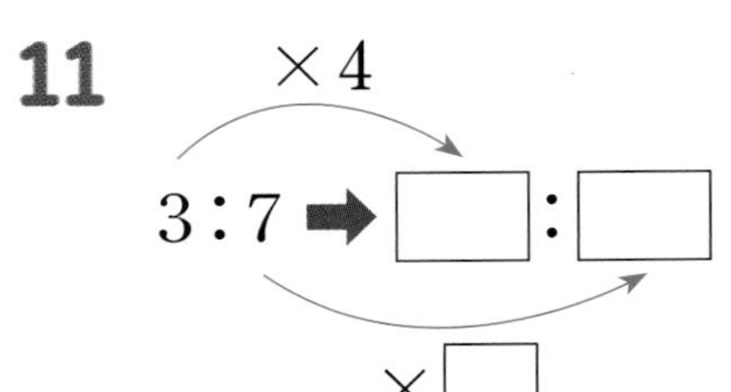

17

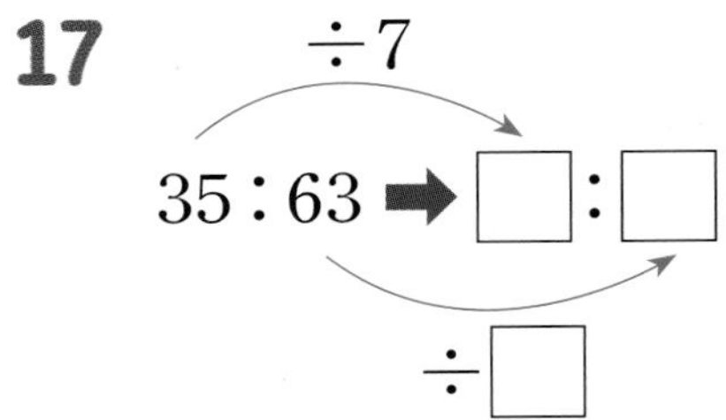

12

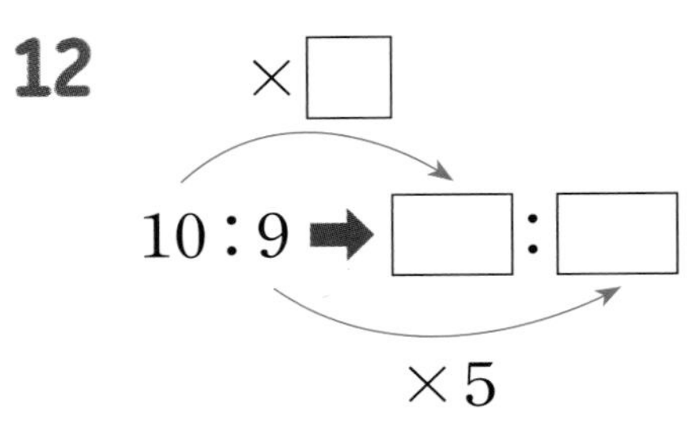

18

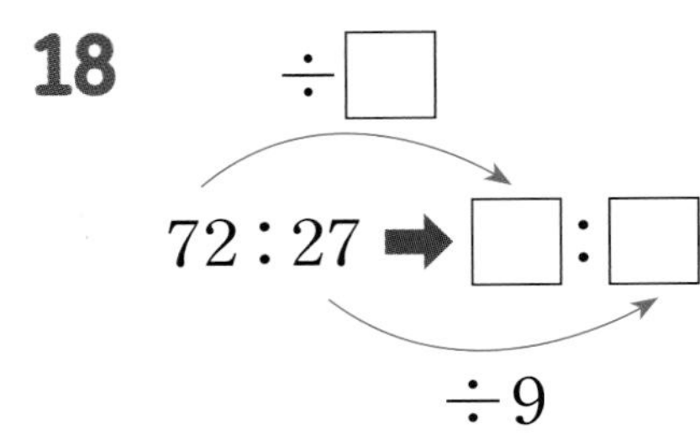

13

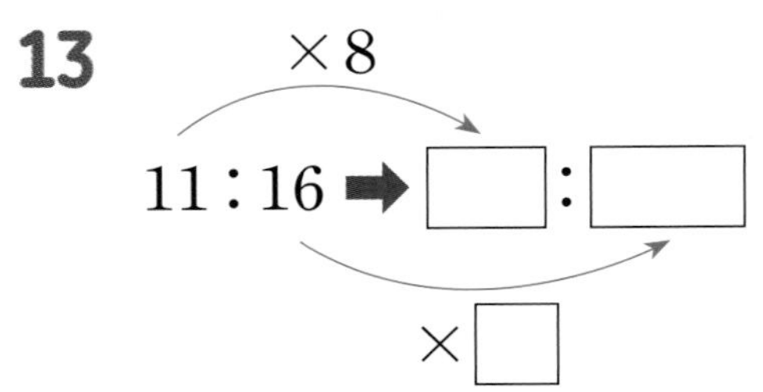

19

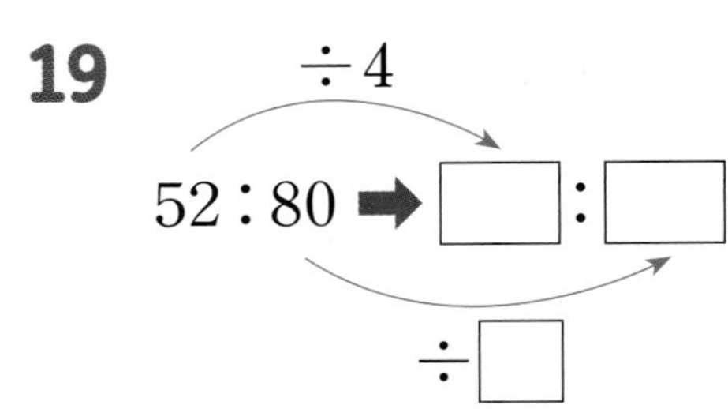

14

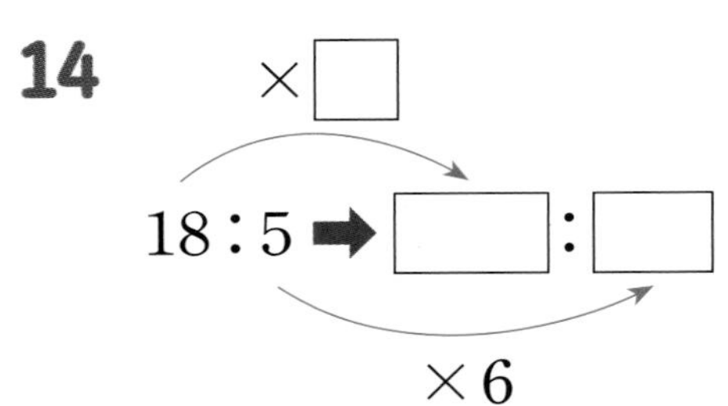

20

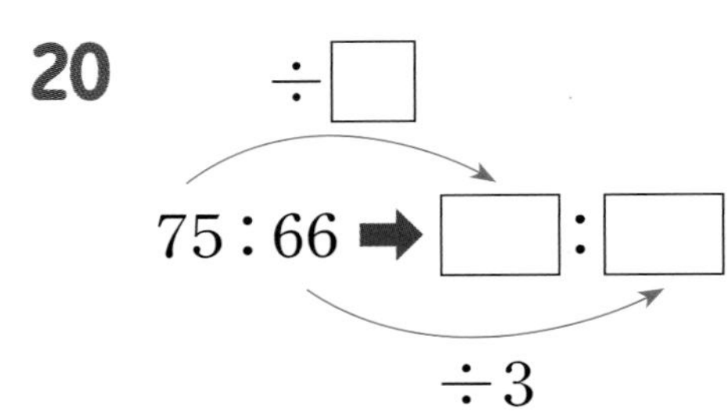

15

×□

21 : 26 ➡ □ : 78

×□

21

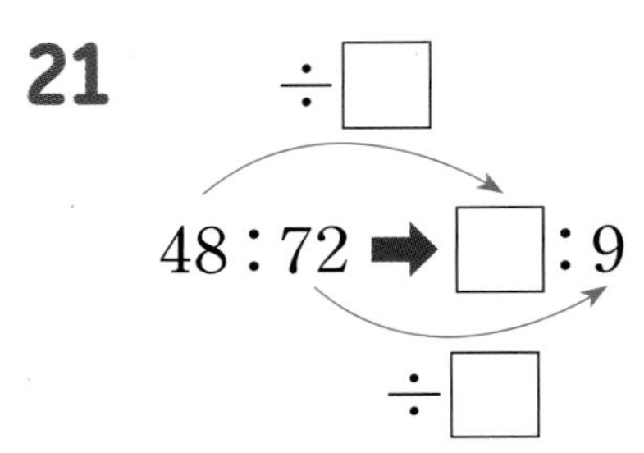

16

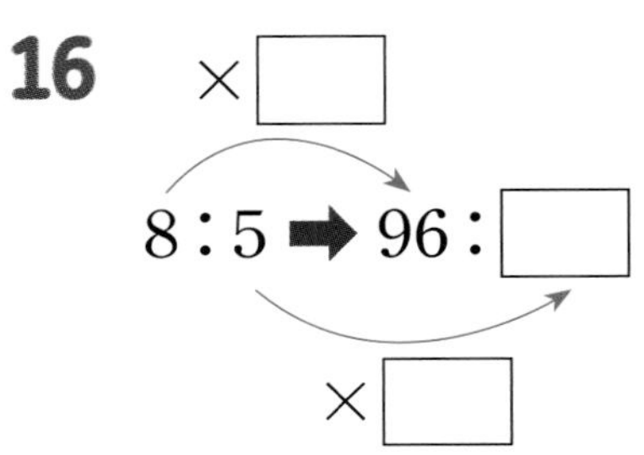

22

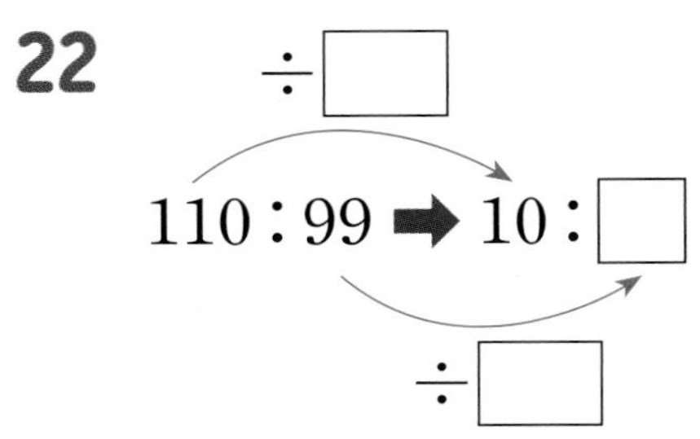

23~34 비의 성질을 이용하여 비율이 같은 비가 되도록 ♥에 알맞은 수를 구하시오.

23 2 : 3 ➡ ♥ : 57
( )

24 5 : 7 ➡ 35 : ♥
( )

25 18 : 13 ➡ ♥ : 52
( )

26 6 : 25 ➡ 30 : ♥
( )

27 34 : 7 ➡ ♥ : 21
( )

28 40 : 53 ➡ 80 : ♥
( )

29 63 : 98 ➡ ♥ : 14
( )

30 14 : 77 ➡ 2 : ♥
( )

31 90 : 63 ➡ ♥ : 7
( )

32 60 : 76 ➡ 15 : ♥
( )

33 52 : 20 ➡ ♥ : 10
( )

34 39 : 90 ➡ 13 : ♥
( )

실력 Check! 채점하여 자신의 실력을 확인해 보세요!

맞힌 개수	32개 이상	연산왕! 참 잘했어요!
	24~31개	틀린 문제를 점검해요!
개/34개	23개 이하	차근차근 다시 풀어요!

엄마의 확인 Note 칭찬할 점과 주의할 점을 써주세요!

정답확인

칭찬	
주의	

숨은 그림 찾기

다음 그림에서 숨은 그림 5개를 모두 찾아 ◯표 하시오.

지렁이, 딸기, 포크, 망치, 지팡이

정답

교과서 비례식과 비례배분

3 간단한 자연수의 비로 나타내기 (1)

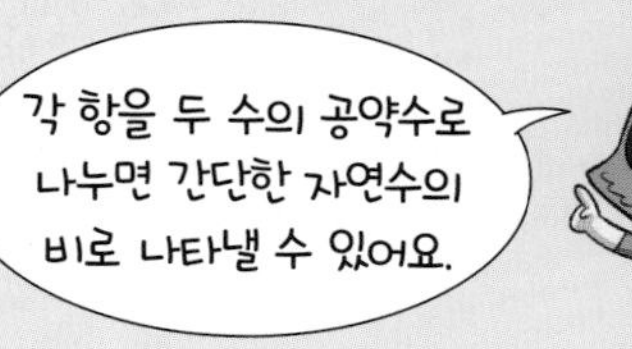

공부한 날 월 일

걸린 시간 분

✔ 간단한 자연수의 비로 나타내려면 비의 성질을 이용하여 각 항을 두 수의 공약수로 나눕니다.

예 $8:20 \Rightarrow (8\div4):(20\div4)$ ← 8과 20의 공약수로 나누기

$\Rightarrow 2:5$

각 항을 두 수의 공약수로 나누면 간단한 자연수의 비로 나타낼 수 있어요.

1~10 간단한 자연수의 비로 나타내려고 합니다. □ 안에 알맞은 수를 써넣으시오.

1 $4:8 \Rightarrow (4\div4):(8\div\square)$
$\Rightarrow 1:\square$

2 $15:9 \Rightarrow (15\div\square):(9\div3)$
$\Rightarrow \square:3$

3 $30:35 \Rightarrow (30\div5):(35\div\square)$
$\Rightarrow 6:\square$

4 $18:22 \Rightarrow (18\div\square):(22\div2)$
$\Rightarrow \square:11$

5 $40:25 \Rightarrow (40\div5):(25\div\square)$
$\Rightarrow 8:\square$

6 $6:38 \Rightarrow (6\div2):(38\div\square)$
$\Rightarrow 3:\square$

7 $60:42 \Rightarrow (60\div\square):(42\div6)$
$\Rightarrow \square:7$

8 $34:50 \Rightarrow (34\div2):(50\div\square)$
$\Rightarrow 17:\square$

9 $96:57 \Rightarrow (96\div\square):(57\div3)$
$\Rightarrow \square:19$

10 $26:82 \Rightarrow (26\div2):(82\div\square)$
$\Rightarrow 13:\square$

절취선 대로 자르세요.

11~42 가장 간단한 자연수의 비로 나타내시오.

11 $27:9$

12 $35:40$

13 $92:44$

14 $28:70$

15 $32:68$

16 $98:48$

17 $110:50$

18 $72:8$

19 $88:33$

20 $24:56$

21 $90:81$

22 $21:175$

23 $170:60$

24 $72:78$

25 $135:24$

26 $84:45$

27 $105:36$

28 $54:186$

29 $116:98$

30 $96:92$

31 $99:30$

32 $32:104$

33 $30:52$

34 $222:72$

43~47 가장 간단한 자연수의 비로 나타내어 빈 곳에 써넣으시오.

35 12 : 40

36 54 : 96

37 34 : 58

38 42 : 51

39 110 : 174

40 87 : 51

41 117 : 630

42 400 : 204

43 9 : 36

44 35 : 56

45 16 : 120

46 92 : 52

47 156 : 198

실력 Check! 채점하여 자신의 실력을 확인해 보세요!

맞힌 개수	45개 이상	연산왕! 참 잘했어요!
	33~44개	틀린 문제를 점검해요!
개/47개	32개 이하	차근차근 다시 풀어요!

엄마의 확인 Note 칭찬할 점과 주의할 점을 써주세요!

정답확인

칭찬	
주의	

도둑은 누구일까요?

어느 날 한 백화점에 도둑이 들어 가장 비싼 보석을 훔쳐 갔습니다. 사건 단서 ①, ②, ③의 비를 가장 간단한 자연수의 비로 나타냈을 때 후항에 해당하는 글자를 사건 단서 해독표에서 찾아 차례로 쓰면 도둑의 이름을 알 수 있습니다. 주어진 단서를 가지고 도둑의 이름을 알아보시오.

<사건 단서 해독표>

이	5	석	10	숙	2	범	13
호	12	정	1	최	11	오	4
형	8	김	9	주	15	박	7
지	3	민	14	수	6	희	18

① ② ③

도둑의 이름은 [ ][ ][ ] 입니다.

풀이

답 ____________________

교과서 비례식과 비례배분

4 간단한 자연수의 비로 나타내기 (2)

공부한 날 월 일 걸린 시간 분

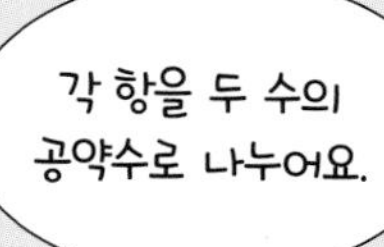

예 20 : 35 ➡ (20 ÷ 5) : (35 ÷ 5) — 20과 35의 공약수로 나누기
➡ 4 : 7

1~10 간단한 자연수의 비로 나타내려고 합니다. □ 안에 알맞은 수를 써넣으시오.

1 6 : 18 ➡ (6 ÷ 6) : (18 ÷ □)
➡ 1 : □

2 30 : 25 ➡ (30 ÷ □) : (25 ÷ 5)
➡ □ : 5

3 24 : 9 ➡ (24 ÷ 3) : (9 ÷ □)
➡ 8 : □

4 48 : 28 ➡ (48 ÷ □) : (28 ÷ 4)
➡ □ : 7

5 27 : 18 ➡ (27 ÷ 9) : (18 ÷ □)
➡ 3 : □

6 63 : 98 ➡ (63 ÷ 7) : (98 ÷ □)
➡ 9 : □

7 96 : 126 ➡ (96 ÷ □) : (126 ÷ 6)
➡ □ : 21

8 81 : 57 ➡ (81 ÷ 3) : (57 ÷ □)
➡ 27 : □

9 76 : 14 ➡ (76 ÷ □) : (14 ÷ 2)
➡ □ : 7

10 95 : 50 ➡ (95 ÷ 5) : (50 ÷ □)
➡ 19 : □

점선을 따라 자르세요.

11~34 가장 간단한 자연수의 비로 나타내시오.

11 $7:28$

12 $28:98$

13 $72:12$

14 $126:99$

15 $60:28$

16 $105:80$

17 $80:15$

18 $56:176$

19 $96:78$

20 $27:30$

21 $90:24$

22 $18:32$

23 $99:42$

24 $80:130$

25 $90:39$

26 $24:100$

27 $81:69$

28 $38:36$

29 $84:102$

30 $60:33$

31 $78:186$

32 $48:58$

33 $15:55$

34 $45:144$

35~46 가장 간단한 자연수의 비로 나타내어 빈 곳에 써넣으시오.

35 6 : 30 ➡ ( )

36 9 : 54 ➡ ( )

37 20 : 55 ➡ ( )

38 21 : 35 ➡ ( )

39 60 : 42 ➡ ( )

40 84 : 91 ➡ ( )

41 49 : 28 ➡ ( )

42 84 : 80 ➡ ( )

43 72 : 135 ➡ ( )

44 48 : 93 ➡ ( )

45 340 : 190 ➡ ( )

46 216 : 320 ➡ ( )

실력 Check! 채점하여 자신의 실력을 확인해 보세요!

맞힌 개수	44개 이상	연산왕! 참 잘했어요!
	32~43개	틀린 문제를 점검해요!
개/46개	31개 이하	차근차근 다시 풀어요!

엄마의 확인 Note 칭찬할 점과 주의할 점을 써주세요!

정답확인

칭찬	
주의	

맛있는 요리법

현아는 궁중떡볶이를 만들려고 합니다. 다음 요리법을 보고 순서에 따라 요리해 보세요.

궁중떡볶이 만들기

<재료(1인분)>

떡 150 g, 쇠고기 20 g, 표고버섯 20 g, 오이 20 g, 당근 10 g, 양파 30 g, 식용유 1 큰술, 설탕 1 작은술, 참기름 2 작은술, 쇠고기 양념 재료(간장 1 작은술, 설탕 1 작은술, 참기름 $\frac{1}{2}$ 큰술, 후춧가루, 깨, 다진 마늘, 다진 대파), 떡 양념 재료(간장 2 작은술, 참기름 1 큰술)

<만드는 법>

위의 궁중떡볶이 1인분에 들어가는 떡과 양파의 무게의 비를 가장 간단한 자연수의 비로 나타내시오.

풀이

답 ____________

교과서 비례식과 비례배분

5 소수의 비를 간단한 자연수의 비로 나타내기 (1)

공부한 날 월 일 걸린 시간 분

✔ 소수의 비를 간단한 자연수의 비로 나타내기

① 각 항에 10, 100, 1000……을 곱하여 자연수의 비로 나타냅니다.

② 자연수의 비의 각 항을 두 수의 공약수로 나눕니다.

예 0.4 : 0.6 ➡ (0.4 × 10) : (0.6 × 10) ← 소수 한 자리 수이므로 10 곱하기

➡ 4 : 6

➡ (4 ÷ 2) : (6 ÷ 2) ← 4와 6의 공약수로 나누기

➡ 2 : 3

소수 한 자리 수는 10을, 소수 두 자리 수는 100을, 소수 세 자리 수는 1000을 각 항에 곱해요.

1~6 간단한 자연수의 비로 나타내려고 합니다. □ 안에 알맞은 수를 써넣으시오.

1 0.3 : 0.7

➡ (0.3 × 10) : (0.7 × □)

➡ 3 : □

2 4.5 : 0.8

➡ (4.5 × □) : (0.8 × 10)

➡ □ : 8

3 8.6 : 2.8

➡ (8.6 × 10) : (2.8 × □)

➡ 86 : □

➡ (86 ÷ 2) : (□ ÷ 2)

➡ 43 : □

4 0.71 : 0.69

➡ (0.71 × 100) : (0.69 × □)

➡ 71 : □

5 1.26 : 1.67

➡ (1.26 × □) : (1.67 × 100)

➡ □ : 167

6 0.55 : 0.65

➡ (0.55 × 100) : (0.65 × □)

➡ 55 : □

➡ (55 ÷ 5) : (□ ÷ 5)

➡ 11 : □

절취선 대로 자르세요.

7~38 가장 간단한 자연수의 비로 나타내시오.

7 $0.1 : 0.8$

8 $0.5 : 0.9$

9 $2.7 : 4.8$

10 $4.9 : 0.7$

11 $4.2 : 6.8$

12 $1.6 : 0.5$

13 $6.3 : 2.1$

14 $1.1 : 4.1$

15 $2.6 : 6.5$

16 $8.4 : 1.8$

17 $9.2 : 1.4$

18 $0.07 : 0.09$

19 $0.18 : 0.15$

20 $1.02 : 0.55$

21 $0.39 : 0.72$

22 $0.88 : 0.56$

23 $0.18 : 0.42$

24 $1.08 : 2.34$

25 $0.54 : 0.24$

26 $1.02 : 0.64$

27 $1.25 : 1.45$

28 $1.08 : 0.93$

29 $0.017 : 0.035$

30 $0.033 : 0.039$

31 $0.165 : 0.121$

32 $0.063 : 0.081$

33 $0.3 : 0.61$

34 $0.08 : 0.1$

35 $0.1 : 0.087$

36 $0.45 : 0.6$

37 $0.01 : 0.059$

38 $1.75 : 0.5$

39~44 가장 간단한 자연수의 비로 나타내어 빈 곳에 써넣으시오.

39

$0.4 : 0.9$

40

$3.4 : 5.2$

41

$0.28 : 0.46$

42

$2.79 : 3.63$

43

$1.06 : 1.14$

44

$0.025 : 0.15$

실력 Check! 채점하여 자신의 실력을 확인해 보세요!

맞힌 개수	42개 이상	연산왕! 참 잘했어요!
	31~41개	틀린 문제를 점검해요!
개/44개	30개 이하	차근차근 다시 풀어요!

엄마의 확인 Note 칭찬할 점과 주의할 점을 써주세요!

정답확인

칭찬	
주의	

길 찾기

놀이공원에 가려고 합니다. 소수의 비를 가장 간단한 자연수의 비로 바르게 나타낸 곳을 따라가면 놀이공원에 도착할 수 있습니다. 길을 찾아 선으로 이어 보시오.

출발	$0.12:0.4$ $=3:1$	$1.8:0.36$ $=1:2$	$2.5:4.5$ $=1:2$
$0.2:0.9$ $=2:9$	$0.15:0.45$ $=1:3$	$2.7:0.9$ $=3:1$	$0.5:1.5$ $=1:3$
$7.2:1.2$ $=1:6$	$0.56:0.96$ $=2:7$	$3.4:0.34$ $=1:5$	$3.5:0.07$ $=50:1$
$1.7:6.8$ $=2:3$	$1.44:1.2$ $=6:5$	$0.51:0.34$ $=3:2$	$0.45:0.63$ $=5:7$
$0.56:3.5$ $=28:170$	놀이공원	$4.2:7.2$ $=5:3$	$0.09:0.03$ $=1:3$

소수의 비를 가장 간단한 자연수의 비로 어떻게 나타낼까?

각 항에 10, 100, 1000……을 곱하여 자연수의 비로 나타낸 다음 각 항을 두 수의 최대공약수로 나누면 쉽지.

교과서 비례식과 비례배분

6 소수의 비를 간단한 자연수의 비로 나타내기 (2)

공부한 날 월 일 걸린 시간 분

예 $0.09:0.21 \Rightarrow (0.09\times100):(0.21\times100)$
$\Rightarrow 9:21$ — 소수 두 자리 수이므로 100 곱하기
$\Rightarrow (9\div3):(21\div3)$
$\Rightarrow 3:7$ — 9와 21의 공약수로 나누기

각 항에 10, 100, 1000……을 곱하여 자연수의 비로 나타낸 다음 각 항을 두 수의 공약수로 나누어요.

1~8 간단한 자연수의 비로 나타내려고 합니다. □ 안에 알맞은 수를 써넣으시오.

1 $0.2:0.5$
$\Rightarrow (0.2\times10):(0.5\times\square)$
$\Rightarrow 2:\square$

2 $6.3:1.9$
$\Rightarrow (6.3\times\square):(1.9\times10)$
$\Rightarrow \square:19$

3 $0.5:3.7$
$\Rightarrow (0.5\times10):(3.7\times\square)$
$\Rightarrow 5:\square$

4 $8.8:2.4$
$\Rightarrow (8.8\times\square):(2.4\times10)$
$\Rightarrow \square:24$
$\Rightarrow (\square\div8):(24\div8)$
$\Rightarrow \square:3$

5 $0.92:1.03$
$\Rightarrow (0.92\times100):(1.03\times\square)$
$\Rightarrow 92:\square$

6 $0.07:0.48$
$\Rightarrow (0.07\times100):(0.48\times\square)$
$\Rightarrow 7:\square$

7 $3.57:4.09$
$\Rightarrow (3.57\times\square):(4.09\times100)$
$\Rightarrow \square:409$

8 $1.32:1.38$
$\Rightarrow (1.32\times100):(1.38\times\square)$
$\Rightarrow 132:\square$
$\Rightarrow (132\div6):(\square\div6)$
$\Rightarrow 22:\square$

절취선 대로 자르세요.

9~32 가장 간단한 자연수의 비로 나타내시오.

9 $0.4 : 0.7$

10 $0.6 : 0.5$

11 $2.1 : 1.5$

12 $3.4 : 4.5$

13 $6.5 : 3.9$

14 $9.1 : 3.5$

15 $10.1 : 13.2$

16 $4.5 : 10.5$

17 $0.01 : 0.07$

18 $0.14 : 0.22$

19 $0.24 : 0.16$

20 $0.83 : 0.27$

21 $0.55 : 0.75$

22 $0.28 : 0.36$

23 $1.05 : 1.19$

24 $2.16 : 2.12$

25 $1.89 : 1.12$

26 $0.42 : 0.57$

27 $1.25 : 3.75$

28 $0.022 : 0.027$

29 $0.105 : 0.039$

30 $0.7 : 0.27$

31 $0.075 : 0.1$

32 $1.7 : 1.85$

33~44 가장 간단한 자연수의 비로 나타내어 빈 곳에 써넣으시오.

33 $0.6 : 0.5$ ➡ ☐

34 $4.8 : 6.8$ ➡ ☐

35 $3.1 : 1.5$ ➡ ☐

36 $7.4 : 5.4$ ➡ ☐

37 $0.28 : 1.13$ ➡ ☐

38 $1.26 : 1.47$ ➡ ☐

39 $0.45 : 0.78$ ➡ ☐

40 $1.62 : 0.72$ ➡ ☐

41 $0.58 : 0.54$ ➡ ☐

42 $0.072 : 0.076$ ➡ ☐

43 $2.6 : 1.33$ ➡ ☐

44 $3.75 : 3.5$ ➡ ☐

실력 Check! 채점하여 자신의 실력을 확인해 보세요!

맞힌 개수	42개 이상	연산왕! 참 잘했어요!
	31~41개	틀린 문제를 점검해요!
개/44개	30개 이하	차근차근 다시 풀어요!

엄마의 확인 Note 칭찬할 점과 주의할 점을 써주세요!

정답확인 

칭찬	
주의	

고사성어

다음 소수의 비를 가장 간단한 자연수의 비로 나타낸 결과에 해당하는 글자를 보기에서 찾아 아래 표의 빈칸에 차례로 써넣으면 고사성어가 완성됩니다. 완성된 고사성어를 쓰시오.

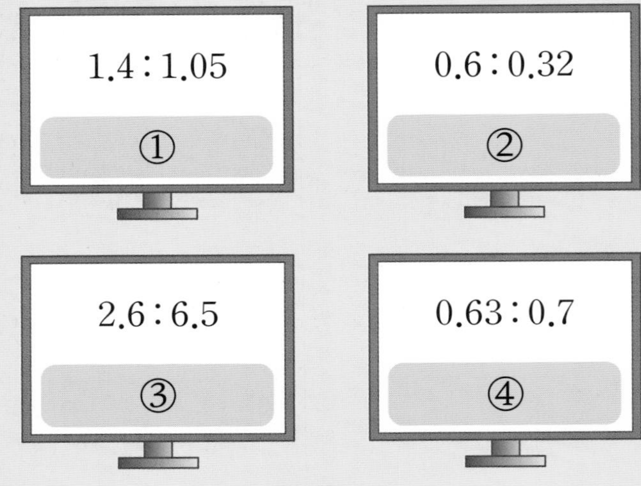

보기

7:8	15:8	5:3	4:3	2:5	4:5	9:10	8:9
조	중	일	언	유	삼	골	석

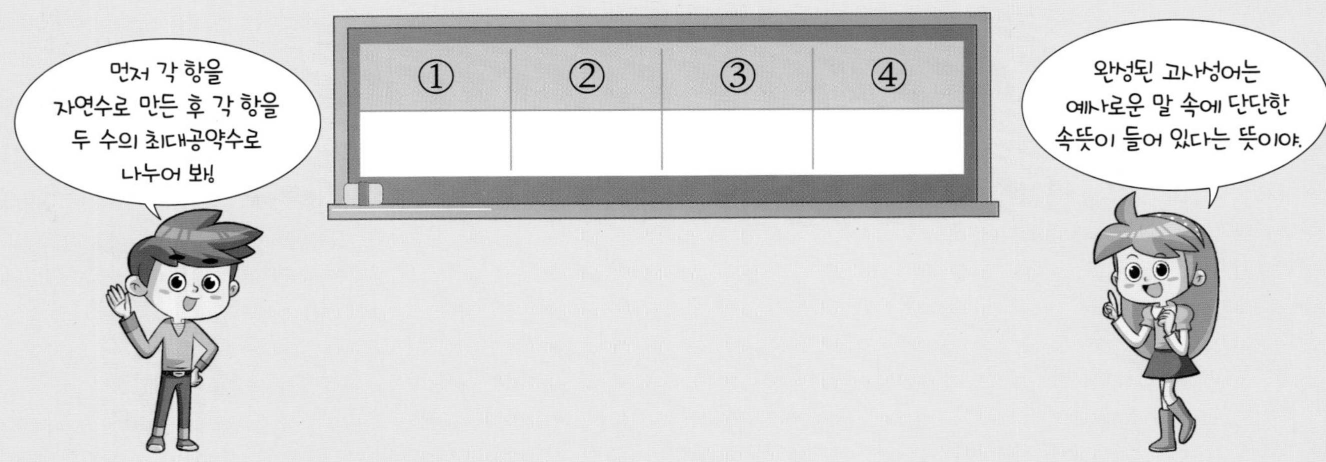

교과서 비례식과 비례배분

7 분수의 비를 간단한 자연수의 비로 나타내기 (1)

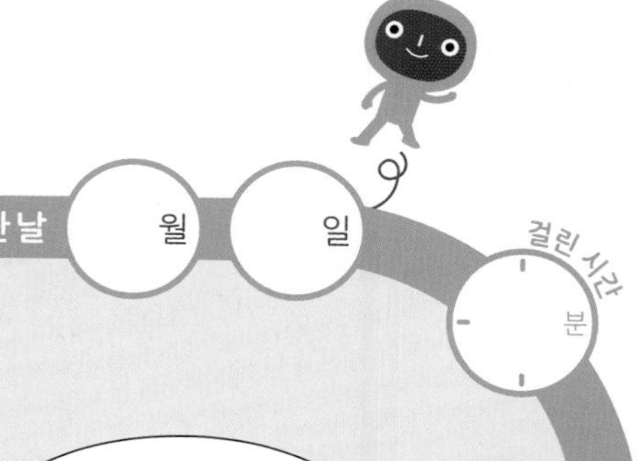

✔ 분수의 비를 간단한 자연수의 비로 나타내기

① 각 항에 두 분모의 공배수를 곱하여 자연수의 비로 나타냅니다.

② 자연수의 비의 각 항을 두 수의 공약수로 나눕니다.

예 $\frac{2}{3}:\frac{4}{7}$ ➡ $(\frac{2}{3}\times21):(\frac{4}{7}\times21)$ — 3과 7의 공배수를 곱하기

➡ $14:12$

➡ $(14\div2):(12\div2)$ — 14와 12의 공약수로 나누기

➡ $7:6$

1~6 간단한 자연수의 비로 나타내려고 합니다. □ 안에 알맞은 수를 써넣으시오.

1 $\frac{1}{3}:\frac{1}{5}$

➡ $(\frac{1}{3}\times15):(\frac{1}{5}\times\square)$

➡ $5:\square$

2 $\frac{2}{7}:\frac{1}{4}$

➡ $(\frac{2}{7}\times\square):(\frac{1}{4}\times28)$

➡ $\square:7$

3 $1\frac{4}{5}:\frac{3}{4}$

➡ $(\frac{9}{5}\times20):(\frac{3}{4}\times\square)$

➡ $36:\square=(36\div3):(\square\div3)$

➡ $12:\square$

4 $\frac{5}{8}:1\frac{5}{6}$

➡ $(\frac{5}{8}\times24):(\frac{11}{6}\times\square)$

➡ $15:\square$

5 $1\frac{4}{15}:\frac{1}{5}$

➡ $(\frac{19}{15}\times\square):(\frac{1}{5}\times15)$

➡ $\square:3$

6 $2\frac{1}{3}:1\frac{1}{6}$

➡ $(\frac{7}{3}\times6):(\frac{7}{6}\times\square)$

➡ $14:\square=(14\div7):(\square\div7)$

➡ $2:\square$

절취선 대로 자르세요.

7~34 가장 간단한 자연수의 비로 나타내시오.

7 $\frac{1}{6} : \frac{2}{3}$

14 $\frac{13}{20} : \frac{13}{15}$

21 $\frac{13}{30} : 1\frac{5}{6}$

8 $\frac{7}{12} : \frac{5}{18}$

15 $\frac{2}{5} : \frac{4}{7}$

22 $\frac{1}{2} : 1\frac{2}{7}$

9 $\frac{3}{8} : \frac{5}{6}$

16 $1\frac{1}{15} : \frac{4}{9}$

23 $\frac{5}{6} : 1\frac{2}{3}$

10 $\frac{7}{10} : \frac{9}{16}$

17 $1\frac{5}{6} : \frac{4}{9}$

24 $1\frac{2}{5} : 1\frac{1}{9}$

11 $\frac{5}{21} : \frac{9}{42}$

18 $3\frac{1}{3} : \frac{3}{4}$

25 $1\frac{1}{2} : 2\frac{1}{3}$

12 $\frac{2}{7} : \frac{3}{4}$

19 $2\frac{5}{6} : \frac{1}{2}$

26 $1\frac{4}{21} : 1\frac{3}{7}$

13 $\frac{1}{3} : \frac{4}{5}$

20 $\frac{3}{4} : 1\frac{2}{9}$

27 $2\frac{1}{11} : 1\frac{1}{2}$

28 $\frac{5}{12} : \frac{7}{9}$

29 $1\frac{3}{5} : 1\frac{1}{4}$

30 $2\frac{2}{3} : 3\frac{1}{2}$

31 $1\frac{1}{7} : 1\frac{1}{5}$

32 $\frac{16}{25} : \frac{2}{5}$

33 $1\frac{3}{8} : 1\frac{2}{3}$

34 $2\frac{3}{5} : 2\frac{7}{10}$

35~39 가장 간단한 자연수의 비로 나타내어 빈 곳에 써넣으시오.

35

$\frac{8}{15} : \frac{3}{5}$

36

$\frac{2}{9} : \frac{5}{6}$

37

$1\frac{3}{5} : \frac{1}{4}$

38

$\frac{5}{14} : 2\frac{6}{7}$

39

$2\frac{1}{2} : 3\frac{1}{3}$

실력 Check! 채점하여 자신의 실력을 확인해 보세요!

맞힌 개수	37개 이상	연산왕! 참 잘했어요!
	27~36개	틀린 문제를 점검해요!
개/39개	26개 이하	차근차근 다시 풀어요!

엄마의 확인 Note 칭찬할 점과 주의할 점을 써주세요!

정답확인

칭찬	
주의	

사다리 타기

사다리 타기는 줄을 타고 내려가다가 가로로 놓인 선을 만나면 가로 선을 따라 맨 아래까지 내려가는 놀이입니다. 주어진 분수의 비를 가장 간단한 자연수의 비로 나타내어 사다리를 타고 내려가서 도착한 곳에 써넣으시오.

$\frac{4}{5} : \frac{13}{25}$	$\frac{1}{3} : \frac{7}{8}$	$1\frac{3}{4} : 2\frac{1}{3}$	$\frac{4}{9} : 1\frac{5}{6}$

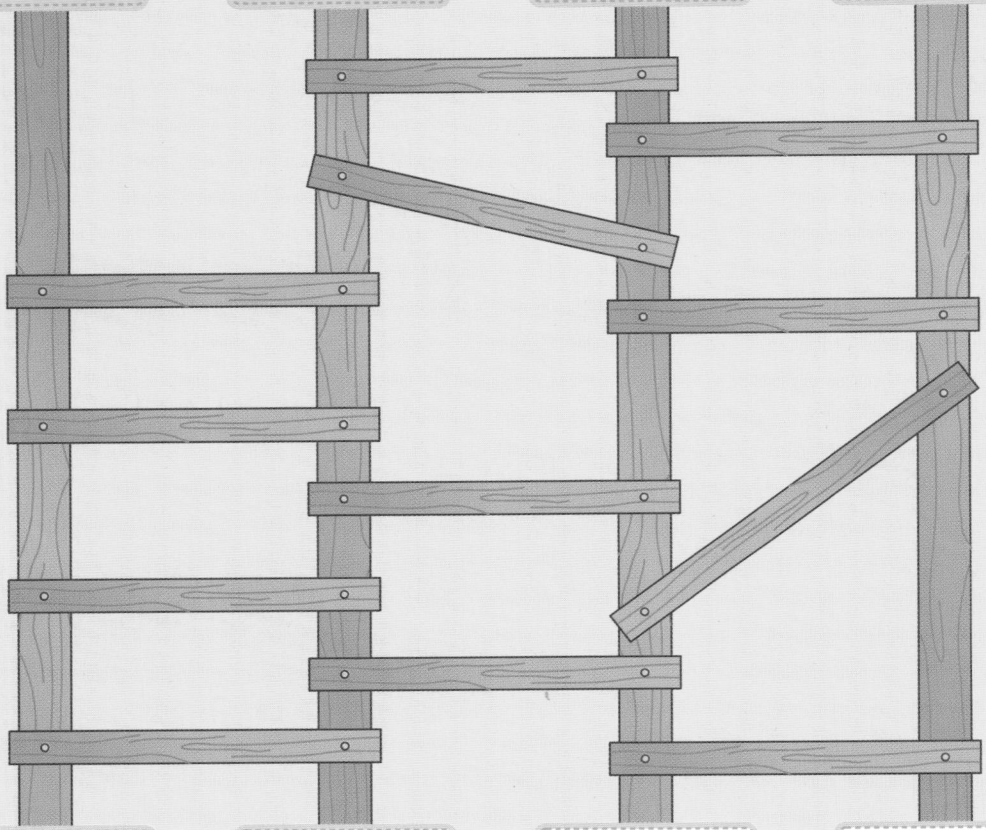

분수의 비를 가장 간단한 자연수의 비로 어떻게 나타낼까?

먼저 대분수는 가분수로 바꾼 후 각 항에 두 분모의 최소공배수를 곱해 봐~

교과서 비례식과 비례배분

8 분수의 비를 간단한 자연수의 비로 나타내기 (2)

공부한 날 월 일

걸린 시간 분

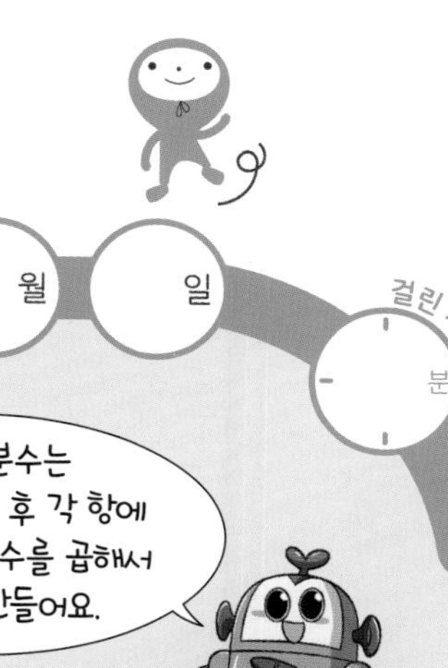

예 $1\frac{3}{4} : 2\frac{4}{5}$ ➡ $\frac{7}{4} : \frac{14}{5}$

➡ $(\frac{7}{4} \times 20) : (\frac{14}{5} \times 20)$ — 4와 5의 공배수를 곱하기

➡ $35 : 56$

➡ $(35 \div 7) : (56 \div 7)$ — 35와 56의 공약수로 나누기

➡ $5 : 8$

1~6 간단한 자연수의 비로 나타내려고 합니다. □ 안에 알맞은 수를 써넣으시오.

1 $\frac{2}{3} : \frac{1}{5}$

➡ $(\frac{2}{3} \times 15) : (\frac{1}{5} \times \square)$

➡ $10 : \square$

2 $\frac{5}{7} : \frac{3}{4}$

➡ $(\frac{5}{7} \times \square) : (\frac{3}{4} \times 28)$

➡ $\square : 21$

3 $2\frac{2}{9} : \frac{4}{15}$

➡ $(\frac{20}{9} \times 45) : (\frac{4}{15} \times \square)$

➡ $100 : \square$

➡ $(100 \div 4) : (\square \div 4)$

➡ $25 : \square$

4 $\frac{1}{6} : 3\frac{1}{9}$

➡ $(\frac{1}{6} \times 18) : (\frac{28}{9} \times \square)$

➡ $3 : \square$

5 $1\frac{3}{8} : 1\frac{1}{6}$

➡ $(\frac{11}{8} \times \square) : (\frac{7}{6} \times 24)$

➡ $\square : 28$

6 $1\frac{1}{9} : 3\frac{1}{3}$

➡ $(\frac{10}{9} \times 9) : (\frac{10}{3} \times \square)$

➡ $10 : \square$

➡ $(10 \div 10) : (\square \div 10)$

➡ $1 : \square$

절취선 대로 자르세요.

7~27 가장 간단한 자연수의 비로 나타내시오.

7 $\frac{2}{7} : \frac{3}{5}$

8 $\frac{11}{12} : \frac{2}{5}$

9 $\frac{5}{6} : \frac{7}{8}$

10 $\frac{1}{2} : \frac{3}{8}$

11 $\frac{3}{25} : \frac{1}{10}$

12 $\frac{4}{11} : \frac{3}{5}$

13 $\frac{1}{3} : \frac{4}{5}$

14 $1\frac{7}{18} : \frac{5}{8}$

15 $2\frac{1}{3} : \frac{2}{5}$

16 $1\frac{7}{20} : \frac{11}{15}$

17 $\frac{5}{6} : 1\frac{2}{3}$

18 $\frac{8}{15} : 1\frac{3}{10}$

19 $\frac{4}{5} : 1\frac{5}{12}$

20 $\frac{1}{9} : 1\frac{1}{5}$

21 $2\frac{2}{9} : 3\frac{3}{4}$

22 $1\frac{1}{5} : 1\frac{1}{3}$

23 $1\frac{19}{45} : 1\frac{2}{5}$

24 $2\frac{1}{2} : 3\frac{1}{3}$

25 $4\frac{1}{2} : 3\frac{3}{5}$

26 $1\frac{2}{9} : 1\frac{2}{3}$

27 $2\frac{9}{20} : 1\frac{2}{5}$

28~39 가장 간단한 자연수의 비로 나타내어 빈 곳에 써넣으시오.

28 $\frac{4}{9}:\frac{5}{6}$ ➡ ( )

29 $\frac{2}{13}:\frac{4}{5}$ ➡ ( )

30 $\frac{4}{5}:\frac{13}{25}$ ➡ ( )

31 $\frac{1}{7}:\frac{5}{9}$ ➡ ( )

32 $2\frac{2}{9}:\frac{8}{15}$ ➡ ( )

33 $1\frac{1}{7}:\frac{2}{5}$ ➡ ( )

34 $\frac{1}{2}:1\frac{1}{5}$ ➡ ( )

35 $\frac{7}{12}:1\frac{1}{10}$ ➡ ( )

36 $3\frac{1}{3}:4\frac{1}{4}$ ➡ ( )

37 $2\frac{1}{2}:1\frac{5}{6}$ ➡ ( )

38 $2\frac{13}{20}:3\frac{2}{5}$ ➡ ( )

39 $1\frac{4}{5}:1\frac{3}{7}$ ➡ ( )

실력 Check! 채점하여 자신의 실력을 확인해 보세요!

맞힌 개수	37개 이상	연산왕! 참 잘했어요!
	27~36개	틀린 문제를 점검해요!
개/39개	26개 이하	차근차근 다시 풀어요!

엄마의 확인 Note 칭찬할 점과 주의할 점을 써주세요!

정답확인

칭찬	
주의	

비밀번호는 무엇일까요?

석민이와 진숙이는 박물관에 갔습니다. 박물관의 와이파이 비밀번호는 보기에 있는 분수의 비를 가장 간단한 자연수의 비로 나타냈을 때 전항에 해당하는 수를 빈 곳에 차례로 이어 붙여 쓴 것입니다. 비밀번호를 구하시오.

보기

① $\frac{1}{4} : \frac{3}{5}$　　② $\frac{1}{2} : \frac{3}{8}$

③ $\frac{2}{3} : 1\frac{3}{7}$　　④ $1\frac{2}{5} : 1\frac{5}{9}$

비밀번호

① ② ③ ④

풀 이

 ______________

교과서 비례식과 비례배분

9 소수와 분수의 비를 간단한 자연수의 비로 나타내기 (1)

✔ 소수와 분수의 비를 간단한 자연수의 비로 나타내려면 분수를 소수로 고치거나 소수를 분수로 고친 후 비의 성질을 이용하여 간단한 자연수의 비로 나타냅니다.

예 $0.7:\frac{3}{5}$을 간단한 자연수의 비로 나타내기

〈방법 1〉 $0.7:\frac{3}{5}$ ➡ $0.7:0.6$
➡ $(0.7\times10):(0.6\times10)$
➡ $7:6$

〈방법 2〉 $0.7:\frac{3}{5}$ ➡ $\frac{7}{10}:\frac{3}{5}$
➡ $(\frac{7}{10}\times10):(\frac{3}{5}\times10)$
➡ $7:6$

1~6 간단한 자연수의 비로 나타내려고 합니다. □ 안에 알맞은 수를 써넣으시오.

1 $0.2:\frac{3}{10}$
➡ $(0.2\times10):(0.3\times\square)$
➡ $2:\square$

2 $0.09:\frac{1}{10}$
➡ $0.09:0.1$
➡ $(0.09\times\square):(0.1\times100)$
➡ $\square:10$

3 $0.4:\frac{5}{7}$
➡ $(\frac{4}{10}\times70):(\frac{5}{7}\times\square)$
➡ $28:\square$
➡ $(28\div2):(\square\div2)$
➡ $14:\square$

4 $\frac{4}{5}:0.9$
➡ $(0.8\times10):(0.9\times\square)$
➡ $8:\square$

5 $1\frac{9}{10}:0.4$
➡ $1.9:0.4$
➡ $(1.9\times\square):(0.4\times10)$
➡ $\square:4$

6 $\frac{3}{8}:0.6$
➡ $(\frac{3}{8}\times40):(\frac{6}{10}\times\square)$
➡ $15:\square$
➡ $(15\div3):(\square\div3)$
➡ $5:\square$

절취선 대로 자르세요.

7~34 가장 간단한 자연수의 비로 나타내시오.

7 $1.5 : \frac{3}{4}$

14 $2.8 : 2\frac{1}{10}$

21 $\frac{1}{3} : 0.8$

8 $0.3 : \frac{4}{5}$

15 $0.63 : \frac{7}{25}$

22 $\frac{4}{7} : 0.4$

9 $0.5 : \frac{5}{8}$

16 $4.2 : 1\frac{2}{5}$

23 $1\frac{7}{20} : 1.2$

10 $2.2 : 4\frac{1}{2}$

17 $1.2 : 1\frac{1}{8}$

24 $\frac{1}{4} : 1.25$

11 $0.48 : \frac{4}{25}$

18 $0.75 : \frac{3}{5}$

25 $\frac{3}{4} : 0.7$

12 $0.27 : \frac{9}{20}$

19 $3.3 : 4\frac{2}{5}$

26 $1\frac{3}{8} : 0.8$

13 $2.1 : \frac{7}{10}$

20 $0.9 : \frac{12}{25}$

27 $\frac{7}{15} : 0.8$

28 $\frac{3}{4} : 0.3$

29 $\frac{1}{8} : 0.5$

30 $2\frac{1}{2} : 2.8$

31 $\frac{6}{25} : 0.9$

32 $\frac{3}{4} : 2.25$

33 $1\frac{3}{5} : 0.84$

34 $1\frac{1}{2} : 0.36$

35~39 가장 간단한 자연수의 비로 나타내어 빈 곳에 써넣으시오.

35

$0.4 : \frac{3}{4}$

36

$0.12 : \frac{1}{20}$

37

$1.8 : \frac{7}{10}$

38

$1\frac{1}{2} : 2.7$

39

$1\frac{1}{4} : 0.3$

실력 Check! 채점하여 자신의 실력을 확인해 보세요!

맞힌 개수 개/39개	37개 이상	연산왕! 참 잘했어요!
	27~36개	틀린 문제를 점검해요!
	26개 이하	차근차근 다시 풀어요!

엄마의 확인 Note 칭찬할 점과 주의할 점을 써주세요!

정답확인 

칭찬	
주의	

길 찾기

석민이는 할아버지 댁에 가려고 합니다. 갈림길에서 ☐ 안의 소수와 분수의 비를 가장 간단한 자연수의 비로 나타낸 길을 따라가면 할아버지 댁에 도착할 수 있습니다. 석민이네 할아버지 댁을 찾아 번호를 쓰시오.

출발

$\frac{4}{5} : 0.7$

8 : 7   7 : 8

$1\frac{1}{2} : 1.2$ $1.25 : 2\frac{1}{5}$

3 : 5   5 : 4   24 : 43   25 : 44

$2.8 : 2\frac{2}{3}$ $1.9 : 1\frac{1}{2}$ $\frac{8}{25} : 1.6$

21 : 20   20 : 21   19 : 15   19 : 16   1 : 4   1 : 5

①

②

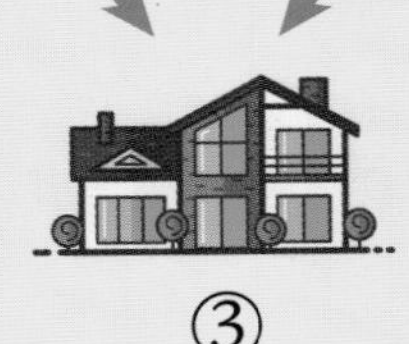
③

④

풀이

답 ______

교과서 비례식과 비례배분

10 소수와 분수의 비를 간단한 자연수의 비로 나타내기 (2)

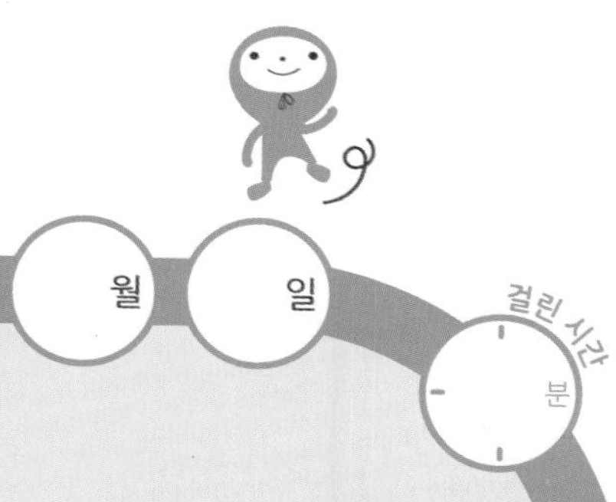

공부한 날 월 일 걸린 시간 분

예 $\frac{2}{5}$: 0.7을 간단한 자연수의 비로 나타내기

(방법 1) $\frac{2}{5}:0.7 \Rightarrow 0.4:0.7$

$\Rightarrow (0.4\times10):(0.7\times10)$

$\Rightarrow 4:7$

(방법 2) $\frac{2}{5}:0.7 \Rightarrow \frac{2}{5}:\frac{7}{10}$

$\Rightarrow (\frac{2}{5}\times10):(\frac{7}{10}\times10)$

$\Rightarrow 4:7$

1~6 간단한 자연수의 비로 나타내려고 합니다. □ 안에 알맞은 수를 써넣으시오.

1 $0.6:\frac{7}{10}$

$\Rightarrow (0.6\times10):(0.7\times\square)$

$\Rightarrow 6:\square$

2 $0.2:\frac{1}{4}$

$\Rightarrow (\frac{2}{10}\times\square):(\frac{1}{4}\times20)$

$\Rightarrow \square:5$

3 $0.6:\frac{2}{5}$

$\Rightarrow (\frac{6}{10}\times\square):(\frac{2}{5}\times10)$

$\Rightarrow \square:4$

$\Rightarrow (\square\div2):(4\div2)$

$\Rightarrow \square:2$

4 $\frac{1}{5}:0.9$

$\Rightarrow (0.2\times10):(0.9\times\square)$

$\Rightarrow 2:\square$

5 $\frac{49}{50}:0.89$

$\Rightarrow (\frac{49}{50}\times\square):(\frac{89}{100}\times100)$

$\Rightarrow \square:89$

6 $1\frac{3}{4}:0.5$

$\Rightarrow (\frac{7}{4}\times\square):(\frac{5}{10}\times20)$

$\Rightarrow \square:10$

$\Rightarrow (\square\div5):(10\div5)$

$\Rightarrow \square:2$

점선을 따라 자르세요.

7~27 가장 간단한 자연수의 비로 나타내시오.

7 $0.8 : \frac{27}{100}$

8 $0.42 : \frac{4}{25}$

9 $0.15 : \frac{1}{5}$

10 $0.37 : \frac{9}{20}$

11 $0.78 : \frac{6}{25}$

12 $0.6 : \frac{1}{4}$

13 $2.4 : 3\frac{1}{5}$

14 $0.6 : \frac{4}{25}$

15 $0.72 : 1\frac{3}{5}$

16 $0.48 : \frac{1}{10}$

17 $\frac{4}{9} : 1.4$

18 $1\frac{1}{2} : 0.7$

19 $\frac{3}{4} : 4.2$

20 $\frac{3}{10} : 0.27$

21 $1\frac{1}{4} : 0.7$

22 $\frac{9}{20} : 1.4$

23 $\frac{3}{4} : 0.8$

24 $\frac{3}{8} : 1.2$

25 $\frac{4}{25} : 0.81$

26 $\frac{16}{21} : 0.5$

27 $5\frac{7}{10} : 6.3$

28~39 가장 간단한 자연수의 비로 나타내어 빈 곳에 써넣으시오.

28 $0.4 : \frac{4}{5}$ ➡ ☐

29 $0.2 : \frac{3}{8}$ ➡ ☐

30 $0.25 : \frac{1}{6}$ ➡ ☐

31 $2.5 : 4\frac{1}{2}$ ➡ ☐

32 $0.75 : 3\frac{1}{5}$ ➡ ☐

33 $1.25 : 1\frac{5}{8}$ ➡ ☐

34 $\frac{1}{8} : 0.5$ ➡ ☐

35 $1\frac{4}{5} : 0.4$ ➡ ☐

36 $\frac{4}{5} : 2.4$ ➡ ☐

37 $\frac{24}{25} : 1.2$ ➡ ☐

38 $1\frac{3}{5} : 0.32$ ➡ ☐

39 $1\frac{1}{5} : 1.8$ ➡ ☐

실력 Check! 채점하여 자신의 실력을 확인해 보세요!

맞힌 개수	37개 이상	연산왕! 참 잘했어요!
	27~36개	틀린 문제를 점검해요!
개/39개	26개 이하	차근차근 다시 풀어요!

엄마의 확인 Note 칭찬할 점과 주의할 점을 써주세요!

정답확인 

칭찬	
주의	

도착 장소 찾기

주어진 비를 가장 간단한 자연수의 비로 나타낸 것이 맞으면 ⟶ 화살표를, 틀리면 ⟶ 화살표를 따라갑니다. 출발 지점에서 출발하여 마지막에 도착하는 장소의 이름을 쓰시오.

출발

$0.1:\frac{7}{10} \Rightarrow 1:7$	$\frac{7}{12}:2.8 \Rightarrow 24:5$	$\frac{2}{5}:0.9 \Rightarrow 4:9$
$0.5:\frac{1}{8} \Rightarrow 12:5$	$1.04:2\frac{1}{5} \Rightarrow 5:8$	$2.8:2\frac{1}{10} \Rightarrow 4:7$
$1\frac{4}{5}:0.7 \Rightarrow 7:18$	$0.8:\frac{6}{7} \Rightarrow 15:14$	$0.7:1\frac{1}{4} \Rightarrow 14:25$
병원	소방서	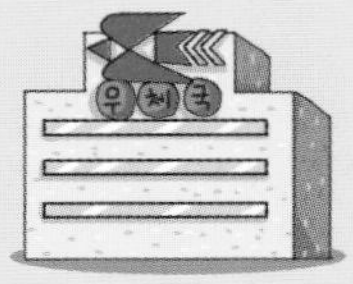 우체국

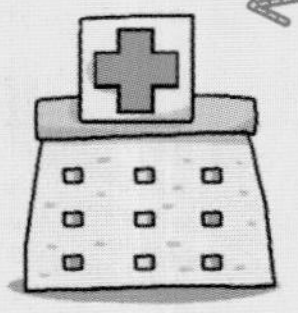

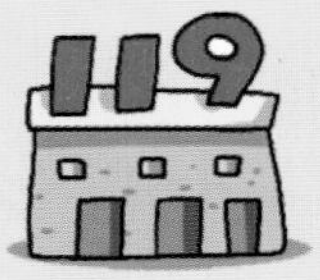

교과서 비례식과 비례배분

11 비례식 알아보기

공부한 날 월 일 걸린 시간 분

✔ 비율이 같은 두 비를 기호 '='를 사용하여 $6:4=18:12$와 같이 나타낼 수 있습니다. 이와 같은 식을 비례식이라고 합니다.

예 $6:4$의 비율 ➡ $\frac{6}{4}=\frac{3}{2}$, $18:12$의 비율 ➡ $\frac{18}{12}=\frac{3}{2}$

• 두 비 $6:4$과 $18:12$는 비율이 같으므로 비례식으로 나타낼 수 있습니다.

✔ 비례식 $6:4=18:12$에서 바깥쪽에 있는 6과 12를 외항, 안쪽에 있는 4와 18을 내항이라고 합니다.

외항

$6:4=18:12$

내항

반드시 두 비의 비율이 같아야 비례식이라 할 수 있어요.

1~8 외항에 △표, 내항에 ○표 하시오.

1 $4:5=8:10$

2 $7:3=14:6$

3 $2:3=6:9$

4 $4:1=20:5$

5 $6:5=18:15$

6 $1:3=7:21$

7 $4:3=16:12$

8 $9:10=45:50$

절취선 대로 자르세요.

9~20 비율이 같은 두 비를 찾아 비례식으로 나타내시오.

9

3 : 2　2 : 4　4 : 6　6 : 4

3 : 2 = □ : □

15

1 : 2　3 : 2　2 : 4　7 : 3

□ : □ = □ : □

10

1 : 4　24 : 8　4 : 1　3 : 12

1 : 4 = □ : □

16

2 : 3　4 : 3　8 : 6　3 : 2

□ : □ = □ : □

11

5 : 2　2 : 5　4 : 10　15 : 20

2 : 5 = □ : □

17

3 : 1　12 : 3　9 : 3　6 : 4

□ : □ = □ : □

12

9 : 4　18 : 8　10 : 18　16 : 36

9 : 4 = □ : □

18

5 : 3　12 : 18　3 : 5　15 : 9

□ : □ = □ : □

13

18 : 21　14 : 12　12 : 21　6 : 7

6 : 7 = □ : □

19

6 : 9　3 : 2　18 : 27　12 : 27

□ : □ = □ : □

14

5 : 4　24 : 15　3 : 8　15 : 40

3 : 8 = □ : □

20

10 : 15　3 : 2　20 : 30　10 : 6

□ : □ = □ : □

21~30 비례식이 바르게 적힌 것에 ○표, 잘못 적힌 것에 ×표 하시오.

21

$4:3=8:9$

22

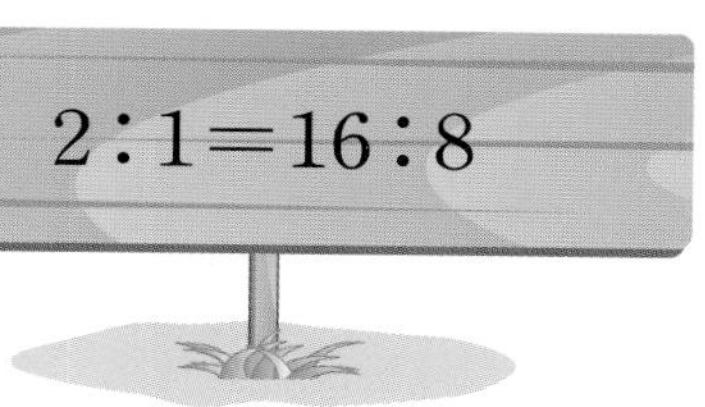

$2:1=16:8$

23

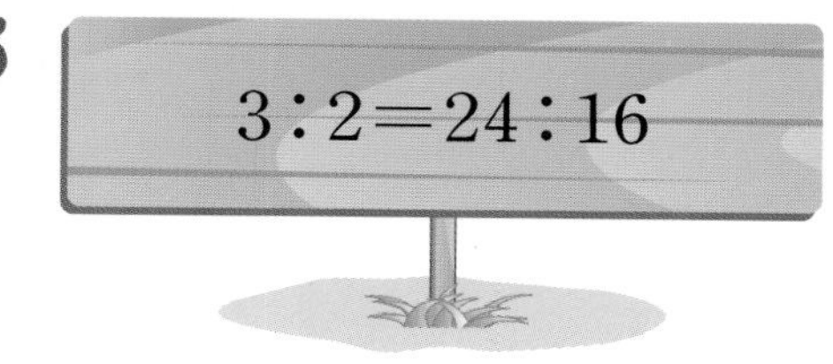

$3:2=24:16$

24

$5:2=20:6$

25

$2:5=10:25$

26

$6:7=42:35$

27

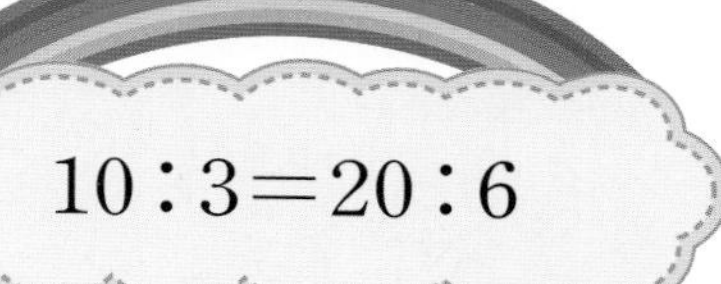

$10:3=20:6$

28

$3:7=9:49$

29

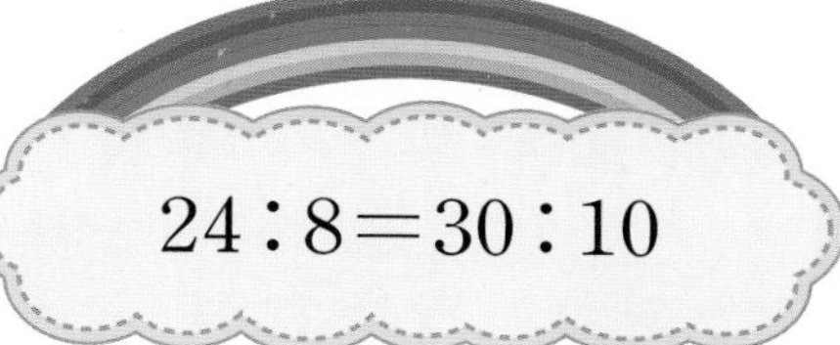

$24:8=30:10$

30

$9:27=11:33$

실력 Check! 채점하여 자신의 실력을 확인해 보세요!

맞힌 개수	28개 이상	연산왕! 참 잘했어요!
	21~27개	틀린 문제를 점검해요!
개/30개	20개 이하	차근차근 다시 풀어요!

엄마의 확인 Note 칭찬할 점과 주의할 점을 써주세요!

정답확인

칭찬	
주의	

체온계의 눈금은 왜 42 ℃까지일까요?

동호야, 점심도 다 먹었으니 축구하러 가자.

아니. 난 몸이 안 좋아서 그냥 쉴래.

헉! 몸이 불덩이잖아!

양호실

저런 열이 40 ℃까지 올라갔구나.

선생님, 건강한 사람의 체온은 몇 ℃인가요?

36.5 ℃란다. 하지만 감기로 인해 열이 나면 금방 40 ℃까지 올라갈 수도 있지.

그런데 선생님, 왜 체온계의 눈금은 42 ℃까지밖에 없나요?

42 41 40 39 ℃

엇? 그러네! 42 ℃보다 높이 올라가면 어떻게 재요?

사람의 체온은 한없이 올라가지 않아. 42 ℃보다 높으면 몸의 대부분을 이루는 단백질이 굳는단다.

단백질이 굳으면 생명을 유지할 수 없단다.

아하! 그래서 체온계의 눈금은 42 ℃까지 있구나.

얘들아, 교실에서 내 책 좀 가져다 줄래?

책은 왜?

왜라니? 학생이 공부하는 데 이유가 있어?

으이구! 평소엔 안하다가······.

동호가 공부라니 많이 아픈가봐.

교과서 비례식과 비례배분

비례식의 성질 (1)

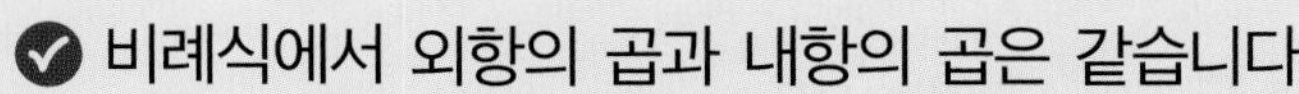

공부한 날 월 일 걸린 시간 분

✔ 비례식에서 외항의 곱과 내항의 곱은 같습니다.

예 2 : 6 = 4 : □ ➡ 2×□ = 6×4 (외항: 2, □ / 내항: 6, 4; 외항의 곱, 내항의 곱)

2×□=24

□=24÷2=12

1~6 비례식의 성질을 이용하여 ●의 값을 구하려고 합니다. □ 안에 알맞은 수를 써넣으시오.

1 8 : 9=● : 45

➡ 8×□=9×●

9×●=□

●=□÷9=□

2 1.8 : 4.5=8 : ●

➡ 1.8×●=4.5×□

1.8×●=□

●=□÷1.8=□

3 $\frac{1}{9}$: $\frac{1}{7}$=● : 27

➡ $\frac{1}{9}$×□=$\frac{1}{7}$×●

$\frac{1}{7}$×●=□

●=□÷$\frac{1}{7}$=□

4 4 : 7=32 : ●

➡ 4×●=7×□

4×●=□

●=□÷4=□

5 0.8 : 1.1=● : 11

➡ 0.8×□=1.1×●

1.1×●=□

●=□÷1.1=□

6 $\frac{2}{5}$: $\frac{2}{3}$=9 : ●

➡ $\frac{2}{5}$×●=$\frac{2}{3}$×□

$\frac{2}{5}$×●=□

●=□÷$\frac{2}{5}$=□

절취선 대로 자르세요.

7~29 비례식의 성질을 이용하여 □ 안에 알맞은 수를 써넣으시오.

7 $5:8=\square:24$

8 $\square:30=6:20$

9 $18:20=27:\square$

10 $9:\square=24:8$

11 $5:2=\square:28$

12 $\square:30=18:12$

13 $21:9=63:\square$

14 $154:\square=11:6$

15 $4.8:6.4=3:\square$

16 $0.45:0.25=\square:5$

17 $0.65:0.91=5:\square$

18 $\square:24=0.1:0.8$

19 $13:\square=1.17:0.72$

20 $\square:14=0.66:0.84$

21 $4.2:14=1.8:\square$

22 $20:1.6=\square:0.32$

23 $\frac{2}{3} : \frac{3}{4} = 8 : \square$

24 $3 : \frac{4}{5} = \square : 4$

25 $\square : 35 = \frac{2}{7} : \frac{5}{6}$

26 $18 : \square = \frac{1}{5} : \frac{4}{9}$

27 $\frac{2}{3} : 16 = \frac{5}{12} : \square$

28 $\frac{4}{7} : 1\frac{3}{5} = \square : 14$

29 $\square : 3\frac{1}{2} = 3 : 2\frac{5}{8}$

30~35 비례식의 성질을 이용하여 ★에 알맞은 수를 빈 곳에 써넣으시오.

30 5 : 7 = 20 : ★ → ☐

31 ★ : 26 = 10 : 13 → ☐

32 0.2 : 0.5 = ★ : 20 → ☐

33 13 : ★ = 1.82 : 0.84 → ☐

34 $\frac{2}{3} : 1\frac{1}{2} = ★ : 9$ → ☐

35 $4 : ★ = 2\frac{1}{3} : 1\frac{3}{4}$ → ☐

실력 Check! 채점하여 자신의 실력을 확인해 보세요!

맞힌 개수	33개 이상	연산왕! 참 잘했어요!
	25~32개	틀린 문제를 점검해요!
개/35개	24개 이하	차근차근 다시 풀어요!

엄마의 확인 Note 칭찬할 점과 주의할 점을 써주세요!

정답확인

칭찬	
주의	

빙고 놀이

석민이와 진숙이가 빙고 놀이를 하고 있습니다. 빙고 놀이에서 이기는 사람은 누구입니까?

<빙고 놀이 방법>

1. 가로, 세로 5칸인 놀이판에 1부터 50까지의 자연수 중 자유롭게 수를 적은 다음 서로 번갈아 가며 수를 말합니다.
2. 자신과 상대방이 말하는 수에 ╳표 합니다.
3. 가로, 세로, 대각선 중 한 줄에 있는 5개의 수에 모두 ╳표 한 경우 '빙고'를 외칩니다.
4. 먼저 '빙고'를 외치는 사람이 이깁니다.

석민이의 놀이판

╳	╳	18	╳	30
11	╳	41	45	24
20	╳	1	15	8
4	36	23	17	40
49	7	50	28	╳

석민: $\square : 54 = 5 : 9$ 에서 $\square$의 값!

진숙: $9 : 13 = \square : 26$ 에서 $\square$의 값!

진숙이의 놀이판

1	30	╳	19	50
40	╳	5	46	29
35	╳	╳	18	╳
14	╳	9	16	20
22	34	12	7	33

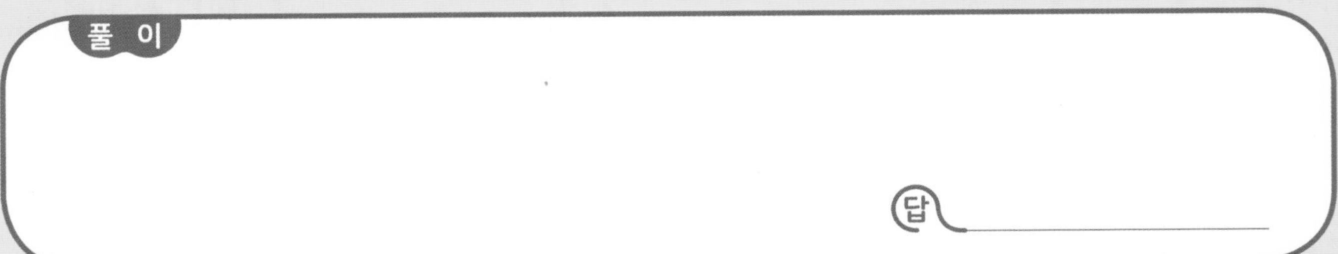

교과서 비례식과 비례배분

13 비례식의 성질 (2)

예 $16:\square=8:3$ ➡ $16\times3=\square\times8$

$\square\times8=48$

$\square=48\div8$

$\square=6$

외항의 곱과 내항의 곱이 같다는 비례식의 성질을 이용하여 □의 값을 구할 수 있어요.

1~6 비례식의 성질을 이용하여 ▲의 값을 구하려고 합니다. □ 안에 알맞은 수를 써넣으시오.

1 $3:10=▲:90$

➡ $3\times\square=10\times▲$

$10\times▲=\square$

$▲=\square\div10=\square$

2 $1.8:2.5=21.6:▲$

➡ $1.8\times▲=2.5\times\square$

$1.8\times▲=\square$

$▲=\square\div1.8=\square$

3 $\frac{1}{4}:\frac{4}{5}=▲:64$

➡ $\frac{1}{4}\times\square=\frac{4}{5}\times▲$

$\frac{4}{5}\times▲=\square$

$▲=\square\div\frac{4}{5}=\square$

4 $12:15=16:▲$

➡ $12\times▲=15\times\square$

$12\times▲=\square$

$▲=\square\div12=\square$

5 $0.2:0.7=▲:6.3$

➡ $0.2\times\square=0.7\times▲$

$0.7\times▲=\square$

$▲=\square\div0.7=\square$

6 $\frac{3}{7}:\frac{5}{12}=36:▲$

➡ $\frac{3}{7}\times▲=\frac{5}{12}\times\square$

$\frac{3}{7}\times▲=\square$

$▲=\square\div\frac{3}{7}=\square$

절취선 대로 자르세요.

7~22 비례식의 성질을 이용하여 □ 안에 알맞은 수를 써넣으시오.

7 $3:5=6:\square$

8 $8:\square=24:21$

9 $14:17=\square:51$

10 $\square:86=33:22$

11 $117:\square=45:10$

12 $2.8:3.5=\square:5$

13 $5.1:2.7=17:\square$

14 $\square:8=0.06:0.16$

15 $7:\square=0.56:0.88$

16 $5:1.85=\square:7.4$

17 $\frac{1}{4}:\frac{4}{5}=\square:32$

18 $\frac{3}{4}:\frac{3}{5}=15:\square$

19 $\square:36=\frac{1}{9}:\frac{1}{7}$

20 $10:\square=\frac{5}{8}:1\frac{1}{2}$

21 $48:\frac{4}{7}=\square:\frac{5}{6}$

22 $\square:2\frac{1}{9}=18:2$

23~32 비례식의 성질을 이용하여 ♣에 알맞은 수를 빈 곳에 써넣으시오.

23

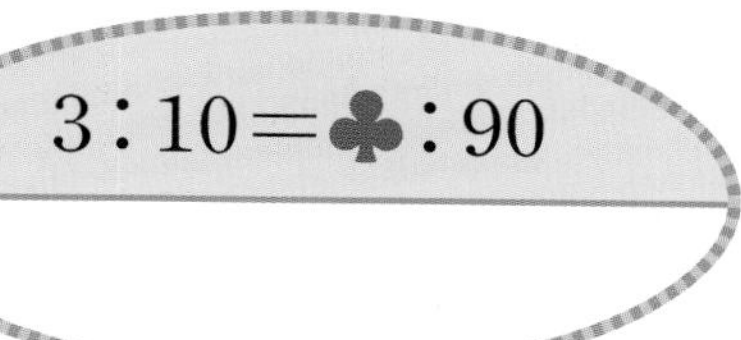

$3:10=♣:90$

24

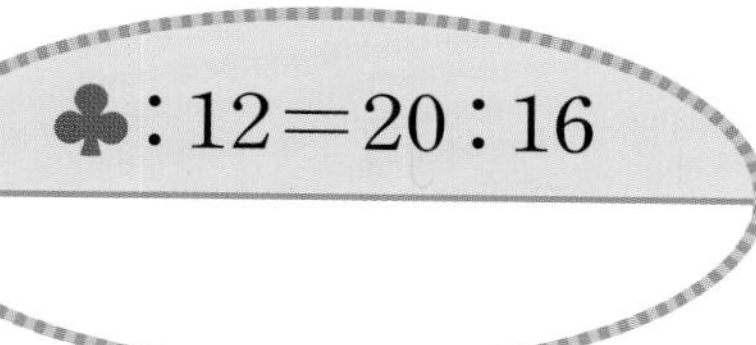

$♣:12=20:16$

25

$27:39=18:♣$

26

$144:♣=9:8$

27

$1.5:1.8=5:♣$

28

$0.63:1.08=♣:12$

29

$7:0.91=♣:1.17$

30

$2:♣=\frac{1}{2}:\frac{3}{4}$

31

$♣:9=\frac{2}{3}:\frac{3}{7}$

32

$2\frac{1}{2}:5=3:♣$

실력 Check! 채점하여 자신의 실력을 확인해 보세요!

맞힌 개수	30개 이상	연산왕! 참 잘했어요!
	22~29개	틀린 문제를 점검해요!
개/32개	21개 이하	차근차근 다시 풀어요!

엄마의 확인 Note 칭찬할 점과 주의할 점을 써주세요!

정답확인

칭찬	
주의	

숨은 그림 찾기

다음 그림에서 숨은 그림 5개를 모두 찾아 ◯표 하시오.

장화, 머리빗, 망치, 누름 못, 야구방망이

정답

교과서 비례식과 비례배분

14 비례배분 (1)

- 전체를 주어진 비로 배분하는 것을 비례배분이라고 합니다.
- 전체를 주어진 비로 비례배분할 때 주어진 비의 전항과 후항의 합을 분모로 하는 분수의 비로 나타내어 계산합니다.

예 15를 2 : 3으로 비례배분하기

$$15\times\frac{2}{2+3}=15\times\frac{2}{5}=6$$

$$15\times\frac{3}{2+3}=15\times\frac{3}{5}=9$$

1~4 □ 안의 수를 □ 안의 비로 비례배분하려고 합니다. □ 안에 알맞은 수를 써넣으시오.

1 5 | 2 : 3

$5\times\frac{2}{\square}=\square$

$5\times\frac{\square}{\square}=\square$

2 65 | 6 : 7

$65\times\frac{6}{\square}=\square$

$65\times\frac{\square}{\square}=\square$

3

$90\times\frac{\square}{\square}=\square$

$90\times\frac{19}{\square}=\square$

4

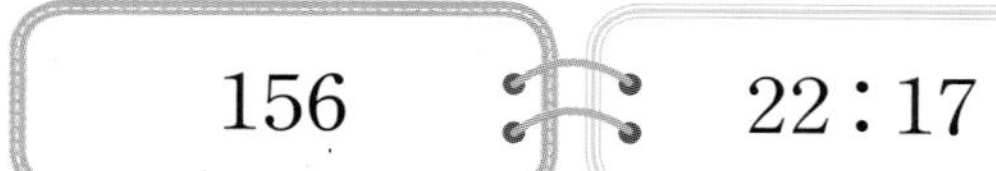

$156\times\frac{\square}{\square}=\square$

$156\times\frac{17}{\square}=\square$

절취선 대로 자르세요

5~24 ☐ 안의 수를 주어진 비로 비례배분하시오.

5 22 　 $4:7$

(　 , 　)

6 56 　 $3:4$

(　 , 　)

7 36 　 $5:4$

(　 , 　)

8 51 　 $6:11$

(　 , 　)

9 32 　 $13:3$

(　 , 　)

10 68 　 $19:15$

(　 , 　)

11 98 　 $2:5$

(　 , 　)

12 77 　 $3:4$

(　 , 　)

13 80 　 $17:23$

(　 , 　)

14 87 　 $14:15$

(　 , 　)

15 156 　 $25:27$

(　 , 　)

16 92 　 $13:10$

(　 , 　)

17 72 　 $5:13$

(　 , 　)

18 99 　 $25:8$

(　 , 　)

19 88　9 : 2

(,)

20 264　7 : 4

(,)

21 192　11 : 13

(,)

22 204　10 : 7

(,)

23 182　19 : 7

(,)

24 306　12 : 5

(,)

25~30 수를 주어진 비로 비례배분하여 □ 안에 알맞게 써넣으시오.

25 18 → 2 : 7 → □, □

26 90 → 9 : 1 → □, □

27 84 → 16 : 5 → □, □

28 45 → 8 : 7 → □, □

29 192 → 5 : 11 → □, □

30 216 → 23 : 13 → □, □

실력 Check! 채점하여 자신의 실력을 확인해 보세요!

맞힌 개수	28개 이상	연산왕! 참 잘했어요!
	21~27개	틀린 문제를 점검해요!
개/30개	20개 이하	차근차근 다시 풀어요!

엄마의 확인 Note 칭찬할 점과 주의할 점을 써주세요!

정답확인 

칭찬	
주의	

마무리 연산 퍼즐

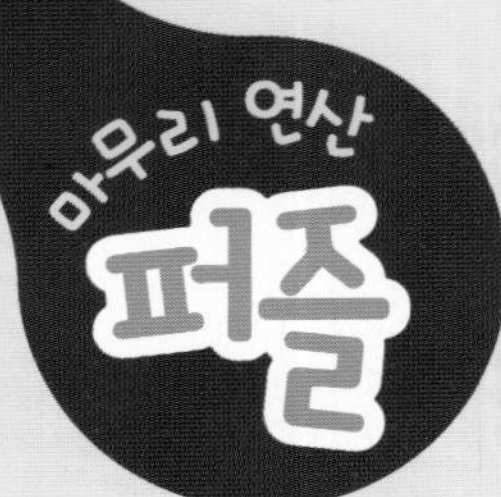

저축왕은 누구일까요?

준희, 혜리, 재민, 유진은 매달 서로 다른 금액의 용돈을 받습니다. 네 사람은 각자 받은 용돈의 일부를 저축한다고 합니다. 저축을 가장 많이 하는 사람의 이름을 알아보시오.

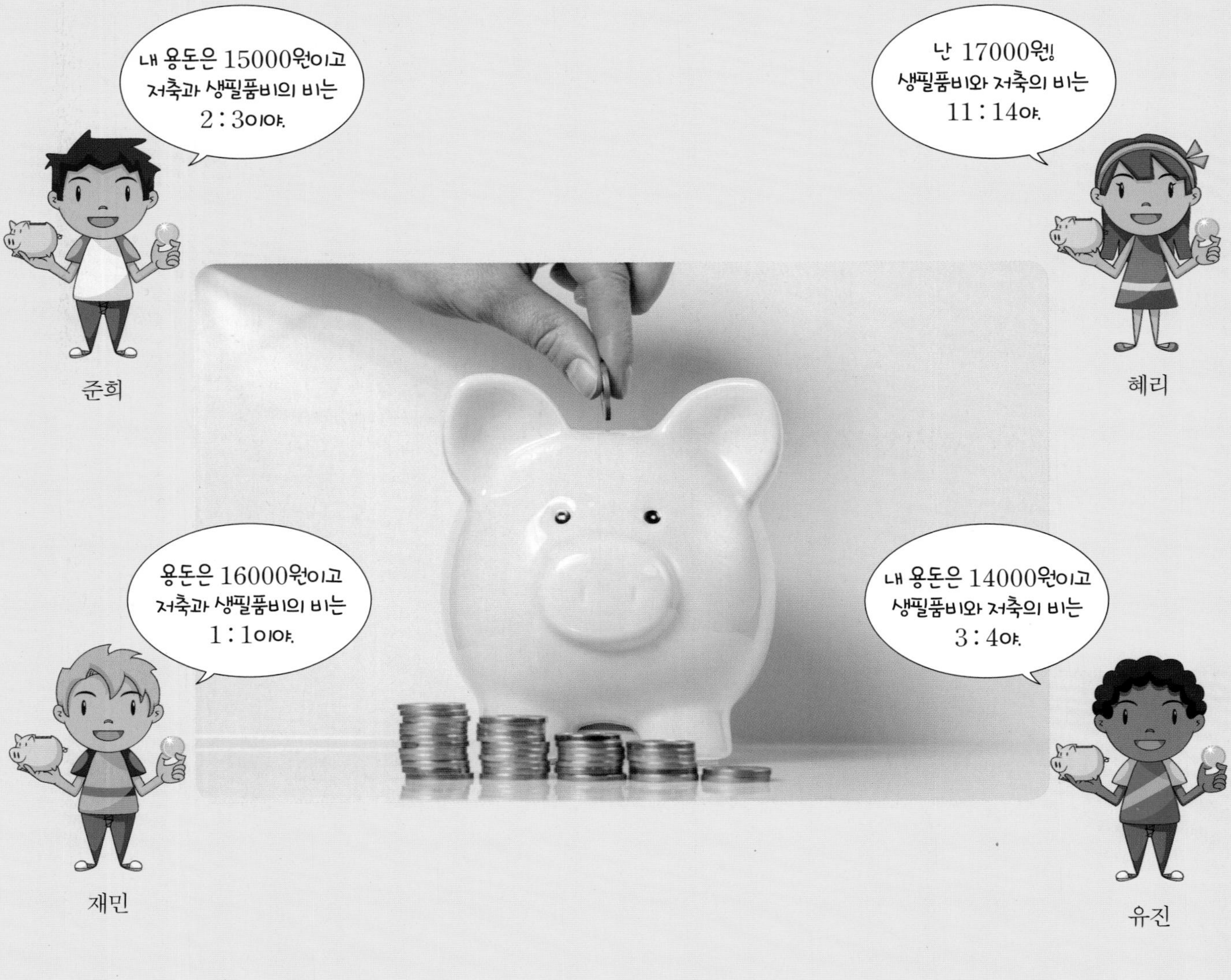
내 용돈은 15000원이고 저축과 생필품비의 비는 2 : 3이야.
준희
난 17000원! 생필품비와 저축의 비는 11 : 14야.
혜리
용돈은 16000원이고 저축과 생필품비의 비는 1 : 1이야.
재민
내 용돈은 14000원이고 생필품비와 저축의 비는 3 : 4야.
유진

풀이

답 ____________

교과서 비례식과 비례배분

15 비례배분 (2)

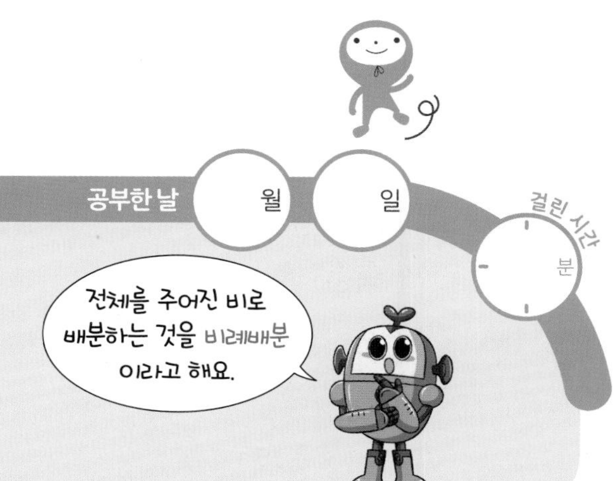

예 21을 5 : 2로 비례배분하기

$21\times\frac{5}{5+2}=21\times\frac{5}{7}=15$

$21\times\frac{2}{5+2}=21\times\frac{2}{7}=6$

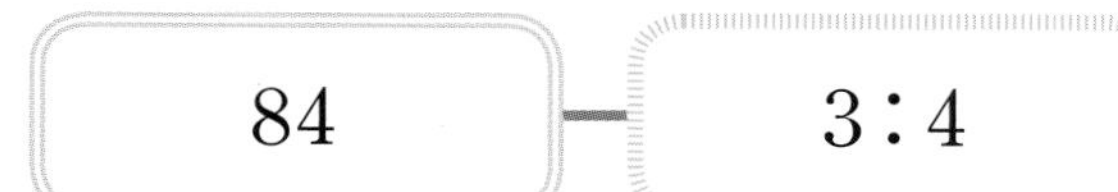

1~4 ☐ 안의 수를 ☐ 안의 비로 비례배분하려고 합니다. □ 안에 알맞은 수를 써넣으시오.

1 30 — 2 : 3

$30\times\frac{\square}{\square}=\square$

$30\times\frac{3}{\square}=\square$

3 84 — 3 : 4

$84\times\frac{\square}{\square}=\square$

$84\times\frac{4}{\square}=\square$

2 138 — 13 : 10

$138\times\frac{13}{\square}=\square$

$138\times\frac{\square}{\square}=\square$

4 195 — 19 : 20

$195\times\frac{\square}{\square}=\square$

$195\times\frac{20}{\square}=\square$

절취선 대로 자르세요.

5~18 ☐ 안의 수를 주어진 비로 비례배분하시오.

5 35 　 4 : 3

(　 , 　)

6 40 　 3 : 7

(　 , 　)

7 57 　 15 : 4

(　 , 　)

8 64 　 15 : 17

(　 , 　)

9 90 　 2 : 1

(　 , 　)

10 75 　 19 : 6

(　 , 　)

11 176 　 9 : 7

(　 , 　)

12 66 　 5 : 6

(　 , 　)

13 96 　 17 : 7

(　 , 　)

14 128 　 9 : 7

(　 , 　)

15 88 　 5 : 17

(　 , 　)

16 224 　 19 : 9

(　 , 　)

17 280 　 24 : 11

(　 , 　)

18 324 　 13 : 14

(　 , 　)

19~30 수를 주어진 비로 비례배분하여 빈 곳에 알맞게 써넣으시오.

19 15 ➡ 2 : 1 ➡ □, □

20 49 ➡ 5 : 2 ➡ □, □

21 84 ➡ 4 : 3 ➡ □, □

22 50 ➡ 12 : 13 ➡ □, □

23 105 ➡ 4 : 11 ➡ □, □

24 161 ➡ 14 : 9 ➡ □, □

25

52	6 : 7	,
	11 : 15	,

26

96	1 : 2	,
	7 : 5	,

27

80	9 : 11	,
	23 : 17	,

28

70	9 : 5	,
	1 : 4	,

29

168	5 : 9	,
	13 : 8	,

30

294	8 : 13	,
	9 : 5	,

실력 Check! 채점하여 자신의 실력을 확인해 보세요!

맞힌 개수	28개 이상	연산왕! 참 잘했어요!
	21~27개	틀린 문제를 점검해요!
개/30개	20개 이하	차근차근 다시 풀어요!

엄마의 확인 Note 칭찬할 점과 주의할 점을 써주세요!

정답확인

칭찬	
주의	

다른 그림 찾기

아래 그림에서 위 그림과 다른 부분 5군데를 모두 찾아 ◯표 하시오.

정답

교과서 비례식과 비례배분

단원 마무리 연산!

공부한 날 월 일 걸린 시간 분

1~21 가장 간단한 자연수의 비로 나타내시오.

1 $8:10$

2 $24:18$

3 $36:28$

4 $60:96$

5 $55:35$

6 $0.6:0.8$

7 $1.2:9.6$

8 $0.7:3.5$

9 $0.36:0.45$

10 $0.99:0.11$

11 $\frac{1}{3}:\frac{1}{5}$

12 $\frac{2}{15}:\frac{4}{9}$

13 $\frac{1}{8}:\frac{5}{6}$

14 $1\frac{1}{3}:2\frac{1}{5}$

15 $3\frac{1}{4}:1\frac{1}{6}$

16 $\frac{3}{8}:0.5$

17 $1\frac{1}{2}:0.3$

18 $2.8:3\frac{1}{2}$

19 $\frac{12}{25}:1.92$

20 $0.42:\frac{39}{50}$

21 $\frac{2}{9}:0.8$

절취선 따라 자르세요.

22~37 비례식의 성질을 이용하여 □ 안에 알맞은 수를 써넣으시오.

22 $7:8=\square:24$

30 $\square:45=0.8:1.5$

23 $3:\square=42:56$

31 $1.5:30=4.2:\square$

24 $\square:10=54:45$

32 $\frac{1}{4}:\frac{4}{5}=10:\square$

25 $11:10=121:\square$

33 $\frac{4}{13}:\frac{5}{26}=\square:5$

26 $204:\square=4:6$

34 $\square:9=\frac{5}{12}:\frac{3}{4}$

27 $0.2:0.9=4:\square$

35 $10:\square=\frac{5}{8}:1\frac{1}{2}$

28 $7.2:9.9=\square:11$

36 $\frac{1}{6}:\square=\frac{3}{16}:45$

29 $9:\square=0.36:0.2$

37 $5\frac{1}{2}:5=13\frac{1}{5}:\square$

38~49 수를 주어진 비로 비례배분하여 빈 곳에 알맞게 써넣으시오.

38

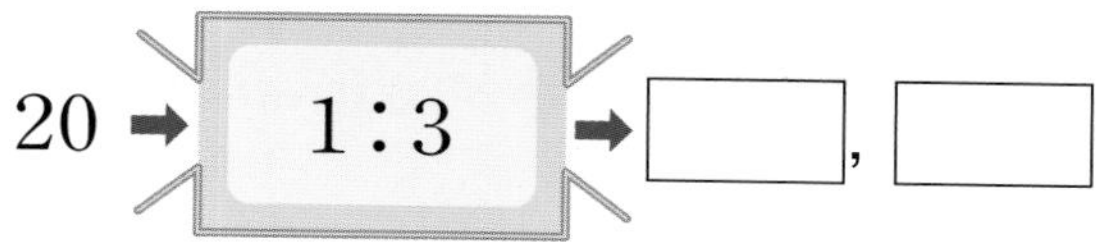

39

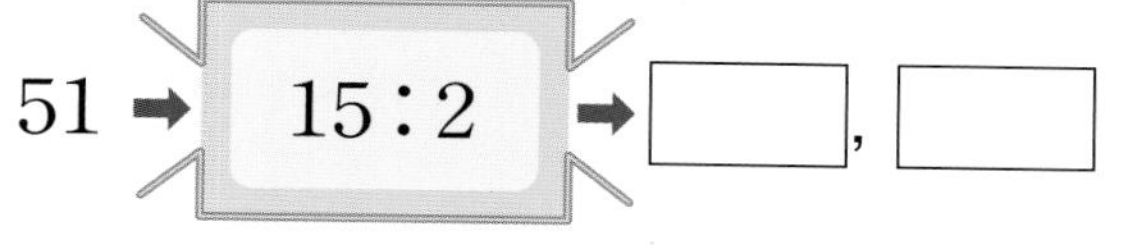

40

96 ➡ 11 : 13 ➡ ☐, ☐

41

84 ➡ 1 : 2 ➡ ☐, ☐

42

140 ➡ 15 : 13 ➡ ☐, ☐

43

279 ➡ 18 : 13 ➡ ☐, ☐

44

48	7 : 5	,
	13 : 11	,

45

96	9 : 7	,
	5 : 7	,

46

81	2 : 25	,
	5 : 4	,

47

75	4 : 11	,
	12 : 13	,

48

250	3 : 2	,
	12 : 13	,

49

312	15 : 11	,
	17 : 22	,

50~52 문제를 읽고 답을 구하시오.

50 혜주는 피자 전체의 0.125를 먹었고, 상진이는 피자 전체의 $\frac{3}{4}$을 먹었습니다. 혜주와 상진이가 먹은 피자 양의 비를 가장 간단한 자연수의 비로 나타내시오.

51 어느 박물관의 초등학생과 어른의 입장료의 비는 4 : 7입니다. 어른의 입장료가 3500원일 때 초등학생의 입장료는 얼마입니까?

답 ______________

52 블루베리 156 kg을 가와 나 상자에 각각 19 : 20의 비로 나누어 담으려고 합니다. 가와 나 상자에 블루베리를 각각 몇 kg씩 담아야 합니까?

 ______________ , ______________

실력 Check! 채점하여 자신의 실력을 확인해 보세요!

맞힌 개수	50개 이상	연산왕! 참 잘했어요!
	36~49개	틀린 문제를 점검해요!
개/52개	35개 이하	차근차근 다시 풀어요!

엄마의 확인 Note 칭찬할 점과 주의할 점을 써주세요!

정답확인

칭찬	
주의	

교과서 원의 넓이

1 지름, 반지름을 알 때 원주 구하기

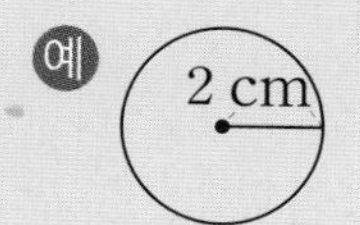

공부한 날 월 일 걸린 시간 분

✔ 원의 둘레를 원주라고 하고, 원의 지름에 대한 원주의 비율을 원주율이라고 합니다.

✔ (원주)=(지름)×(원주율)=(반지름)×2×(원주율)
(지름: (반지름)×2)

예 (지름 6 cm) 원주율: 3.1
(원주)=6×3.1=18.6(cm)

예 (반지름 2 cm) 원주율: 3.14
(원주)=2×2×3.14=12.56 (cm)

1~6 원주를 구하려고 합니다. □ 안에 알맞은 수를 써넣으시오.

1

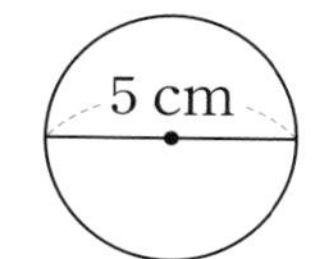

원주율: 3

5×□=□ (cm)

2

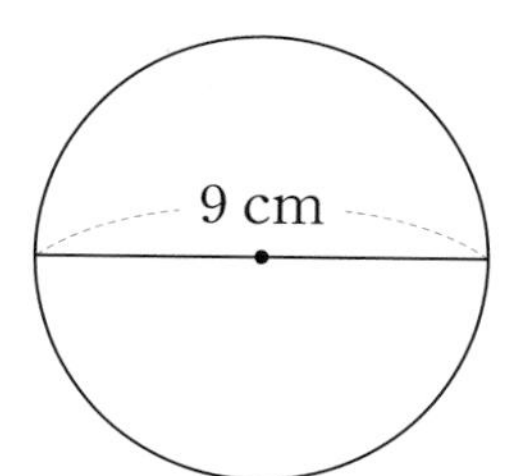

원주율: 3.1

9×□=□ (cm)

3

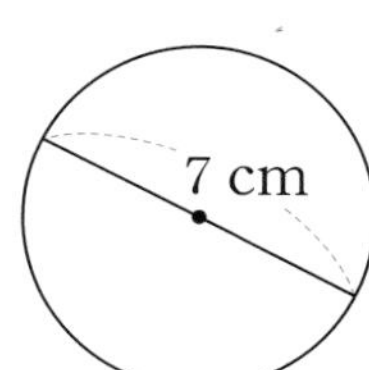

원주율: 3.14

□×3.14=□ (cm)

4

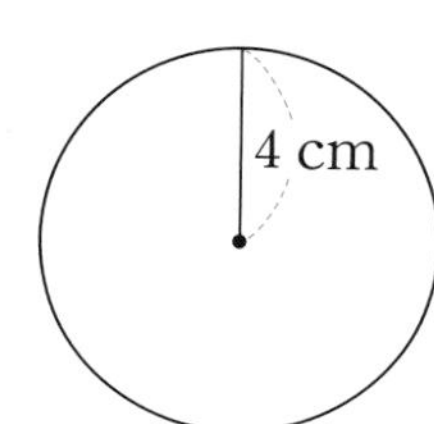

원주율: 3

□×2×3=□ (cm)

5

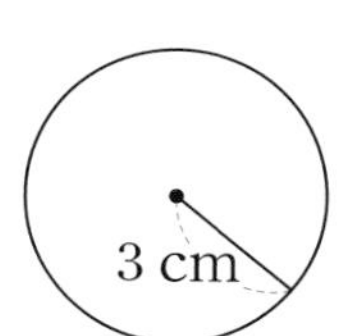

원주율: 3.1

3×□×3.1=□ (cm)

6

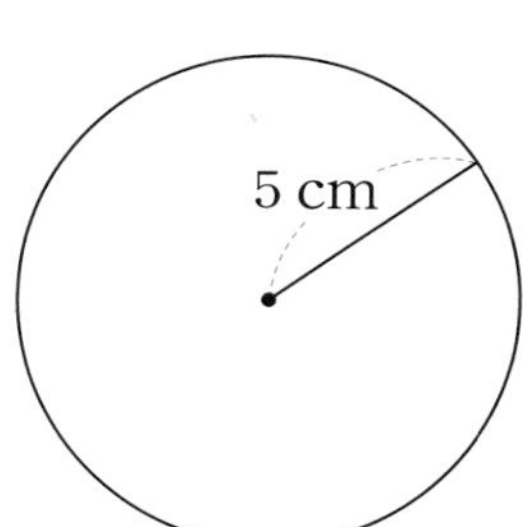

원주율: 3.14

□×2×3.14=□ (cm)

절취선 대로 자르세요.

7~18 원주를 구하시오.

7 (6 cm) 원주율: 3

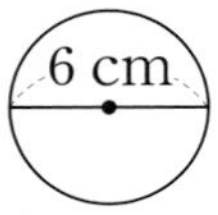

( )

8 (10 cm) 원주율: 3.14

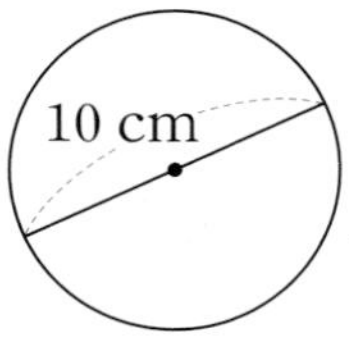

( )

9 (9.2 cm) 원주율: 3

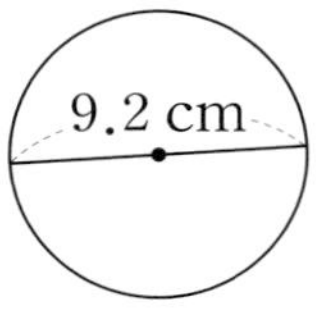

( )

10 (7 cm) 원주율: 3.1

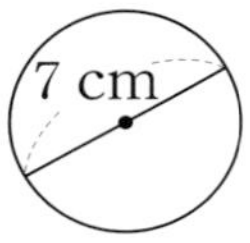

( )

11 (12.4 cm) 원주율: 3.1

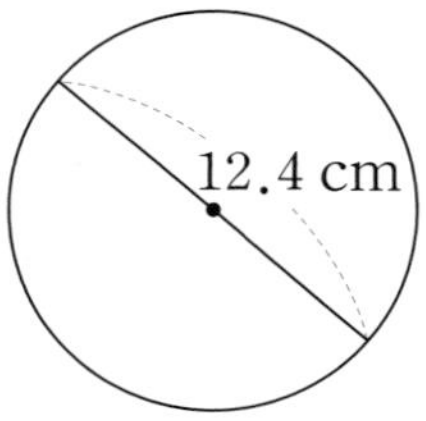

( )

12 (16 cm) 원주율: 3.14

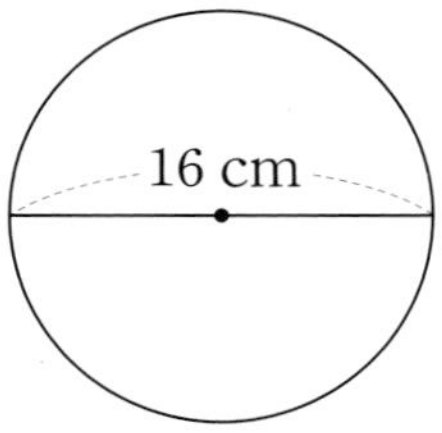

( )

13 (3.1 cm) 원주율: 3

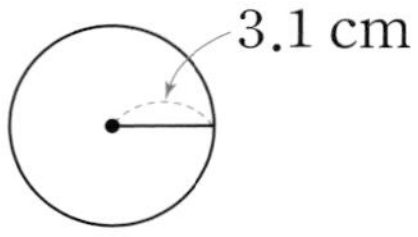

( )

14 (4 cm) 원주율: 3.14

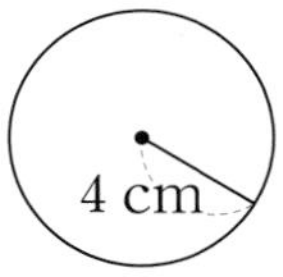

( )

15 (6 cm) 원주율: 3

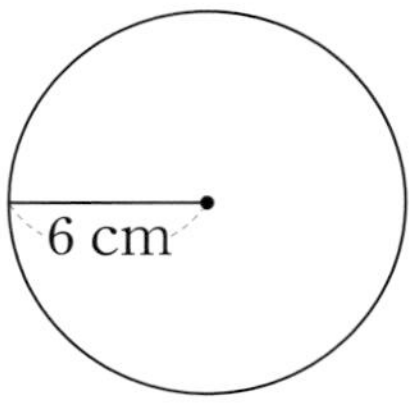

( )

16 (5 cm) 원주율: 3.1

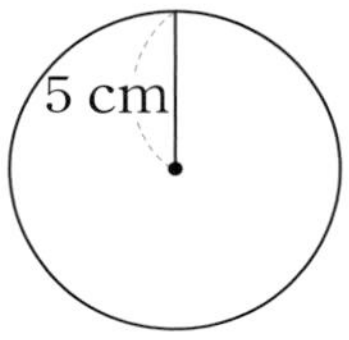

( )

17 (4.3 cm) 원주율: 3.1

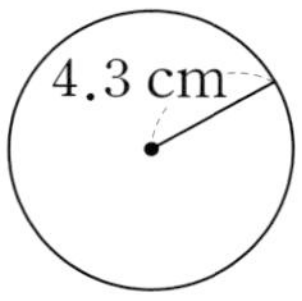

( )

18 (5.5 cm) 원주율: 3.14

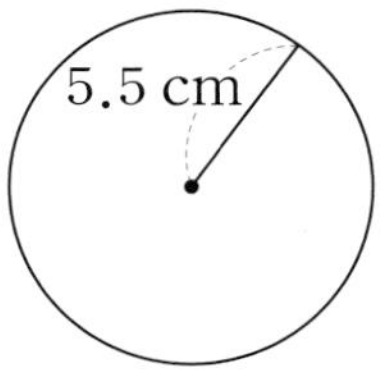

( )

19~28 빈 곳에 알맞은 수를 써넣으시오.

19

원주율	지름 (cm)	원주 (cm)
3.14	9	

20

원주율	지름 (cm)	원주 (cm)
3	12	

21

원주율	지름 (cm)	원주 (cm)
3.1	14	

22

원주율	지름 (cm)	원주 (cm)
3	22	

23

원주율	지름 (cm)	원주 (cm)
3.14	30	

24

원주율	반지름 (cm)	원주 (cm)
3.14	10.5	

25

원주율	반지름 (cm)	원주 (cm)
3	7	

26

원주율	반지름 (cm)	원주 (cm)
3	44	

27

원주율	반지름 (cm)	원주 (cm)
3.1	18	

28

원주율	반지름 (cm)	원주 (cm)
3.14	8.2	

실력 Check! 채점하여 자신의 실력을 확인해 보세요!

맞힌 개수	26개 이상	연산왕! 참 잘했어요!
	19~25개	틀린 문제를 점검해요!
개/28개	18개 이하	차근차근 다시 풀어요!

엄마의 확인 Note 칭찬할 점과 주의할 점을 써주세요!

정답확인 

칭찬	
주의	

마무리 연산 **퍼즐**

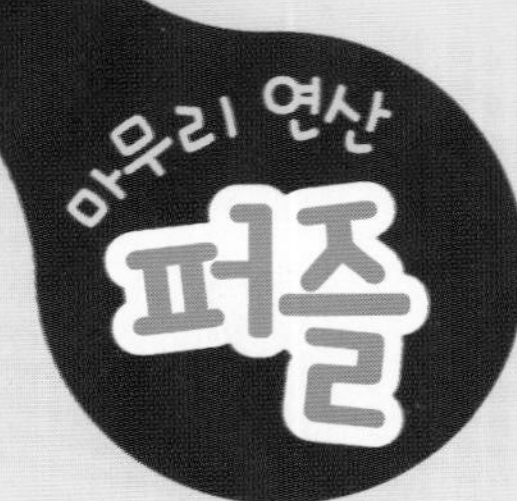

사다리 타기

사다리 타기는 줄을 타고 내려가다가 가로로 놓인 선을 만나면 가로 선을 따라 맨 아래까지 내려가는 놀이입니다. 원주를 구하여 사다리를 타고 내려가서 도착한 곳에 써넣으시오. (단, 사다리를 타고 내려가다가 만나는 수는 원주율입니다.)

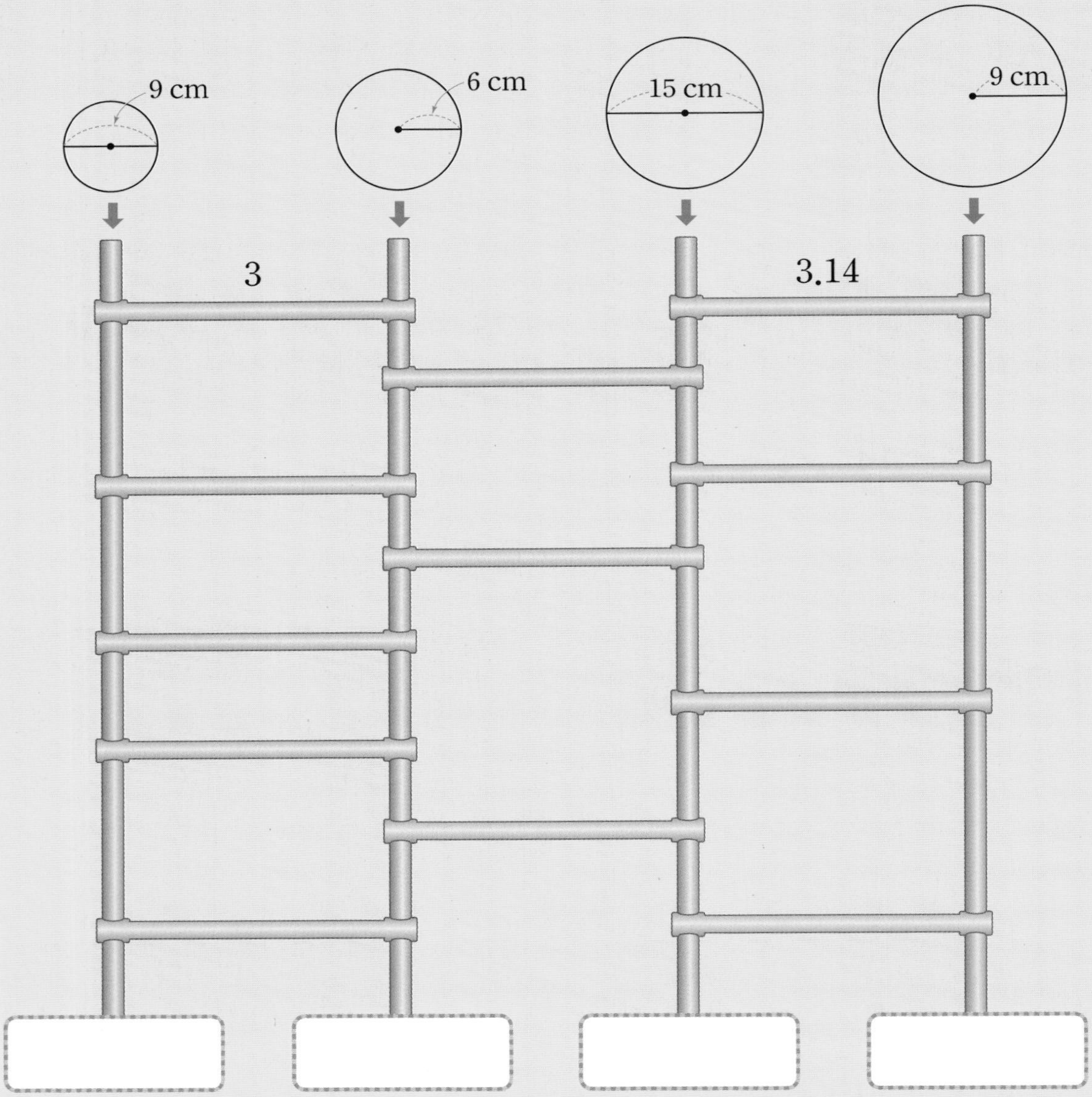
9 cm
6 cm
15 cm
9 cm
3
3.14

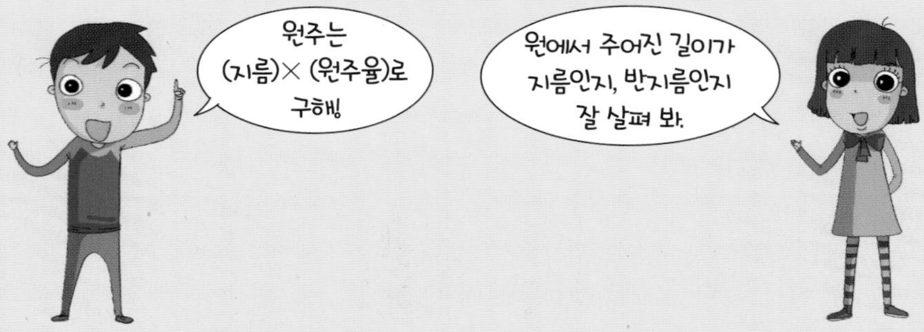
원주는 (지름)× (원주율)로 구해!
원에서 주어진 길이가 지름인지, 반지름인지 잘 살펴 봐.

교과서 원의 넓이

2 원주를 알 때 지름, 반지름 구하기

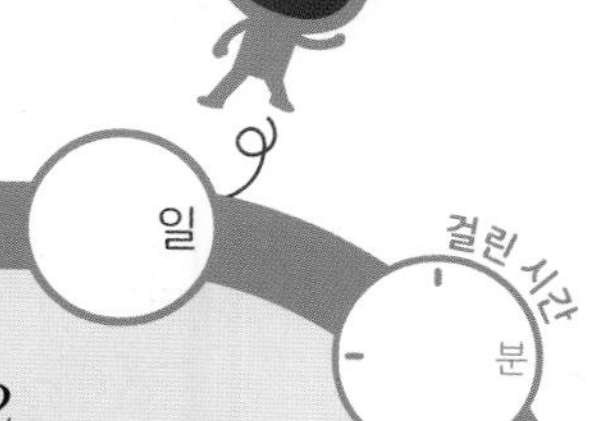

✔ (지름)=(원주)÷(원주율)

예
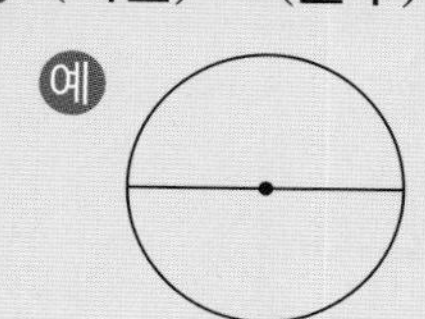

원주: 15 cm
원주율: 3

(지름)=15÷3=5 (cm)

✔ (반지름)=(원주)÷(원주율)÷2

예
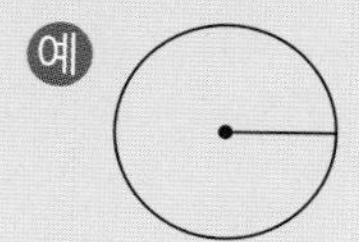

원주: 12.4 cm
원주율: 3.1

(반지름)=12.4÷3.1÷2=2 (cm)

1~3 원의 지름을 구하려고 합니다. □ 안에 알맞은 수를 써넣으시오.

1
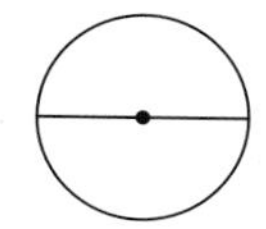

원주: 9 cm
원주율: 3

9÷□=□ (cm)

2
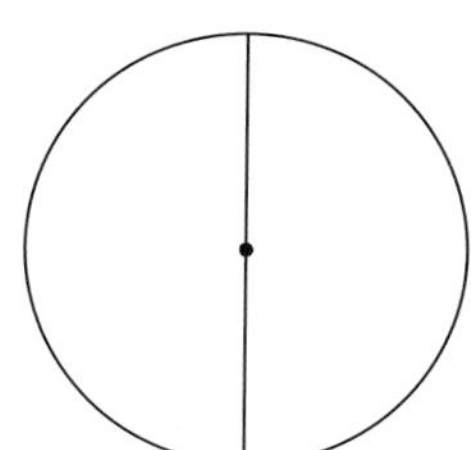

원주: 37.2 cm
원주율: 3.1

□÷3.1=□ (cm)

3
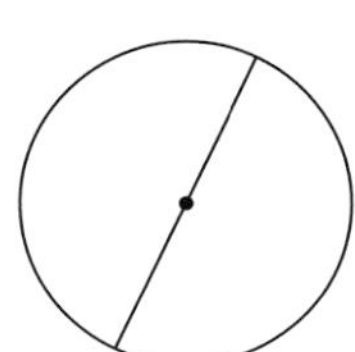

원주: 18.84 cm
원주율: 3.14

□÷3.14=□ (cm)

4~6 원의 반지름을 구하려고 합니다. □ 안에 알맞은 수를 써넣으시오.

4
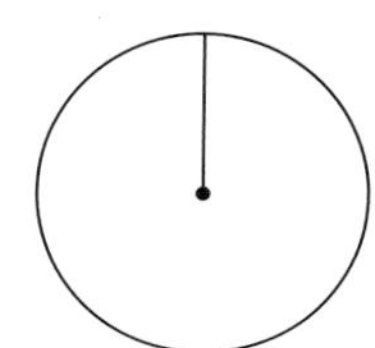

원주: 18.6 cm
원주율: 3.1

18.6÷□÷2=□ (cm)

5
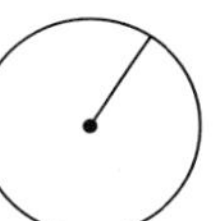

원주: 12.56 cm
원주율: 3.14

□÷3.14÷2=□ (cm)

6
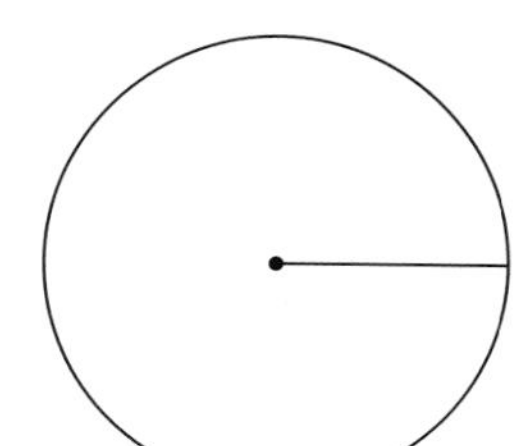

원주: 42 cm
원주율: 3

□÷3÷2=□ (cm)

절취선 대로 자르세요.

7~11 원의 지름을 구하시오.

7 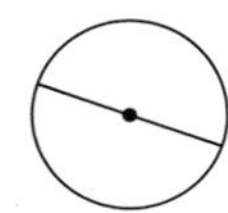

원주: 18 cm
원주율: 3

(　　　　　　　　)

8 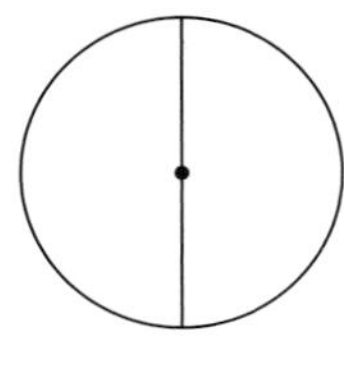

원주: 34.1 cm
원주율: 3.1

(　　　　　　　　)

9 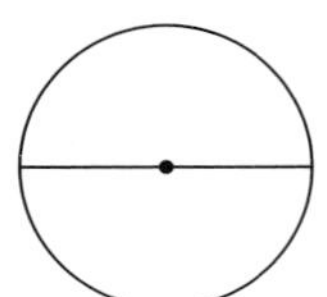

원주: 31 cm
원주율: 3.1

(　　　　　　　　)

10 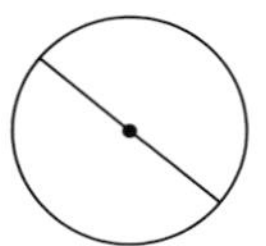

원주: 25.12 cm
원주율: 3.14

(　　　　　　　　)

11 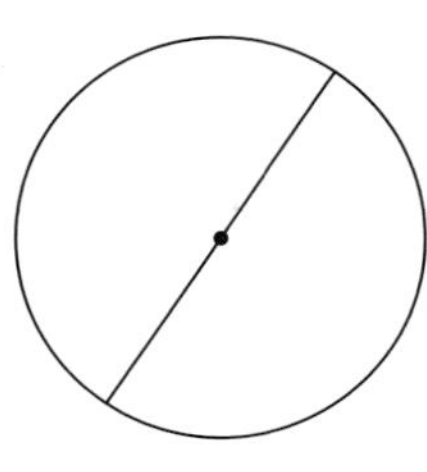

원주: 42 cm
원주율: 3

(　　　　　　　　)

12~16 원의 반지름을 구하시오.

12 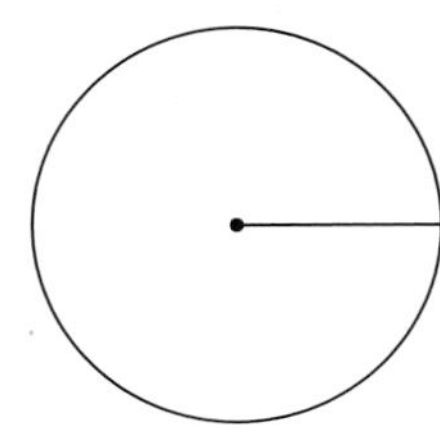

원주: 42 cm
원주율: 3

(　　　　　　　　)

13 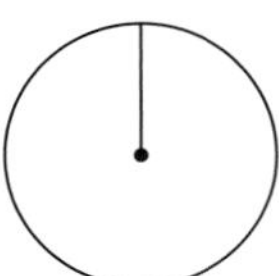

원주: 24.8 cm
원주율: 3.1

(　　　　　　　　)

14 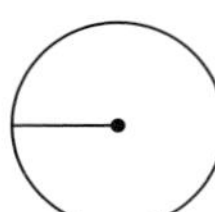

원주: 18.6 cm
원주율: 3.1

(　　　　　　　　)

15 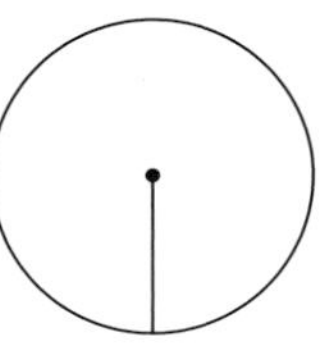

원주: 33 cm
원주율: 3

(　　　　　　　　)

16 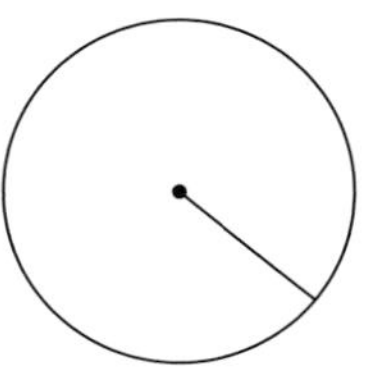

원주: 37.68 cm
원주율: 3.14

(　　　　　　　　)

17~26 빈 곳에 알맞은 수를 써넣으시오.

17

원주율	지름 (cm)	원주 (cm)
3		39

18

원주율	지름 (cm)	원주 (cm)
3.14		50.24

19

원주율	지름 (cm)	원주 (cm)
3.1		40.3

20

원주율	지름 (cm)	원주 (cm)
3.1		27.9

21

원주율	지름 (cm)	원주 (cm)
3.14		21.98

22

원주율	반지름 (cm)	원주 (cm)
3.14		94.2

23

원주율	반지름 (cm)	원주 (cm)
3		21

24

원주율	반지름 (cm)	원주 (cm)
3		126

25

원주율	반지름 (cm)	원주 (cm)
3.1		43.4

26

원주율	반지름 (cm)	원주 (cm)
3.14		28.26

실력 Check! 채점하여 자신의 실력을 확인해 보세요!

맞힌 개수	24개 이상	연산왕! 참 잘했어요!
	18~23개	틀린 문제를 점검해요!
개/26개	17개 이하	차근차근 다시 풀어요!

엄마의 확인 Note 칭찬할 점과 주의할 점을 써주세요!

정답확인

칭찬	
주의	

재미있는 연산 놀이터

세계 7대 불가사의 중의 하나인 '앙코르와트 사원'

교과서 원의 넓이

3 원의 넓이 구하기

공부한 날 월 일 걸린 시간 분

(원의 넓이)=(반지름)×(반지름)×(원주율)
(반지름) → (지름)÷2

예

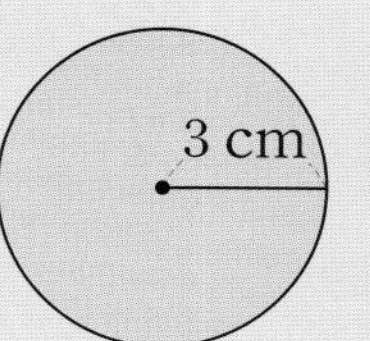

원주율: 3.14

(원의 넓이)=3×3×3.14
=28.26 (cm^2)

예 4 cm

원주율: 3.1

(반지름)=4÷2=2 (cm)
(원의 넓이)=2×2×3.1
=12.4 (cm^2)

1~6 원의 넓이를 구하려고 합니다. □ 안에 알맞은 수를 써넣으시오.

1

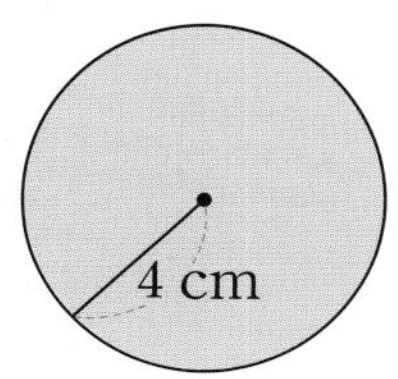

원주율: 3

4×4×□=□ (cm^2)

2

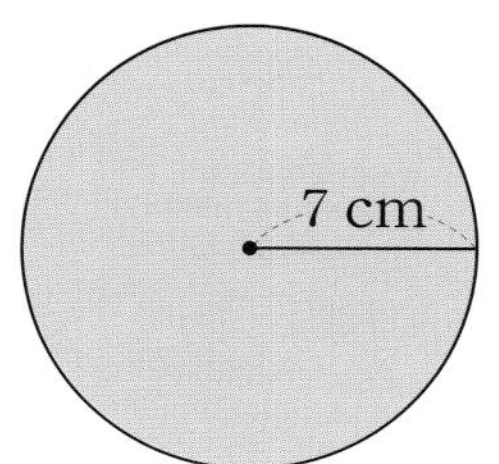

원주율: 3.1

□×□×3.1=□ (cm^2)

3

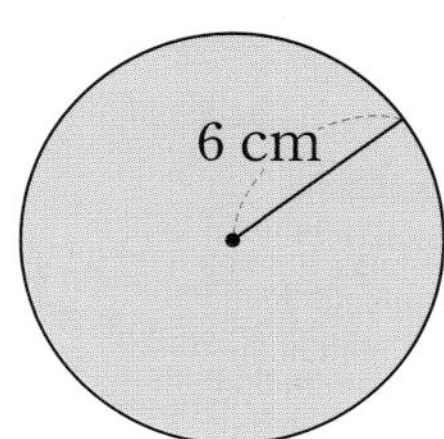

원주율: 3.14

□×□×3.14=□ (cm^2)

4

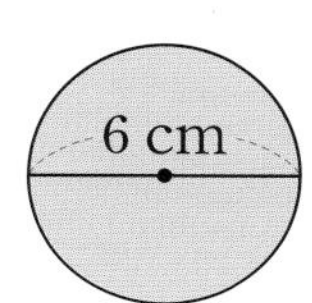

원주율: 3.14

□×□×3.14=□ (cm^2)

5

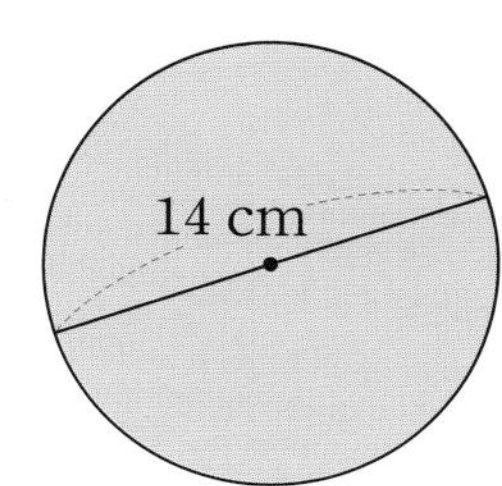

원주율: 3

□×□×3=□ (cm^2)

6

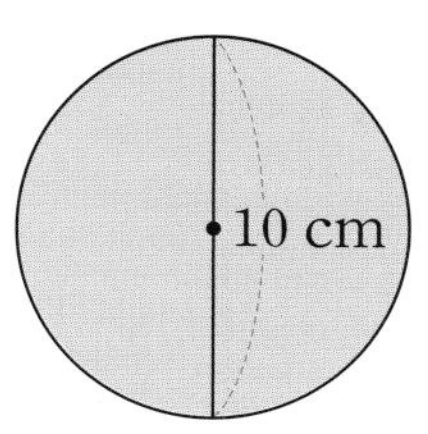

원주율: 3.1

5×5×□=□ (cm^2)

절취선 대로 자르세요.

7~18 원의 넓이를 구하시오.

7

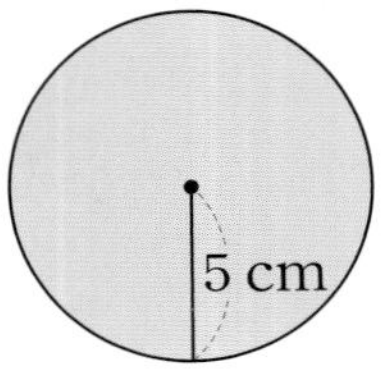

5 cm

원주율: 3

(　　　　　　)

8

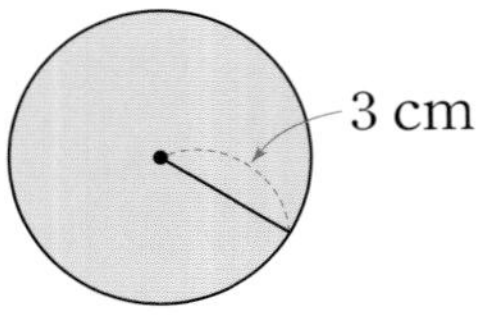

3 cm

원주율: 3.1

(　　　　　　)

9

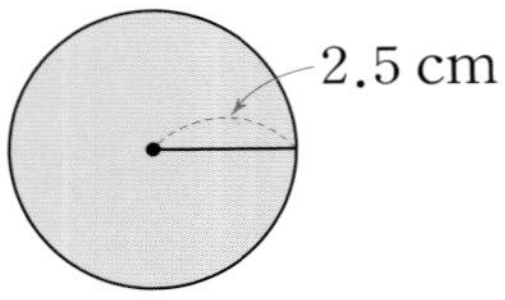

2.5 cm

원주율: 3

(　　　　　　)

10

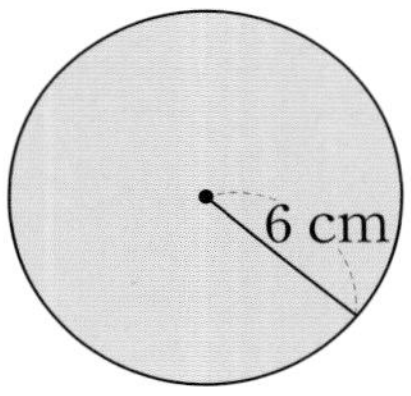

6 cm

원주율: 3.1

(　　　　　　)

11

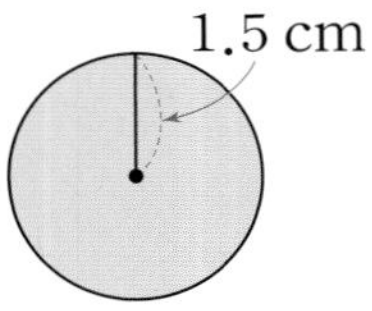

1.5 cm

원주율: 3.14

(　　　　　　)

12

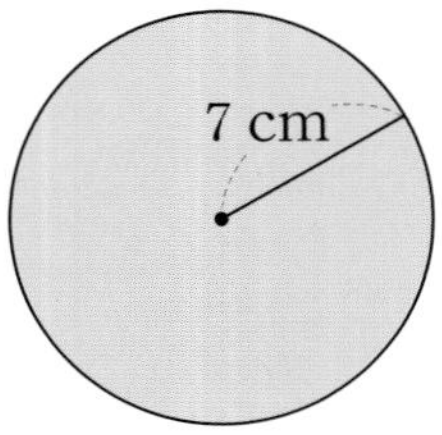

7 cm

원주율: 3.14

(　　　　　　)

13

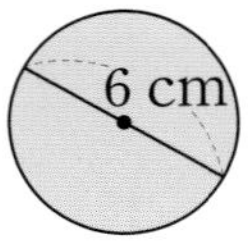

6 cm

원주율: 3

(　　　　　　)

14

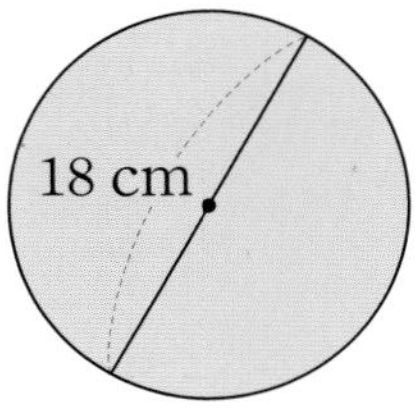

18 cm

원주율: 3

(　　　　　　)

15

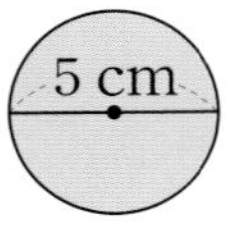

5 cm

원주율: 3.1

(　　　　　　)

16

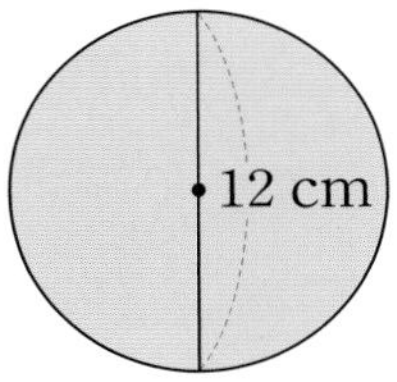

12 cm

원주율: 3.14

(　　　　　　)

17

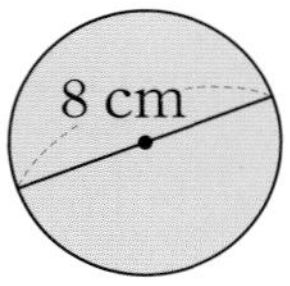

8 cm

원주율: 3.14

(　　　　　　)

18

11 cm

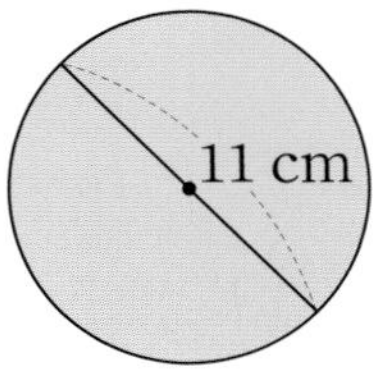

원주율: 3.1

(　　　　　　)

19~28 빈 곳에 알맞은 수를 써넣으시오.

19

반지름 (cm)	원주율	원의 넓이 (cm^2)
6	3	

20

반지름 (cm)	원주율	원의 넓이 (cm^2)
10	3.14	

21

반지름 (cm)	원주율	원의 넓이 (cm^2)
8	3.1	

22

반지름 (cm)	원주율	원의 넓이 (cm^2)
14	3	

23

반지름 (cm)	원주율	원의 넓이 (cm^2)
12	3.14	

24

지름 (cm)	원주율	원의 넓이 (cm^2)
30	3.14	

25

지름 (cm)	원주율	원의 넓이 (cm^2)
7	3	

26

지름 (cm)	원주율	원의 넓이 (cm^2)
20	3.14	

27

지름 (cm)	원주율	원의 넓이 (cm^2)
28	3.1	

28

지름 (cm)	원주율	원의 넓이 (cm^2)
9	3.14	

채점하여 자신의 실력을 확인해 보세요!

맞힌 개수	26개 이상	연산왕! 참 잘했어요!
	19~25개	틀린 문제를 점검해요!
개/28개	18개 이하	차근차근 다시 풀어요!

엄마의 확인 Note 칭찬할 점과 주의할 점을 써주세요!

정답확인

칭찬	
주의	

고사성어

다음 원의 넓이에 해당하는 글자를 보기 에서 찾아 아래 표의 빈칸에 차례로 써넣으면 고사성어가 완성됩니다. 완성된 고사성어를 쓰시오.

반지름: 7.5 cm 원주율: 3
①

지름: 14 cm 원주율: 3
②

반지름: 9 cm 원주율: 3.1
③

지름: 16 cm 원주율: 3.14
④

보기

(단위: cm^2)

251.1	153.86	200.96	198.4	147	615.44	168.75	803.84
살	천	인	리	철	일	촌	사

①	②	③	④

풀이

답 ______________________

교과서 원의 넓이

단원 마무리 연산!

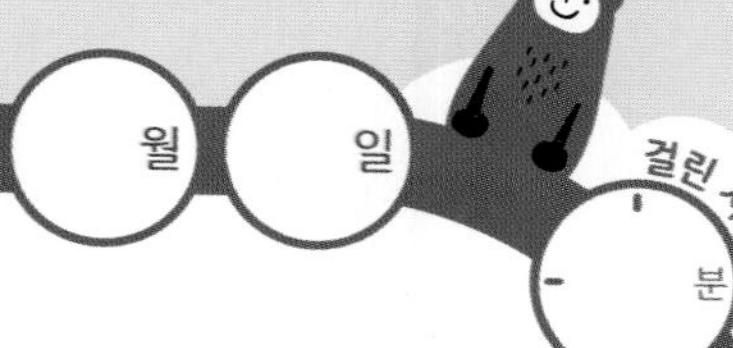

공부한 날 월 일 걸린 시간 분

1~10 원주를 구하시오.

1 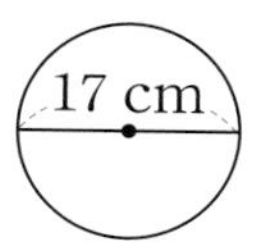

원주율: 3

(   )

2 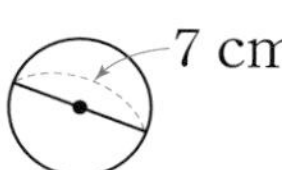

원주율: 3.1

(   )

3 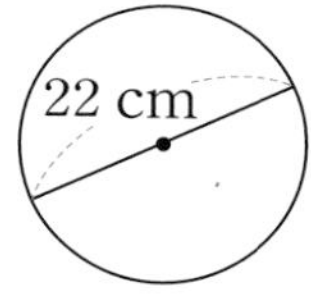

원주율: 3.14

(   )

4 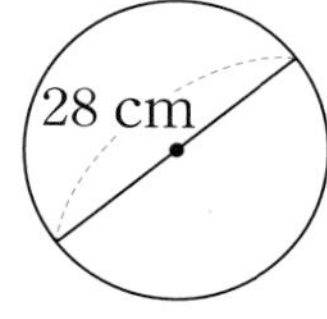

원주율: 3

(   )

5 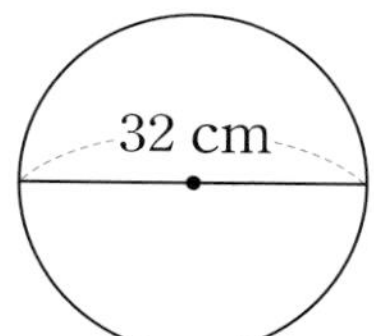

원주율: 3.1

(   )

6 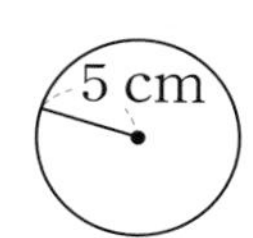

원주율: 3

(   )

7 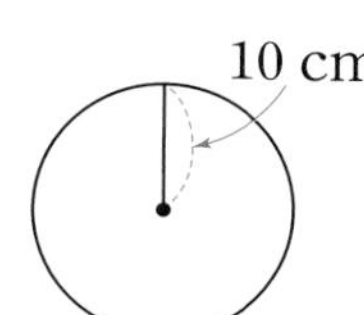

원주율: 3.14

(   )

8 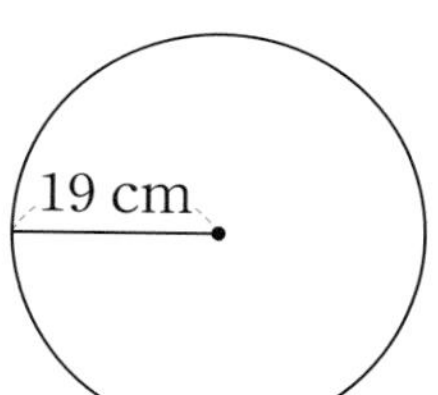

원주율: 3.1

(   )

9 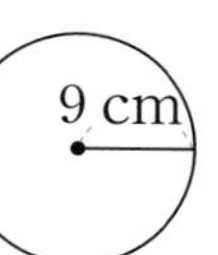

원주율: 3.1

(   )

10 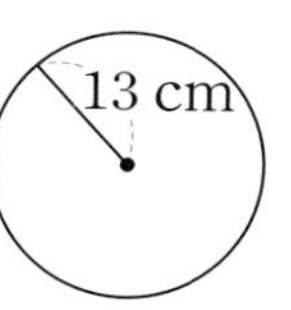

원주율: 3.14

(   )

절취선 대로 자르세요.

11~16 원의 지름을 구하시오.

11

원주: 15 cm
원주율: 3

(　　　　　　　)

12

원주: 31.4 cm
원주율: 3.14

(　　　　　　　)

13

원주: 24.8 cm
원주율: 3.1

(　　　　　　　)

14

원주: 63 cm
원주율: 3

(　　　　　　　)

15

원주: 28.26 cm
원주율: 3.14

(　　　　　　　)

16

원주: 50.24 cm
원주율: 3.14

(　　　　　　　)

17~22 원의 반지름을 구하시오.

17

원주: 18 cm
원주율: 3

(　　　　　　　)

18

원주: 60 cm
원주율: 3

(　　　　　　　)

19

원주: 31.4 cm
원주율: 3.14

(　　　　　　　)

20

원주: 43.4 cm
원주율: 3.1

(　　　　　　　)

21

원주: 55.8 cm
원주율: 3.1

(　　　　　　　)

22

원주: 37.68 cm
원주율: 3.14

(　　　　　　　)

23~34 원의 넓이를 구하시오.

23 5 cm

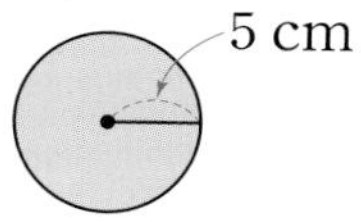

원주율: 3

(　　　　　　)

29 8 cm

원주율: 3.14

(　　　　　　)

24 12.5 cm

원주율: 3

(　　　　　　)

30 20 cm

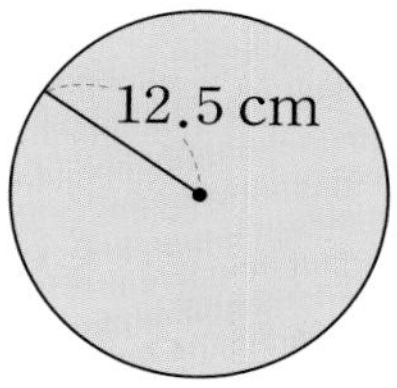

원주율: 3

(　　　　　　)

25 9 cm

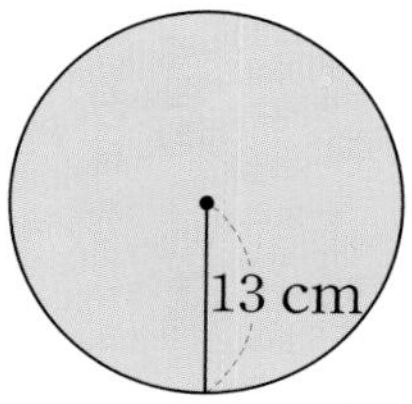

원주율: 3.1

(　　　　　　)

31 14 cm

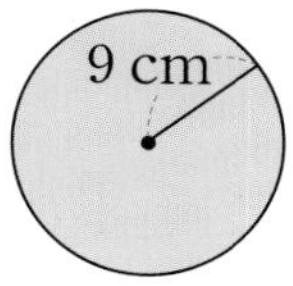

원주율: 3.1

(　　　　　　)

26 14 cm

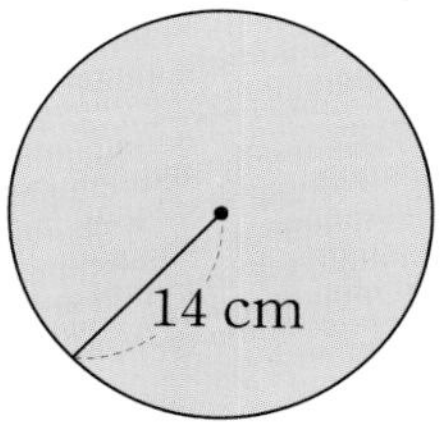

원주율: 3

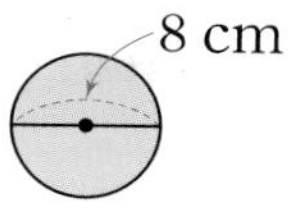

(　　　　　　)

32 28 cm

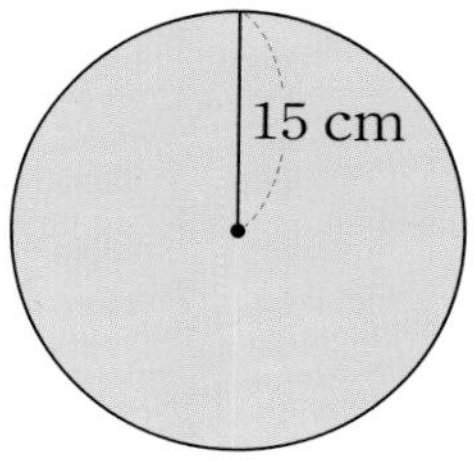

원주율: 3.14

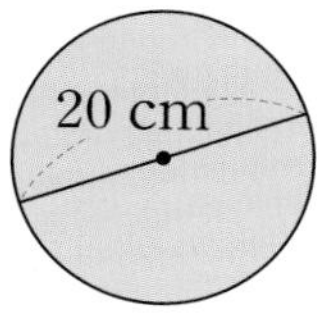

(　　　　　　)

27 13 cm

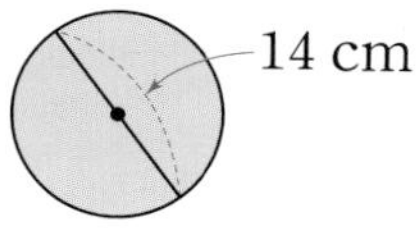

원주율: 3.1

(　　　　　　)

33 22 cm

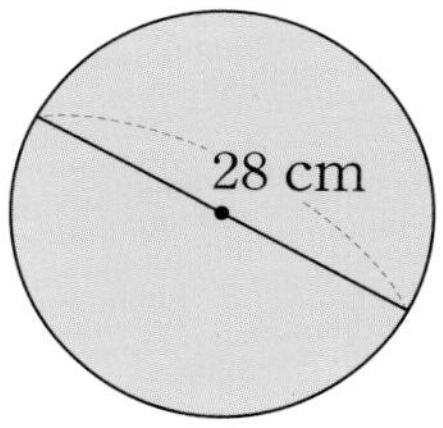

원주율: 3.14

(　　　　　　)

28 15 cm

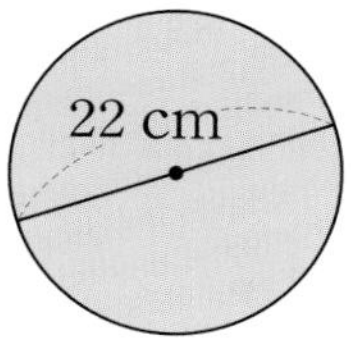

원주율: 3.14

(　　　　　　)

34 29 cm

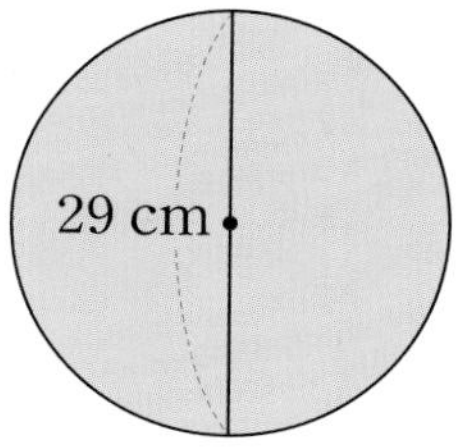

원주율: 3.1

(　　　　　　)

35~37 알맞은 식을 쓰고 답을 구하시오.

35 지름이 28 cm인 원 모양의 쟁반이 있습니다. 이 쟁반의 원주는 몇 cm입니까? (원주율: 3.14)

식 ______________________

답 ______________________

36 오른쪽과 같은 원 모양의 자전거 바퀴의 둘레를 재어 보니 93 cm였습니다. 자전거 바퀴의 지름은 몇 cm입니까? (원주율: 3.1)

식 ______________________

답 ______________________

37 현지는 오른쪽과 같은 원 모양의 와플을 샀습니다. 와플의 넓이는 몇 cm^2 입니까? (원주율: 3.14)

식 ______________________

답 ______________________

실력 Check! 채점하여 자신의 실력을 확인해 보세요!

맞힌 개수	35개 이상	연산왕! 참 잘했어요!
개/37개	26~34개	틀린 문제를 점검해요!
	25개 이하	차근차근 다시 풀어요!

엄마의 확인 Note 칭찬할 점과 주의할 점을 써주세요!

정답확인 

칭찬	
주의	

교과서 연계 계산력 강화 10주 완성 프로그램

하루 쏙 한장 셈 12권 정답

교과서 분수의 나눗셈

1 분자끼리 나누어떨어지는 분모가 같은 (진분수)÷(진분수) (1)

1주 1일차

1 3 2 4 3 6
4 3 5 5 6 7
7 3 8 2 9 2
10 4 11 5 12 7
13 11 14 8 15 16
16 1 17 5 18 2
19 4 20 3 21 7
22 3 23 4 24 23
25 3 26 6 27 3
28 10 29 2 30 13
31 6 32 3 33 7
34 3 35 12 36 2
37 5 38 1 39 2
40 3 41 1 42 4
43 2

마무리 연산 퍼즐

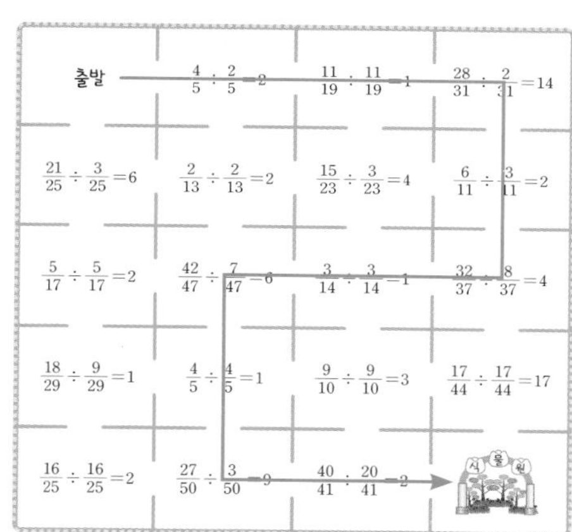

2 분자끼리 나누어떨어지는 분모가 같은 (진분수)÷(진분수) (2)

1주 2일차

1 6 2 5 3 7
4 2 5 2 6 1
7 3 8 5 9 3
10 4 11 3 12 9
13 1 14 3 15 8
16 48 17 3 18 5
19 11 20 9 21 2
22 13 23 2 24 2
25 11 26 19 27 1
28 1 29 4 30 3
31 17 32 7 33 5
34 2 35 2 36 16
37 29 38 1 39 2
40 1 41 3 42 8
43 8 44 1 45 17
46 2

마무리 연산 퍼즐 공원

3 분자끼리 나누어떨어지지 않는 분모가 같은 (진분수)÷(진분수)

1주 3일차

1 $1\frac{1}{3}$ 2 $\frac{1}{3}$
3 $1\frac{2}{5}$ 4 $\frac{4}{7}$
5 $\frac{3}{7}$ 6 $1\frac{1}{5}$
7 $\frac{5}{6}$ 8 $\frac{4}{9}$
9 $\frac{3}{5}$ 10 $1\frac{3}{5}$
11 $1\frac{2}{7}$ 12 $\frac{4}{11}$
13 $\frac{1}{5}$ 14 $\frac{2}{3}$
15 $\frac{5}{6}$ 16 $1\frac{4}{5}$
17 $\frac{5}{7}$ 18 $1\frac{1}{3}$
19 $\frac{11}{12}$ 20 $2\frac{1}{3}$
21 $\frac{9}{13}$ 22 $\frac{2}{5}$

23 $5\frac{2}{3}$

24 $1\frac{2}{3}$

25 $\frac{5}{11}$

26 $\frac{5}{9}$

27 $3\frac{1}{3}$

28 $\frac{5}{7}$

29 $1\frac{6}{7}$

30 $2\frac{3}{7}$

31 $\frac{7}{9}$

32 $\frac{8}{19}$

33 $3\frac{3}{7}$

34 $1\frac{1}{3}$

35 $\frac{7}{10}$

36 $2\frac{1}{5}$

37 $\frac{5}{21}$

38 $\frac{3}{4}$

39 $1\frac{1}{7}$

40 $\frac{4}{5}$

41 $1\frac{4}{15}$

42 $2\frac{1}{11}$

25 $1\frac{9}{13}$

26 $\frac{14}{15}$

27 $\frac{11}{16}$

28 $1\frac{7}{8}$

29 $2\frac{1}{10}$

30 6

31 $1\frac{3}{5}$

32 $\frac{6}{7}$

33 $1\frac{3}{7}$

34 $2\frac{2}{15}$

35 $\frac{22}{27}$

36 $1\frac{1}{3}$

37 $2\frac{1}{10}$

38 $\frac{16}{17}$

39 6

40 $1\frac{4}{21}$

41 $1\frac{2}{9}$

42 $1\frac{1}{48}$

43 $\frac{3}{16}$

마무리 연산 퍼즐 ③

4 분모가 다른 (진분수)÷(진분수) (1)

1주 4일차

1 2

2 $\frac{5}{8}$

3 $1\frac{1}{5}$

4 $\frac{5}{6}$

5 $\frac{9}{10}$

6 $1\frac{13}{20}$

7 $1\frac{1}{6}$

8 $\frac{3}{4}$

9 $1\frac{1}{21}$

10 $1\frac{1}{16}$

11 $\frac{9}{10}$

12 $2\frac{2}{3}$

13 $1\frac{4}{5}$

14 $2\frac{2}{3}$

15 $1\frac{1}{5}$

16 $2\frac{19}{28}$

17 $\frac{6}{7}$

18 $1\frac{3}{32}$

19 $\frac{44}{45}$

20 $\frac{1}{2}$

21 $1\frac{8}{27}$

22 $4\frac{1}{2}$

23 $\frac{20}{21}$

24 $1\frac{13}{50}$

5 분모가 다른 (진분수)÷(진분수) (2)

1주 5일차

1 $1\frac{1}{14}$

2 6

3 $\frac{4}{9}$

4 5

5 $\frac{5}{12}$

6 $\frac{5}{6}$

7 $2\frac{2}{3}$

8 $1\frac{1}{10}$

9 $\frac{7}{9}$

10 4

11 $3\frac{1}{3}$

12 $1\frac{1}{5}$

13 $4\frac{1}{5}$

14 $2\frac{1}{10}$

15 $\frac{6}{7}$

16 2

17 $\frac{8}{15}$

18 $1\frac{1}{20}$

19 $\frac{13}{18}$

20 $1\frac{7}{18}$

21 $\frac{25}{28}$

22 $\frac{8}{11}$

23 $\frac{15}{16}$

24 $1\frac{1}{9}$

25 $2\frac{1}{7}$

26 $\frac{16}{85}$

27 $1\frac{5}{6}$

28 $2\frac{2}{9}$

29 3

30 $2\frac{1}{10}$

31 $\frac{6}{7}$

32 $2\frac{2}{15}$

33 $1\frac{2}{25}$

34 $1\frac{1}{7}$

35 $1\frac{3}{4}$

36 $1\frac{1}{3}$

37 $\frac{2}{3}$

38 $2\frac{2}{5}$

39 $1\frac{4}{5}$

40 $4\frac{4}{7}$

41 $\frac{1}{3}$

42 $6\frac{1}{9}$

43 $2\frac{3}{4}$

44 $\frac{9}{10}$

45 $1\frac{7}{17}$

46 $\frac{15}{16}$

마무리 연산 퍼즐 8배

6 (자연수)÷(분수) (1)

2주 1일차

1 16	2 18	3 10
4 5	5 49	6 9
7 28	8 20	9 16
10 30	11 32	12 30
13 14	14 33	15 34
16 14	17 24	18 66
19 30	20 82	21 12
22 40	23 32	24 57
25 20	26 27	27 30
28 9	29 94	30 96
31 26	32 30	33 100
34 10	35 28	36 15
37 14	38 44	39 84
40 22	41 18	42 28
43 45		

마무리 연산 퍼즐 용민

7 (자연수)÷(분수) (2)

2주 2일차

1 $2\frac{4}{5}$

2 62

3 40

4 $2\frac{10}{11}$

5 $13\frac{1}{2}$

6 16

7 13

8 32

9 $14\frac{2}{3}$

10 85

11 6

12 $7\frac{1}{2}$

13 28

14 20

15 $8\frac{4}{7}$

16 21

17 $2\frac{2}{5}$

18 105

19 $17\frac{1}{2}$

20 $2\frac{2}{3}$

21 $3\frac{2}{3}$

22 14

23 $17\frac{1}{2}$

24 69

25 $11\frac{1}{5}$

26 14

27 $22\frac{3}{4}$

28 $4\frac{4}{5}$

29 55

30 $6\frac{2}{3}$

31 26

32 $3\frac{3}{4}$

33 $11\frac{1}{4}$

34 $31\frac{1}{2}$

35 27

36 $26\frac{1}{4}$

37 $7\frac{1}{2}$

38 22

39 $4\frac{1}{2}$

40 40

41 $16\frac{1}{2}$

42 49

43 4

44 $22\frac{1}{2}$

45 26

46 $4\frac{2}{5}$

마무리 연산 퍼즐 (왼쪽에서부터) $13\frac{1}{3}$, $20\frac{1}{4}$, 78, $27\frac{1}{2}$

8 (가분수)÷(진분수), (진분수)÷(가분수) (1) 2주 3일차

1 $3\frac{5}{9}$
2 $\frac{9}{20}$
3 $2\frac{6}{7}$
4 $\frac{9}{44}$
5 $2\frac{16}{25}$
6 $1\frac{13}{14}$
7 $\frac{15}{44}$
8 10
9 $1\frac{1}{2}$
10 $\frac{9}{35}$
11 $2\frac{1}{40}$
12 $3\frac{1}{4}$
13 $4\frac{4}{7}$
14 $\frac{21}{40}$
15 $2\frac{1}{2}$
16 $\frac{5}{8}$
17 $1\frac{11}{14}$
18 $3\frac{3}{5}$
19 $1\frac{13}{15}$
20 $1\frac{2}{7}$
21 $2\frac{2}{3}$
22 $\frac{3}{16}$
23 $2\frac{6}{7}$
24 $3\frac{5}{7}$
25 $1\frac{4}{5}$
26 $\frac{7}{24}$
27 $\frac{3}{8}$
28 $5\frac{13}{15}$
29 $4\frac{1}{5}$
30 $\frac{7}{30}$
31 $\frac{3}{8}$
32 10
33 $1\frac{1}{3}$
34 $1\frac{5}{9}$
35 $\frac{8}{35}$
36 $\frac{2}{9}$
37 $2\frac{1}{16}$
38 $1\frac{5}{11}$
39 $\frac{7}{18}$
40 $6\frac{5}{12}$
41 $3\frac{1}{3}$
42 22

9 (가분수)÷(진분수), (진분수)÷(가분수) (2) 2주 4일차

1 $\frac{7}{50}$
2 $4\frac{1}{12}$
3 $8\frac{1}{4}$
4 $\frac{20}{81}$
5 $3\frac{4}{7}$
6 $3\frac{1}{3}$
7 $\frac{6}{35}$
8 $8\frac{4}{7}$
9 $6\frac{1}{2}$
10 $\frac{7}{45}$
11 $9\frac{3}{5}$
12 4
13 $\frac{7}{24}$
14 $2\frac{1}{7}$
15 6
16 $1\frac{19}{21}$
17 $\frac{2}{13}$
18 $2\frac{7}{10}$
19 20
20 $6\frac{6}{7}$
21 $6\frac{1}{4}$
22 $3\frac{1}{2}$
23 $\frac{1}{3}$
24 $\frac{27}{70}$
25 $2\frac{1}{3}$
26 $2\frac{3}{4}$
27 $\frac{2}{5}$
28 $1\frac{19}{21}$
29 $\frac{5}{24}$
30 $7\frac{1}{2}$
31 $4\frac{2}{3}$
32 $\frac{2}{7}$
33 $2\frac{5}{8}$
34 $1\frac{7}{9}$
35 $9\frac{1}{3}$
36 $2\frac{4}{7}$
37 $\frac{2}{9}$
38 $2\frac{14}{15}$
39 $\frac{3}{44}$
40 5
41 $2\frac{2}{3}$
42 $1\frac{17}{55}$
43 $\frac{16}{21}$
44 $1\frac{17}{18}$
45 $2\frac{10}{11}$
46 24

10 (대분수)÷(진분수), (진분수)÷(대분수) (1) 2주 5일차

1 $3\frac{1}{8}$
2 $\frac{28}{45}$
3 $4\frac{2}{5}$
4 $\frac{4}{21}$
5 $11\frac{1}{4}$
6 $\frac{4}{13}$
7 2
8 12
9 6
10 $\frac{7}{12}$
11 $3\frac{3}{10}$
12 8
13 $7\frac{1}{5}$
14 $\frac{4}{21}$
15 $3\frac{3}{4}$
16 $9\frac{9}{10}$
17 $\frac{7}{45}$
18 5
19 $\frac{11}{45}$
20 $3\frac{3}{5}$
21 $\frac{9}{44}$
22 9
23 $3\frac{1}{9}$
24 $\frac{3}{25}$
25 $3\frac{3}{5}$
26 $\frac{15}{32}$
27 $2\frac{4}{7}$
28 $3\frac{1}{4}$
29 $7\frac{1}{2}$
30 $\frac{1}{12}$
31 $5\frac{2}{5}$
32 6
33 $\frac{10}{27}$
34 $2\frac{9}{20}$
35 $1\frac{7}{20}$
36 $\frac{1}{12}$
37 $3\frac{3}{7}$
38 $\frac{7}{13}$
39 $3\frac{1}{5}$
40 $\frac{3}{5}$
41 $2\frac{4}{11}$
42 $\frac{3}{20}$
43 $5\frac{1}{3}$

마무리 연산 퍼즐 4296

11 (대분수)÷(진분수), (진분수)÷(대분수) (2) 3주 1일차

1 2
2 $\frac{3}{16}$
3 $2\frac{6}{25}$
4 $\frac{2}{5}$
5 $2\frac{4}{7}$
6 6
7 $\frac{1}{14}$
8 $\frac{1}{4}$
9 $1\frac{22}{27}$
10 $\frac{2}{5}$
11 $2\frac{1}{7}$
12 $1\frac{7}{15}$
13 $4\frac{1}{2}$
14 $\frac{6}{23}$
15 $2\frac{1}{7}$
16 $\frac{3}{25}$
17 $\frac{4}{27}$
18 $2\frac{5}{8}$
19 $8\frac{1}{2}$
20 10
21 $\frac{27}{65}$
22 $3\frac{1}{3}$
23 $3\frac{5}{9}$
24 $6\frac{2}{3}$
25 $1\frac{9}{10}$
26 $\frac{2}{7}$
27 $1\frac{13}{15}$
28 $\frac{5}{14}$
29 6
30 $\frac{5}{24}$
31 $\frac{5}{28}$
32 $4\frac{4}{5}$
33 $\frac{5}{16}$
34 $2\frac{5}{8}$
35 $6\frac{3}{4}$
36 $\frac{7}{33}$
37 4
38 $\frac{10}{99}$
39 $5\frac{1}{3}$
40 $\frac{2}{9}$
41 $1\frac{5}{9}$
42 $1\frac{1}{2}$
43 $\frac{25}{64}$
44 $3\frac{1}{3}$
45 $\frac{2}{9}$
46 $5\frac{8}{11}$

마무리 연산 퍼즐 동문서답

12 (대분수)÷(대분수) (1)

3주 2일차

1 $\frac{20}{21}$
2 $\frac{70}{81}$
3 $\frac{19}{26}$
4 $\frac{9}{10}$
5 $1\frac{1}{5}$
6 $1\frac{1}{8}$
7 $1\frac{9}{11}$
8 $\frac{11}{24}$
9 $\frac{3}{7}$
10 $\frac{16}{27}$
11 $1\frac{3}{5}$
12 6
13 $\frac{14}{15}$
14 $1\frac{4}{5}$
15 2
16 $1\frac{1}{2}$
17 $2\frac{4}{5}$
18 $1\frac{4}{5}$
19 $1\frac{5}{9}$
20 $2\frac{1}{2}$
21 $2\frac{1}{4}$
22 $\frac{5}{6}$
23 $\frac{42}{55}$
24 $3\frac{8}{9}$
25 $4\frac{2}{3}$
26 $\frac{7}{8}$
27 $1\frac{1}{3}$
28 $1\frac{1}{26}$
29 $\frac{35}{44}$
30 $2\frac{1}{2}$
31 $1\frac{1}{2}$
32 $1\frac{1}{7}$
33 $2\frac{2}{15}$
34 $\frac{9}{11}$
35 $1\frac{1}{9}$
36 $4\frac{1}{2}$
37 $2\frac{1}{3}$
38 $\frac{32}{45}$
39 $3\frac{1}{3}$
40 6
41 $1\frac{23}{35}$
42 $1\frac{2}{49}$
43 $3\frac{1}{2}$

마무리 연산 퍼즐 박정진

13 (대분수)÷(대분수) (2)

3주 3일차

1 $2\frac{8}{9}$
2 $1\frac{1}{4}$
3 $\frac{11}{14}$
4 $1\frac{7}{8}$
5 $\frac{5}{8}$
6 $2\frac{2}{13}$
7 $1\frac{5}{6}$
8 $1\frac{1}{3}$
9 $\frac{17}{22}$
10 $\frac{13}{18}$
11 $\frac{7}{12}$
12 $1\frac{7}{17}$
13 $1\frac{5}{7}$
14 $\frac{5}{6}$
15 $1\frac{4}{5}$
16 $1\frac{1}{2}$
17 $\frac{24}{25}$
18 6
19 $\frac{26}{33}$
20 $\frac{9}{25}$
21 $\frac{1}{2}$
22 $\frac{5}{8}$
23 $1\frac{19}{21}$
24 $2\frac{5}{14}$
25 $\frac{13}{18}$
26 $3\frac{3}{10}$
27 $1\frac{3}{7}$
28 $1\frac{17}{21}$
29 $\frac{4}{5}$
30 $\frac{9}{10}$
31 $\frac{1}{2}$
32 3
33 $\frac{1}{2}$
34 $2\frac{1}{7}$
35 $4\frac{1}{5}$
36 $\frac{5}{18}$
37 $1\frac{1}{8}$
38 3
39 $2\frac{1}{2}$
40 $\frac{17}{21}$
41 $2\frac{5}{14}$
42 $\frac{16}{25}$
43 $2\frac{2}{9}$
44 $\frac{27}{35}$
45 $\frac{9}{14}$
46 $1\frac{11}{24}$

마무리 연산 퍼즐 $1\frac{4}{9}\div1\frac{5}{6}=\frac{26}{33}$, $5\frac{1}{7}\div2\frac{1}{4}=2\frac{2}{7}$, $3\frac{2}{3}\div2\frac{3}{4}=1\frac{1}{3}$, $2\frac{3}{4}\div1\frac{3}{8}=2$에 ○표

14 (대분수)÷(대분수) (3)

3주 4일차

1 $\frac{2}{3}$
2 $2\frac{7}{9}$
3 $1\frac{1}{14}$
4 $2\frac{2}{7}$
5 $\frac{7}{20}$
6 $1\frac{11}{16}$
7 $\frac{20}{39}$
8 $\frac{7}{16}$
9 $4\frac{3}{8}$
10 $1\frac{3}{5}$
11 $1\frac{1}{2}$
12 $\frac{27}{28}$
13 $\frac{9}{10}$
14 $\frac{5}{18}$
15 $1\frac{7}{8}$
16 $3\frac{1}{3}$
17 $2\frac{1}{7}$
18 $4\frac{2}{3}$
19 $\frac{12}{25}$
20 4
21 $\frac{2}{3}$
22 $\frac{39}{56}$
23 9
24 $\frac{7}{12}$
25 $\frac{5}{14}$
26 $\frac{5}{18}$
27 $2\frac{2}{7}$
28 $\frac{12}{23}$
29 $2\frac{4}{5}$
30 $\frac{9}{16}$
31 $1\frac{1}{6}$
32 $\frac{2}{3}$
33 $\frac{9}{10}$
34 $1\frac{11}{12}$
35 $\frac{9}{20}$
36 $\frac{21}{26}$
37 $\frac{7}{33}$
38 $\frac{9}{14}$
39 $1\frac{1}{16}$
40 $\frac{5}{6}$
41 $4\frac{1}{12}$
42 3
43 $3\frac{4}{7}$
44 (위에서부터) $1\frac{1}{9}$, $\frac{3}{4}$ / $\frac{8}{9}$, $\frac{3}{5}$
45 (위에서부터) $\frac{1}{2}$, $\frac{17}{26}$ / $\frac{2}{3}$, $\frac{34}{39}$
46 (위에서부터) $3\frac{3}{8}$, $\frac{7}{20}$ / 6, $\frac{28}{45}$
47 (위에서부터) $2\frac{1}{3}$, $\frac{1}{3}$ / $3\frac{1}{37}$, $\frac{16}{37}$

단원 마무리 연산

3주 5일차

1 2
2 3
3 2
4 8
5 3
6 3
7 $2\frac{1}{3}$
8 $\frac{7}{9}$
9 $\frac{3}{5}$
10 $1\frac{1}{3}$
11 $1\frac{2}{7}$
12 $\frac{5}{13}$
13 $\frac{8}{9}$
14 $\frac{13}{16}$
15 $5\frac{1}{2}$
16 $\frac{10}{21}$
17 $2\frac{4}{7}$
18 $1\frac{4}{11}$
19 18
20 14
21 40
22 $7\frac{1}{3}$
23 $1\frac{13}{15}$
24 $6\frac{3}{4}$
25 2
26 $\frac{11}{18}$
27 $1\frac{1}{4}$
28 $1\frac{7}{15}$
29 $\frac{5}{27}$
30 $7\frac{1}{2}$
31 $5\frac{3}{5}$
32 $\frac{3}{10}$
33 $\frac{4}{9}$
34 $3\frac{1}{3}$
35 $1\frac{1}{14}$
36 $\frac{24}{35}$
37 2
38 $3\frac{3}{4}$
39 $1\frac{1}{3}$
40 2
41 $\frac{2}{9}$
42 $2\frac{4}{5}$
43 $1\frac{4}{5}$
44 35
45 $2\frac{4}{5}$
46 $1\frac{2}{7}$
47 $\frac{1}{3}$
48 $2\frac{4}{5}$
49 3
50 $\frac{9}{10} \div \frac{3}{10} = 3$, 3개
51 $12 \div \frac{2}{5} = 30$, 30봉지
52 $8\frac{2}{3} \div 1\frac{1}{12} = 8$, 8명

교과서 **소수의 나눗셈**

1 자연수의 나눗셈을 이용하여 (소수)÷(소수) 알아보기 4주 1일차

1 10 / 357, 7, 51 / 51	**2** 10 / 246, 3, 82 / 82
3 10 / 728, 8, 91 / 91	**4** 100 / 284, 4, 71 / 71
5 100 / 84, 14, 6 / 6	**6** 100 / 636, 6, 106 / 106
7 213, 213, 213	**8** 107, 107, 107
9 431, 431, 431	**10** 61, 61, 61
11 113, 113, 113	**12** 112, 112, 112
13 252, 252, 252	**14** 102, 102, 102
15 108, 108, 108	**16** 232, 232, 232
17 29 / 29	**18** 2, 413 / 413
19 6, 21 / 21	**20** 7, 105 / 105
21 38 / 38	**22** 636, 212 / 212
23 336, 42 / 42	**24** 945, 105 / 105

2 (소수 한 자리 수)÷(소수 한 자리 수) (1) 4주 2일차

1 2	**2** 13	**3** 8
4 15	**5** 6	**6** 18
7 5	**8** 11	**9** 7
10 2	**11** 7	**12** 23
13 3	**14** 7	**15** 3
16 9	**17** 14	**18** 25
19 2	**20** 13	**21** 17
22 13	**23** 43	**24** 12
25 6	**26** 3	**27** 8
28 5	**29** 13	**30** 33
31 24	**32** 11	**33** 3
34 17	**35** 24	**36** 52
37 19		

마무리 연산 퍼즐 2배

3 (소수 한 자리 수)÷(소수 한 자리 수) (2) 4주 3일차

1 6	**2** 14	**3** 23
4 6	**5** 12	**6** 28
7 7	**8** 19	**9** 15
10 5	**11** 7	**12** 4
13 7	**14** 12	**15** 7
16 3	**17** 12	**18** 8
19 26	**20** 39	**21** 93
22 18	**23** 2	**24** 6
25 25	**26** 24	**27** 13
28 8	**29** 5	**30** 5
31 13	**32** 5	**33** 7
34 19	**35** 42	**36** 9
37 3	**38** 24	**39** 26
40 23	**41** 34	

마무리 연산 퍼즐

14.4÷1.6=9	1.8÷0.3=6	출발	22.4÷1.6=24
51.8÷3.7=14	37.5÷2.5=13	9.1÷1.3=8	28.8÷3.6=9
4.2÷0.6=7	49.6÷6.2=8	7.2÷1.2=7	32.2÷2.3=15
55.2÷4.6=13	51.3÷5.7=9	91.2÷3.8=24	25.2÷1.2=20
75.6÷1.4=59	13.2÷3.3=6	50.4÷2.8=18	야구장

4 (소수 두 자리 수)÷(소수 두 자리 수) (1) 4주 4일차

1 8	**2** 12	**3** 4
4 21	**5** 3	**6** 12
7 6	**8** 7	**9** 13
10 3	**11** 16	**12** 5
13 14	**14** 13	**15** 4
16 23	**17** 6	**18** 2
19 3	**20** 8	**21** 24
22 7	**23** 65	**24** 19
25 3	**26** 41	**27** 8
28 6	**29** 22	**30** 8
31 68	**32** 21	**33** 22
34 4	**35** 26	**36** 14
37 95	**38** 17	

마무리 연산 퍼즐 6749

5 (소수 두 자리 수)÷(소수 두 자리 수) (2) 4주 5일차

1 7	2 17	3 19
4 2	5 43	6 12
7 5	8 11	9 12
10 8	11 9	12 4
13 13	14 13	15 27
16 5	17 17	18 11
19 35	20 32	21 62
22 2	23 37	24 7
25 5	26 7	27 24
28 9	29 91	30 3
31 4	32 14	33 23
34 18	35 8	36 21
37 5	38 15	39 27

마무리 연산 퍼즐 경천애인

6 (소수 두 자리 수)÷(소수 한 자리 수) (1) 5주 1일차

1 0.9	2 1.5	3 0.8
4 4.6	5 0.7	6 8.9
7 0.6	8 3.4	9 0.7
10 3.3	11 1.1	12 0.8
13 8.4	14 7.45	15 3.7
16 0.9	17 3.7	18 2.4
19 0.95	20 3.6	21 10.7
22 1.2	23 6.8	24 4.6
25 0.8	26 3.8	27 4.3
28 0.5	29 1.7	30 8.45
31 0.7	32 4.9	33 5.3
34 1.6	35 0.7	36 7.9
37 9.3		

마무리 연산 퍼즐 김주희

7 (소수 두 자리 수)÷(소수 한 자리 수) (2) 5주 2일차

1 0.9	2 4.9	3 7.2
4 0.7	5 1.7	6 3.1
7 0.8	8 8.5	9 8.9
10 3.9	11 0.9	12 6.7
13 3.2	14 0.5	15 7.35
16 2.5	17 4.5	18 0.65
19 1.9	20 11.5	21 4.8
22 2.1	23 1.2	24 2.3
25 12.3	26 2.9	27 3.4
28 5.65	29 1.3	30 1.4
31 2.1	32 2.3	33 5.1
34 4.4	35 5.9	36 0.94
37 2.5	38 3.9	39 4.95
40 6.2	41 4.1	

마무리 연산 퍼즐 민아

8 (소수 두 자리 수)÷(소수 한 자리 수) (3) 5주 3일차

1 0.8	2 2.4	3 1.3
4 1.8	5 0.9	6 9.7
7 5.3	8 8.8	9 0.7
10 1.8	11 2.4	12 5.6
13 0.9	14 5.2	15 6.3
16 3.9	17 1.9	18 5.6
19 1.5	20 2.8	21 0.4
22 6.45	23 5.1	24 4.3
25 14.7	26 1.4	27 7.65
28 6.2	29 5.4	30 7.9
31 8.1	32 5.2	33 3.1
34 3.2	35 6.4	36 2.1
37 9.9		

38 (위에서부터) 0.6 / 4.3
39 (위에서부터) 5.2 / 1.95
40 (위에서부터) 5.2 / 2.6
41 (위에서부터) 8.4 / 5.6

9 (자연수)÷(소수) (1)

5주 4일차

1 2	**2** 95	**3** 70
4 25	**5** 50	**6** 24
7 5	**8** 12	**9** 25
10 15	**11** 160	**12** 15
13 120	**14** 5	**15** 50
16 75	**17** 25	**18** 30
19 4	**20** 45	**21** 32
22 50	**23** 72	**24** 50
25 40	**26** 8	**27** 15
28 64	**29** 25	**30** 175
31 56	**32** 72	**33** 20
34 28	**35** 25	**36** 45
37 5	**38** 140	

마무리 연산 퍼즐 3개

10 (자연수)÷(소수) (2)

5주 5일차

1 6	**2** 35	**3** 12
4 5	**5** 25	**6** 32
7 80	**8** 15	**9** 12
10 14	**11** 75	**12** 25
13 320	**14** 5	**15** 55
16 50	**17** 35	**18** 28
19 18	**20** 25	**21** 75
22 4	**23** 20	**24** 40
25 15	**26** 80	**27** 45
28 50	**29** 84	**30** 6
31 25	**32** 85	**33** 25
34 120	**35** 52	**36** 40
37 25	**38** 52	**39** 25
40 75	**41** 22	

마무리 연산 퍼즐

가 7	나 2			
	다 4	0		
			바 1	
라 3			사 4	아 5
마 5	6			0

11 (자연수)÷(소수) (3)

6주 1일차

1 5	**2** 25	**3** 15
4 24	**5** 4	**6** 45
7 25	**8** 12	**9** 8
10 14	**11** 25	**12** 25
13 6	**14** 36	**15** 80
16 15	**17** 50	**18** 25
19 8	**20** 25	**21** 56
22 62	**23** 75	**24** 50
25 25	**26** 14	**27** 35
28 82	**29** 5	**30** 16
31 95	**32** 64	**33** 44
34 20	**35** 15	**36** 50
37 40		

38 (위에서부터) 15 / 12
39 (위에서부터) 15 / 50
40 (위에서부터) 8 / 75
41 (위에서부터) 80 / 25
42 (위에서부터) 75 / 312

12 몫을 반올림하여 나타내기 (1) 6주 2일차

1 0.3	2 1.6	3 3.1
4 2.2	5 1.6	6 0.9
7 16.3	8 19.3	9 22.1
10 0.89	11 0.14	12 1.31
13 1.56	14 2.38	15 1.33
16 0.57	17 1.11	18 1.21
19 1.23	20 8.43	21 2.78
22 6.33	23 1.32	24 15.42
25 2	26 1.1	27 2.97
28 3	29 5.9	30 4.18
31 0.6, 0.57	32 1.4, 1.37	33 98.7, 98.67
34 4.8, 4.81	35 19, 19.04	

마무리 연산 퍼즐 (왼쪽에서부터) 7.97, 11.88, 32.7, 7.1

13 몫을 반올림하여 나타내기 (2) 6주 3일차

1 2.7	2 0.5	3 1.4
4 1.4	5 2.7	6 1.5
7 12.1	8 38.1	9 15
10 0.43	11 0.83	12 1.54
13 7.33	14 4.55	15 0.81
16 2.27	17 0.42	18 1.18
19 0.69	20 21.83	21 7.16
22 2.88	23 3.14	24 1.9
25 5.5	26 9.38	27 9
28 0.28	29 2.6	30 7
31 1.6	32 3.47	33 15
34 3	35 7.6	36 3

14 몫을 자연수 부분까지 구하고 나머지 구하기 6주 4일차

1 3, 0.3	2 4, 6.1	3 10, 1.7
4 9, 0.9	5 34, 0.9	6 7, 2.7
7 9, 1.2	8 20, 2.8	9 21, 2.2
10 10, 1.4	11 12, 1.6	12 9, 0.1
13 9, 6.3	14 12, 2.5	15 12, 2.1
16 3, 1.7	17 23, 3.3	18 8, 7.2
19 14, 0.4	20 4, 2.2	21 6, 3.8
22 5, 3.8	23 11, 5.5	24 12, 0.9

단원 마무리 연산 6주 5일차

1 9	2 16	3 21
4 8	5 7	6 5
7 13	8 1.6	9 3.3
10 2.7	11 4.3	12 8
13 15	14 32	15 10
16 8	17 12	18 18
19 17	20 9	21 34
22 18	23 27	24 12
25 11	26 17	27 22
28 3.2	29 4.3	30 3.8
31 20.7	32 3.85	33 4.3
34 15	35 18	36 16
37 56	38 24	39 44
40 7	41 1	42 2.61
43 17	44 3.1	45 18.89
46 4, 3.5	47 12, 4.4	48 9, 0.6
49 11, 4.1	50 16, 1.7	51 13, 3.7

52 2.56÷0.64=4, 4개

53 17.1÷2=8···1.1 / 8명, 1.1 kg

54 58.5÷6.5=9, 9배

교과서 비례식과 비례배분

1 비의 성질 (1)

7주 1일차

1 3, 21	2 4, 36	3 7, 70
4 8, 176	5 2, 5	6 3, 9
7 4, 17	8 9, 17	9 10, 15 / 5
10 6 / 48, 30	11 81, 126 / 9	12 3 / 48, 21
13 2 / 50 / 2	14 14 / 434 / 14	15 8 / 424 / 8
16 7 / 308 / 7	17 1, 4 / 9	18 3 / 9, 2
19 13, 5 / 7	20 4 / 5, 21	21 7 / 11 / 7
22 12 / 3 / 12	23 8 / 13 / 8	24 6 / 11 / 6
25 10 / 19 / 10	26 6	27 56
28 12	29 21	30 39
31 7		

마무리 연산 퍼즐

2 비의 성질 (2)

7주 2일차

1 4, 20	2 7, 56	3 3, 51
4 6, 150	5 5, 195	6 6, 7
7 8, 9	8 3, 31	9 7, 11
10 4, 41	11 12, 28 / 4	12 5 / 50, 45
13 88, 128 / 8	14 6 / 108, 30	15 3 / 63 / 3
16 12 / 60 / 12	17 5, 9 / 7	18 9 / 8, 3
19 13, 20 / 4	20 3 / 25, 22	21 8 / 6 / 8
22 11 / 9 / 11	23 38	24 49
25 72	26 125	27 102
28 106	29 9	30 11
31 10	32 19	33 26
34 30		

3 간단한 자연수의 비로 나타내기 (1)

7주 3일차

1 4, 2	2 3, 5	3 5, 7
4 2, 9	5 5, 5	6 2, 19
7 6, 10	8 2, 25	9 3, 32
10 2, 41	11 3 : 1	12 7 : 8
13 23 : 11	14 2 : 5	15 8 : 17
16 49 : 24	17 11 : 5	18 9 : 1
19 8 : 3	20 3 : 7	21 10 : 9
22 3 : 25	23 17 : 6	24 12 : 13
25 45 : 8	26 28 : 15	27 35 : 12
28 9 : 31	29 58 : 49	30 24 : 23
31 33 : 10	32 4 : 13	33 15 : 26
34 37 : 12	35 3 : 10	36 9 : 16
37 17 : 29	38 14 : 17	39 55 : 87
40 29 : 17	41 13 : 70	42 100 : 51
43 1 : 4	44 5 : 8	45 2 : 15
46 23 : 13	47 26 : 33	

마무리 연산 퍼즐 김범수

4 간단한 자연수의 비로 나타내기 (2)

7주 4일차

1 6, 3	2 5, 6	3 3, 3
4 4, 12	5 9, 2	6 7, 14
7 6, 16	8 3, 19	9 2, 38
10 5, 10	11 1 : 4	12 2 : 7
13 6 : 1	14 14 : 11	15 15 : 7
16 21 : 16	17 16 : 3	18 7 : 22
19 16 : 13	20 9 : 10	21 15 : 4
22 9 : 16	23 33 : 14	24 8 : 13
25 30 : 13	26 6 : 25	27 27 : 23
28 19 : 18	29 14 : 17	30 20 : 11
31 13 : 31	32 24 : 29	33 3 : 11
34 5 : 16	35 1 : 5	36 1 : 6
37 4 : 11	38 3 : 5	39 10 : 7
40 12 : 13	41 7 : 4	42 21 : 20
43 8 : 15	44 16 : 31	45 34 : 19
46 27 : 40		

마무리 연산 퍼즐 5 : 1

5 소수의 비를 간단한 자연수의 비로 나타내기 (1) 7주 5일차

1 10, 7 **2** 10, 45 **3** 10, 28, 28, 14
4 100, 69 **5** 100, 126 **6** 100, 65, 65, 13
7 1 : 8 **8** 5 : 9 **9** 9 : 16
10 7 : 1 **11** 21 : 34 **12** 16 : 5
13 3 : 1 **14** 11 : 41 **15** 2 : 5
16 14 : 3 **17** 46 : 7 **18** 7 : 9
19 6 : 5 **20** 102 : 55 **21** 13 : 24
22 11 : 7 **23** 3 : 7 **24** 6 : 13
25 9 : 4 **26** 51 : 32 **27** 25 : 29
28 36 : 31 **29** 17 : 35 **30** 11 : 13
31 15 : 11 **32** 7 : 9 **33** 30 : 61
34 4 : 5 **35** 100 : 87 **36** 3 : 4
37 10 : 59 **38** 7 : 2 **39** 4 : 9
40 17 : 26 **41** 14 : 23 **42** 93 : 121
43 53 : 57 **44** 1 : 6

마무리 연산 퍼즐

출발	0.12 : 0.4 =3 : 1	1.8 : 0.36 =1 : 2	2.5 : 4.5 =1 : 2
0.2 : 0.9 =2 : 9	0.15 : 0.45 =1 : 3	2.7 : 0.9 =3 : 1	0.5 : 1.5 =1 : 3
7.2 : 1.2 =1 : 6	0.56 : 0.96 =2 : 7	3.4 : 0.34 =1 : 5	3.5 : 0.07 =50 : 1
1.7 : 6.8 =2 : 3	1.44 : 1.2 =6 : 5	0.51 : 0.34 =3 : 2	0.45 : 0.63 =5 : 7
0.56 : 3.5 =28 : 170	놀이공원	4.2 : 7.2 =5 : 3	0.09 : 0.03 =1 : 3

6 소수의 비를 간단한 자연수의 비로 나타내기 (2) 8주 1일차

1 10, 5 **2** 10, 63
3 10, 37 **4** 10, 88, 88, 11
5 100, 103 **6** 100, 48
7 100, 357 **8** 100, 138, 138, 23
9 4 : 7 **10** 6 : 5 **11** 7 : 5
12 34 : 45 **13** 5 : 3 **14** 13 : 5
15 101 : 132 **16** 3 : 7 **17** 1 : 7
18 7 : 11 **19** 3 : 2 **20** 83 : 27
21 11 : 15 **22** 7 : 9 **23** 15 : 17
24 54 : 53 **25** 27 : 16 **26** 14 : 19
27 1 : 3 **28** 22 : 27 **29** 35 : 13
30 70 : 27 **31** 3 : 4 **32** 34 : 37
33 6 : 5 **34** 12 : 17 **35** 31 : 15
36 37 : 27 **37** 28 : 113 **38** 6 : 7
39 15 : 26 **40** 9 : 4 **41** 29 : 27
42 18 : 19 **43** 260 : 133 **44** 15 : 14

마무리 연산 퍼즐 언중유골

7 분수의 비를 간단한 자연수의 비로 나타내기 (1) 8주 2일차

1 15, 3 **2** 28, 8 **3** 20, 15, 15, 5
4 24, 44 **5** 15, 19 **6** 6, 7, 7, 1
7 1 : 4 **8** 21 : 10 **9** 9 : 20
10 56 : 45 **11** 10 : 9 **12** 8 : 21
13 5 : 12 **14** 3 : 4 **15** 7 : 10
16 12 : 5 **17** 33 : 8 **18** 40 : 9
19 17 : 3 **20** 27 : 44 **21** 13 : 55
22 7 : 18 **23** 1 : 2 **24** 63 : 50
25 9 : 14 **26** 5 : 6 **27** 46 : 33
28 15 : 28 **29** 32 : 25 **30** 16 : 21
31 20 : 21 **32** 8 : 5 **33** 33 : 40
34 26 : 27 **35** 8 : 9 **36** 4 : 15
37 32 : 5 **38** 1 : 8 **39** 3 : 4

마무리 연산 퍼즐 (왼쪽에서부터) 3 : 4, 8 : 21, 8 : 33, 20 : 13

8 분수의 비를 간단한 자연수의 비로 나타내기 (2) 8주 3일차

1 15, 3 **2** 28, 20 **3** 45, 12, 12, 3
4 18, 56 **5** 24, 33 **6** 9, 30, 30, 3
7 10 : 21 **8** 55 : 24 **9** 20 : 21
10 4 : 3 **11** 6 : 5 **12** 20 : 33
13 5 : 12 **14** 20 : 9 **15** 35 : 6

16 81 : 44 **17** 1 : 2 **18** 16 : 39
19 48 : 85 **20** 5 : 54 **21** 16 : 27
22 9 : 10 **23** 64 : 63 **24** 3 : 4
25 5 : 4 **26** 11 : 15 **27** 7 : 4
28 8 : 15 **29** 5 : 26 **30** 20 : 13
31 9 : 35 **32** 25 : 6 **33** 20 : 7
34 5 : 12 **35** 35 : 66 **36** 40 : 51
37 15 : 11 **38** 53 : 68 **39** 63 : 50

마무리 연산 퍼즐 5479

9 소수와 분수의 비를 간단한 자연수의 비로 나타내기 (1) — 8주 4일차

1 10, 3 **2** 100, 9 **3** 70, 50, 50, 25
4 10, 9 **4** 10, 19 **6** 40, 24, 24, 8
7 2 : 1 **8** 3 : 8 **9** 4 : 5
10 22 : 45 **11** 3 : 1 **12** 3 : 5
13 3 : 1 **14** 4 : 3 **15** 9 : 4
16 3 : 1 **17** 16 : 15 **18** 5 : 4
19 3 : 4 **20** 15 : 8 **21** 5 : 12
22 10 : 7 **23** 9 : 8 **24** 1 : 5
25 15 : 14 **26** 55 : 32 **27** 7 : 12
28 5 : 2 **29** 1 : 4 **30** 25 : 28
31 4 : 15 **32** 1 : 3 **33** 40 : 21
34 25 : 6 **35** 8 : 15 **36** 12 : 5
37 18 : 7 **38** 5 : 9 **39** 25 : 6

마무리 연산 퍼즐 ②

10 소수와 분수의 비를 간단한 자연수의 비로 나타내기 (2) — 8주 5일차

1 10, 7 **2** 20, 4 **3** 10, 6, 6, 3
4 10, 9 **5** 100, 98 **6** 20, 35, 35, 7
7 80 : 27 **8** 21 : 8 **9** 3 : 4
10 37 : 45 **11** 13 : 4 **12** 12 : 5
13 3 : 4 **14** 15 : 4 **15** 9 : 20
16 24 : 5 **17** 20 : 63 **18** 15 : 7
19 5 : 28 **20** 10 : 9 **21** 25 : 14
22 9 : 28 **23** 15 : 16 **24** 5 : 16
25 16 : 81 **26** 32 : 21 **27** 19 : 21
28 1 : 2 **29** 8 : 15 **30** 3 : 2
31 5 : 9 **32** 15 : 64 **33** 10 : 13
34 1 : 4 **35** 9 : 2 **36** 1 : 3
37 4 : 5 **38** 5 : 1 **39** 2 : 3

마무리 연산 퍼즐 병원

11 비례식 알아보기 — 9주 1일차

1 △4 : ○5 = ○8 : △10 **2** △7 : ○3 = ○14 : △6
3 △2 : ○3 = ○6 : △9 **4** △4 : ○1 = ○20 : △5
5 △6 : ○5 = ○18 : △15 **6** △1 : ○3 = ○7 : △21
7 △4 : ○3 = ○16 : △12 **8** △9 : ○10 = ○45 : △50
9 6, 4 **10** 3, 12 **11** 4, 10
12 18, 8 **13** 18, 21 **14** 15, 40
15 1, 2, 2, 4 (또는 2, 4, 1, 2)
16 4, 3, 8, 6 (또는 8, 6, 4, 3)
17 3, 1, 9, 3 (또는 9, 3, 3, 1)
18 5, 3, 15, 9 (또는 15, 9, 5, 3)
19 6, 9, 18, 27 (또는 18, 27, 6, 9)
20 10, 15, 20, 30 (또는 20, 30, 10, 15)
21 × **22** ○ **23** ○ **24** ×
25 ○ **26** × **27** ○ **28** ×
29 ○ **30** ○

12 비례식의 성질 (1) — 9주 2일차

1 45, 360, 360, 40 **2** 8, 36, 36, 20
3 27, 3, 3, 21 **4** 32, 224, 224, 56
5 11, 8.8, 8.8, 8 **6** 9, 6, 6, 15
7 15 **8** 9 **9** 30 **10** 3
11 70 **12** 45 **13** 27 **14** 84

15 4　16 9　17 7　18 3
19 8　20 11　21 6　22 4
23 9　24 15　25 12　26 40
27 10　28 5　29 4　30 28
31 20　32 8　33 6　34 4
35 3

마무리 연산 퍼즐 석민

13 비례식의 성질 (2) 9주 3일차

1 90, 270, 270, 27　2 21.6, 54, 54, 30
3 64, 16, 16, 20　4 16, 240, 240, 20
5 6.3, 1.26, 1.26, 1.8　6 36, 15, 15, 35
7 10　8 7　9 42　10 129
11 26　12 4　13 9　14 3
15 11　16 20　17 10　18 12
19 28　20 24　21 70　22 19
23 27　24 15　25 26　26 128
27 6　28 7　29 9　30 3
31 14　32 6

14 비례배분 (1) 9주 4일차

1 5, 2 / $\frac{3}{5}$, 3　2 13, 30 / $\frac{7}{13}$, 35
3 $\frac{11}{30}$, 33 / 30, 57　4 $\frac{22}{39}$, 88 / 39, 68
5 8, 14　6 24, 32　7 20, 16
8 18, 33　9 26, 6　10 38, 30
11 28, 70　12 33, 44　13 34, 46
14 42, 45　15 75, 81　16 52, 40
17 20, 52　18 75, 24　19 72, 16
20 168, 96　21 88, 104　22 120, 84
23 133, 49　24 216, 90　25 4, 14
26 81, 9　27 64, 20　28 24, 21
29 60, 132　30 138, 78

마무리 연산 퍼즐 혜리

15 비례배분 (2) 9주 5일차

1 $\frac{2}{5}$, 12 / 5, 18　2 23, 78 / $\frac{10}{23}$, 60
3 $\frac{3}{7}$, 36 / 7, 48　4 $\frac{19}{39}$, 95 / 39, 100
5 20, 15　6 12, 28　7 45, 12
8 30, 34　9 60, 30　10 57, 18
11 99, 77　12 30, 36　13 68, 28
14 72, 56　15 20, 68　16 152, 72
17 192, 88　18 156, 168　19 10, 5
20 35, 14　21 48, 36　22 24, 26
23 28, 77　24 98, 63
25 (위에서부터) 24, 28 / 22, 30
26 (위에서부터) 32, 64 / 56, 40
27 (위에서부터) 36, 44 / 46, 34
28 (위에서부터) 45, 25 / 14, 56
29 (위에서부터) 60, 108 / 104, 64
30 (위에서부터) 112, 182 / 189, 105

단원 마무리 연산 10주 1일차

1 4 : 5　3 4 : 3　3 9 : 7　4 5 : 8
5 11 : 7　6 3 : 4　7 1 : 8　8 1 : 5
9 4 : 5　10 9 : 1　11 5 : 3　12 3 : 10
13 3 : 20　14 20 : 33　15 39 : 14　16 3 : 4
17 5 : 1　18 4 : 5　19 1 : 4　20 7 : 13
21 5 : 18　22 21　23 4　24 12
25 110　26 306　27 18　28 8
29 5　30 24　31 84　32 32
33 8　34 5　35 24　36 40
37 12　38 5, 15　39 45, 6　40 44, 52
41 28, 56　42 75, 65　43 162, 117
44 (위에서부터) 28, 20 / 26, 22
45 (위에서부터) 54, 42 / 40, 56
46 (위에서부터) 6, 75 / 45, 36
47 (위에서부터) 20, 55 / 36, 39
48 (위에서부터) 150, 100 / 120, 130
49 (위에서부터) 180, 132 / 136, 176
50 1 : 6　51 2000원
52 가 상자 : 76 kg, 나 상자 : 80 kg

교과서 **원의 넓이**

1 지름, 반지름을 알 때 원주 구하기 10주 2일차

1 3, 15　2 3.1, 27.9　3 7, 21.98
4 4, 24　5 2, 18.6　6 5, 31.4
7 18 cm　8 31.4 cm　9 27.6 cm
10 21.7 cm　11 38.44 cm　12 50.24 cm
13 18.6 cm　14 25.12 cm　15 36 cm
16 31 cm　17 26.66 cm　18 34.54 cm
19 28.26　20 36　21 43.4
22 66　23 94.2　24 65.94
25 42　26 264　27 111.6
28 51.496

마무리 연산 퍼즐
(왼쪽에서부터) 27 cm, 56.52 cm, 36 cm, 47.1 cm

2 원주를 알 때 지름, 반지름 구하기 10주 3일차

1 3, 3　2 37.2, 12　3 18.84, 6
4 3.1, 3　5 12.56, 2　6 42, 7
7 6 cm　8 11 cm　9 10 cm
10 8 cm　11 14 cm　12 7 cm
13 4 cm　14 3 cm
15 5.5 cm(=$5\frac{1}{2}$ cm)　16 6 cm
17 13　18 16　19 13
20 9　21 7　22 15
23 3.5(=$3\frac{1}{2}$)　24 21　25 7
26 4.5(=$4\frac{1}{2}$)

3 원의 넓이 구하기 10주 4일차

1 3, 48　2 7, 7, 151.9　3 6, 6, 113.04
4 3, 3, 28.26　5 7, 7, 147　6 3.1, 77.5
7 75 cm^2　8 27.9 cm^2
9 18.75 cm^2　10 111.6 cm^2
11 7.065 cm^2　12 153.86 cm^2
13 27 cm^2　14 243 cm^2
15 19.375 cm^2　16 113.04 cm^2
17 50.24 cm^2　18 93.775 cm^2
19 108　20 314
21 198.4　22 588
23 452.16　24 706.5
25 36.75　26 314
27 607.6　28 63.585

마무리 연산 퍼즐 촌철살인

단원 마무리 연산 10주 5일차

1 51 cm　2 21.7 cm　3 69.08 cm
4 84 cm　5 99.2 cm　6 30 cm
7 62.8 cm　8 117.8 cm　9 55.8 cm
10 81.64 cm　11 5 cm　12 10 cm
13 8 cm　14 21 cm　15 9 cm
16 16 cm　17 3 cm　18 10 cm
19 5 cm　20 7 cm　21 9 cm
22 6 cm　23 75 cm^2
24 468.75 cm^2　25 251.1 cm^2
26 588 cm^2　27 523.9 cm^2
28 706.5 cm^2　29 50.24 cm^2
30 300 cm^2　31 151.9 cm^2
32 615.44 cm^2　33 379.94 cm^2
34 651.775 cm^2
35 $28\times3.14=87.92$, 87.92 cm
36 $93\div3.1=30$, 30 cm
37 $7\times7\times3.14=153.86$, 153.86 cm^2